普通高等院校土建类应用型人才培养系列教材

基础工程

主　编　白建光
副主编　王国忠
主　审　朱守林　高明星

北京理工大学出版社
BEIJING INSTITUTE OF TECHNOLOGY PRESS

内 容 提 要

本书系统介绍了基础工程的基本概念、基本原理、设计计算和施工方法等相关知识，主要内容包括绪论、基础工程的设计原则与要求、浅基础设计、桩基础设计、沉井基础、地基处理、基坑工程、地基基础抗震设计等。本书在基本理论知识阐述的基础上，注重实践应用，并与现行规范相一致，简明扼要，重点突出。各章精选例题，并在章后附有思考题。

本书可作为高等院校土木工程类专业本科教材，也可作为道路桥梁与渡河工程、市政工程等相近专业的教材，同时可供从事土木工程设计、施工等工作的工程技术人员参考使用。

版权专有　侵权必究

图书在版编目（CIP）数据

基础工程／白建光主编.—北京：北京理工大学出版社，2016.9（2024.8重印）
ISBN 978-7-5682-3135-0

Ⅰ.①基… Ⅱ.①白… Ⅲ.①基础(工程)－高等学校－教材 Ⅳ.①TU47

中国版本图书馆CIP数据核字(2016)第224087号

责任编辑：李志敏	**文案编辑**：瞿义勇
责任校对：孟祥敬	**责任印制**：边心超

出版发行 ／ 北京理工大学出版社有限责任公司
社　　址 ／ 北京市丰台区四合庄路6号
邮　　编 ／ 100070
电　　话 ／ （010）68914026（教材售后服务热线）
　　　　　　（010）68944437（课件资源服务热线）
网　　址 ／ http://www.bitpress.com.cn
版 印 次 ／ 2024年8月第1版第3次印刷
印　　刷 ／ 河北世纪兴旺印刷有限公司
开　　本 ／ 787 mm×1092 mm　1/16
印　　张 ／ 18
字　　数 ／ 423千字
定　　价 ／ 49.00元

图书出现印装质量问题，请拨打售后服务热线，负责调换

前 言

基础工程是建（构）筑物在地基与基础方面的技术学科，是土木工程等专业的核心课程。近年来，我国工程建设事业蓬勃发展，地基与基础施工技术日新月异，新的技术标准与规范不断更新，这些都对基础工程教材建设提出了更高的要求。

本书参照国家最新颁布的规范，结合多所院校的现行教学大纲，确立了下列编写原则：内容安排力求少而精，突出理论够用，注重实践的特点；取材上确保在高级应用型人才培养的基础上，尽可能地融合有关的新理论、新知识、新方法，注意理论知识与实践技能的紧密结合；叙述上力求简明扼要、深入浅出；概念准确、严谨；图、表、实例与文字叙述紧密配合，使读者易于理解、便于学习。本书具有下列几个方面的特点：

（1）本书在介绍基本理论的同时，加强了设计计算，并在每章后甄选了典型的思考题来提高读者解决实际问题的能力，并有助于读者复习和巩固。

（2）为了加强学生对知识的理解和巩固，部分章节增加了案例分析，理论与实践并重。

（3）本书与国家最新规范同步，紧跟工程建设前沿，力求反映本学科国内外新技术、新发展。

本书编写分工如下：绪论、地基处理由李海军编写；基础工程设计原则与要求、地基基础抗震设计由王国忠编写；浅基础设计由白建光编写；桩基础设计由胡江三编写；沉井基础由侯雨丰编写；基坑工程由许强编写。

本书在拟定编写大纲以及教材编写过程中，引用了大量前人的工作成果和现行相关教材的有关内容；得到主审朱守林教授、高明星副教授及各相关院校老师们的支持和帮助，收获了宝贵的经验和建议，使本书能集思广益、博采众长；参加人员还包括王玉化博士、张钰乐硕士、张美琳硕士、范景丽硕士、张岩硕士、孟庆遥硕士、王元坤硕士，在此一并致谢！

通过我们的努力，使本书在内容的系统性、体系的合理性以及教学的适用性等方面达到更好的协调统一。然而，不足与错误仍然在所难免，欢迎读者提出宝贵意见。

编　者
2016年5月

目 录

1 绪论 ··· 1
  1.1 地基与基础的基本概念 ·· 1
  1.2 基础工程的研究内容 ·· 3
  1.3 基础工程的发展概况 ·· 4
  1.4 基础工程的发展方向 ·· 5
  1.5 基础工程的特点及学习要求 ······································ 6

2 基础工程设计的原则与要求 ·· 8
  2.1 基础工程概述 ··· 8
  2.2 基础工程的设计等级及基本要求 ································· 10
  2.3 地基基础设计中的两种极限状态 ································· 12
  2.4 地基基础设计的作用效应组合 ···································· 14
  2.5 地基变形特征指标及其允许变形值 ································ 16

3 浅基础设计 ·· 20
  3.1 浅基础设计概述 ·· 20
  3.2 基础材料和基础类型 ··· 22
  3.3 基础埋置深度的确定 ··· 28
  3.4 地基承载力 ·· 34
  3.5 基底尺寸的确定 ·· 39
  3.6 软弱下卧层承载力验算 ··· 42

3.7 沉降量计算和稳定性验算 ………………………………… 44
3.8 地基、基础与上部结构的相互作用 ………………………… 46
3.9 无筋扩展基础设计 …………………………………………… 48
3.10 扩展基础设计 ………………………………………………… 50
3.11 柱下钢筋混凝土条形基础设计 ……………………………… 55
3.12 柱下十字交叉条形基础设计 ………………………………… 59
3.13 筏形基础设计 ………………………………………………… 62
3.14 箱形基础设计 ………………………………………………… 69
3.15 减少不均匀沉降的措施 ……………………………………… 75

4 桩基础设计 …………………………………………………… 80

4.1 桩基础概述 …………………………………………………… 80
4.2 桩基础的类型及质量检验 …………………………………… 83
4.3 竖向荷载作用下单桩的工作性能 …………………………… 89
4.4 单桩竖向承载力确定 ………………………………………… 96
4.5 桩基竖向承载力 ……………………………………………… 105
4.6 桩的水平承载力计算 ………………………………………… 110
4.7 桩基沉降验算 ………………………………………………… 114
4.8 桩基础与承台设计 …………………………………………… 119
4.9 桩基础设计实例 ……………………………………………… 130

5 沉井基础 ……………………………………………………… 135

5.1 沉井基础概述 ………………………………………………… 135
5.2 沉井类型及基本构造 ………………………………………… 136
5.3 沉井施工 ……………………………………………………… 141
5.4 沉井设计与计算 ……………………………………………… 148
5.5 其他深基础简介 ……………………………………………… 162
5.6 沉井设计实例 ………………………………………………… 165

6 地基处理 ……………………………………………………… 175

6.1 地基处理概述 ………………………………………………… 175

6.2 换填垫层法 ········ 178
6.3 排水固结法 ········ 185
6.4 挤密桩法 ········ 192
6.5 复合地基 ········ 200
6.6 水泥土搅拌桩 ········ 203
6.7 水泥粉煤灰碎石桩 ········ 208
6.8 压实与夯实 ········ 212

7 基坑工程 ········ 218

7.1 基坑工程概述 ········ 218
7.2 基坑支护结构 ········ 220
7.3 地下水控制 ········ 237
7.4 基坑监测及信息化施工 ········ 243

8 地基基础抗震设计 ········ 250

8.1 地基基础抗震设计概述 ········ 250
8.2 地基基础抗震设计的内容 ········ 253

课后答案 ········ 275

参考文献 ········ 277

1 绪 论

内容提要 本章主要介绍了地基与基础的基本概念,基础工程的研究内容、发展概况及发展方向,基础工程的特点及学习要求。

学习目标 通过本章的学习,学生应了解基础工程的重要性及其发展概况,了解基础工程的学科特点,熟悉本课程的学习内容、学习要求和学习方法。

学习重点 本章的重点是基础工程的研究内容、学习要求。

1.1 地基与基础的基本概念

任何建筑物都建造在一定的地层上,通常,把直接承受建筑物荷载影响的地层称为地基,如图1.1所示。其宽度范围是基础宽度("宽度"一词是指基础底面尺寸的短边)的1.5～5倍,其深度范围为基础宽度的1.5～3倍,视基础的形状与荷载而异。从理论上讲,基础荷载可以传到很深与很宽范围内的土层上。由于在远处其产生的土中应力,与土自重相比很小且不足以产生工程上有影响的土的变形,因此,在实用上可以忽略这些地方,也就不将这些应力与变形很小的地方包含在"地基"一词的含义之内。

未加处理就可满足设计要求的地基称为天然地基。软弱、承载力不能满足设计要求,需要对其进行加固处理的(例如,采用换土垫层、深层密实、排水固结、化学加固、加筋土技术等方法进行处理)地基,则称为人工地基。

基础是将建筑物承受的各种荷载传递到地基上的实体结构。房屋建筑及附属构筑物通常由上部结构及基础两大部分组成,基础是指室内地面标高(±0.000)以下的结构。带有地下室的房屋,地下室和基础统称为地下结构或下部结构。基础应埋入地下一定的深度,进入较好的地层。根据基础的埋置深度不同可分为浅基础和深基础。埋置深度不大(一般浅于5 m)的基础称为浅基础;反之,若浅层土质不良,须将基础埋至于较深的良好土层,采用专门的施工方法和机具建造的基础称为深基础。

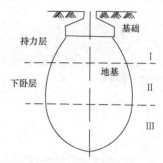

图 1.1 地基与基础示意图
(Ⅰ、Ⅱ、Ⅲ为土层顺序号)

基础工程既是结构工程中的一部分,又是相对独立的。基础工程设计必须满足以下四个基本条件:

(1)地基强度要求:作用于地基上的荷载不得超过地基承载能力,保证地基不因地基土承受应力超过其强度而破坏,具有足够的安全储备。

(2)变形要求:基础沉降不得超过地基变形允许值,保证建筑物不因地基变形而损坏或影响其正常使用。

(3)稳定性要求:地基基础保证具有足够防止失稳破坏的安全储备。

(4)结构强度等要求:基础结构自身必须满足强度、刚度和耐久性方面的要求。

基础工程勘察、设计和施工质量的好坏将直接影响建筑物的安危、经济和正常使用。基础工程施工常在地下或水下进行,往往需挡土、挡水,施工难度大。在一般高层建筑中,其造价约占总造价的25%,工期占25%～30%。若需采用深基础或人工地基,其造价和工期所占比例更大。

另外,基础工程为隐蔽工程,是建筑物的根本。基础设计和质量直接关系着建筑物的安危。大量实例表明,建筑物发生的事故,很多与基础问题有关。基础一旦发生事故,补救很困难,有时甚至必须爆破重建。

如图1.2所示,1913年建造的加拿大特朗斯康谷仓,由65个圆柱形筒仓组成,高31 m,宽23.5 m,采用了筏形基础。建成后储存谷物时,谷仓西侧突然陷入土中8.8 m,东侧抬高

图 1.2 加拿大特朗斯康谷仓地基破坏情况

1.5 m，仓身整体倾斜 26°53′，地基发生整体滑动，丧失稳定性。事后发现基础下埋藏有厚达 16 m 的软黏土层，储存谷物后，使基底平均压力超过了地基的极限承载能力。因谷仓整体性很强，筒仓完好无损。在筒仓下增设 70 多个支承于基岩上的混凝土墩，用了 388 个 50 t 的千斤顶才将其逐步纠正，但标高比原来降低了 4 m。

如图 1.3 所示，2009 年 6 月，上海的一栋竣工未交付使用的高楼整体倒覆。该栋楼整体朝南侧倒下，13 层的楼房在倒塌中并未完全粉碎，楼房底部原本应深入地下的数十根混凝土管桩被"整齐"地折断后裸露在外。事发楼房附近有过两次堆土施工，第二次堆土是造成楼房倒覆的主要原因。事发楼盘前方开挖基坑，土方紧贴建筑物堆积在楼房北侧，堆土在 6 天内即高达 10 m。土方在短时间内快速堆积，产生了 3 000 t 左右的侧向力，加之楼房前方由于开挖基坑出现临空面，导致楼房产生 10 cm 左右的位移，对 PHC 桩产生很大的偏心弯矩，最终破坏桩基，引起楼房整体倒覆。

图 1.3　上海一栋高楼因桩基破坏倾覆

大量事故充分表明，必须慎重对待基础工程。只有深入地了解地基情况，掌握勘察资料，进行精心设计与施工，才能保证基础工程经济合理、安全可靠。

1.2　基础工程的研究内容

基础工程的研究内容主要包括各类建(构)筑物的基础与岩土地基相互作用而共同承担上部结构荷载所引起的变形、强度与稳定问题。基础工程不仅包括基础和地基的相关设计理论与计算方法，还包括基础的施工方法和技术，以及为满足基础工程的设计与施工要求采用的各种地基处理方法。基础工程应主要满足以下三个方面的要求：

(1)地基应具有足够的强度和稳定性，以保证建筑物在荷载作用下不会出现地基的承载力不足或产生失稳破坏。

(2)地基的沉降不能超过其变形允许值，以保证建筑物不会因地基变形过大而损坏或影响建筑物的正常使用。

(3)基础结构本身应具有足够的强度、刚度和耐久性，以保证其功能的正常发挥。

1.3 基础工程的发展概况

基础工程既是一项古老的工程技术，又是一门年轻的应用科学。基础工程应用往往超前于理论研究。

追本溯源，世界文化古国的先民，在先前的建筑活动中，就已经创造了自己的基础工艺。如钱塘江南岸发现了河姆渡文化遗址中 7 000 年前打入沼泽地的木桩；秦代修筑驰道时采用的"隐以金椎"（《汉书》）路基压实方法。

针对不同地质条件和其他自然条件，古代的工匠们运用非凡的智慧建造了巧夺天工的建筑物基础。宋代，蔡襄在水深流急的洛阳江建造的泉州万安石板桥，采用殖蛎固基，形成宽 25 m、长 1 km 的类似筏形基础；北宋初，木工喻皓建造开封开宝寺木塔时（公元 989 年），因当地多西北风而将建于饱和土上的塔身向西北倾斜，以借长期风力作用而渐趋复正，克服建筑物地基不均匀沉降。

另外，我国举世闻名的万里长城、隋朝南北大运河、赵州石拱桥等工程，都因奠基牢固，虽经历了无数次强震强风仍安然无恙。两千多年来，在世界各地建造的宫殿楼宇、寺院教堂、高塔亭台、古道石桥、码头、堤岸等工程，无论是至今完好，还是不复存在，都凝聚着古代建造者的智慧。采用石料修筑基础、木材做成桩基础、石灰拌土夯成垫层或浅基础、砂土水撼加密、填土击实等修筑地基基础的传统方法，目前在某些范围内还在应用。

土力学是基础工程的理论基础，研究工程载体岩土的特性及其应力应变、强度、渗流的基本规律；基础工程则是在岩土地基上进行工程的技术问题，两者互为理论与应用的整体，所以，"基础工程"就是岩土地层中建筑工程的技术问题。

18 世纪到 19 世纪，人们在大规模的建设中遇到了许多与岩土工程相关的问题，促进了土力学的发展。例如，法国科学家 C. A. 库仑（Coulomb）在 1773 年提出了砂土抗剪强度公式和挡土墙土压力的滑楔理论；英国学者 W. J. M. 朗肯（Rankine）又从另一途径建立了土压力理论；法国工程师 H. 达西（Darcy）在 1856 年提出了层流运动的达西定律；捷克工程师 E. 文克勒（Winkler）在 1867 年提出了铁轨下任一点的接触压力与该点土的沉降成正比的假设；法国学者 J. 布辛奈斯克（Boussinesq）在 1885 年提出了竖向集中荷载作用下半无限弹性体应力和位移的理论解答。这些先驱者的工作为土力学的建立奠定了基础。

通过许多学者的不懈努力和经验积累，1925 年，美国太沙基（Terzaghi）在归纳发展已有成就的基础上，出版了第一本土力学专著，较系统地论述了土力学与基础工程的基本理论和方法，促进了该学科的高速发展。

1936 年，国际土力学与基础工程学会成立，并举行了第一次国际学术会议，从此土力学与基础工程作为一门独立的现代科学而取得不断发展。许多国家和地区也都定期地开展各类学术活动，交流和总结本学科新的研究成果和实践经验，出版各类土力学与基础工程刊物，有力地推动了基础工程学科的发展。

新中国成立后，社会主义经济取得举世瞩目的成就，开展了大规模的基础设施建设，促进了我国基础工程学科的迅速发展。

在基础工程应用技术上，数百米高的超高层建筑物、地下百余米深的多层基础工程、大型钢厂的深基础、海洋石油平台基础、海上大型混凝土储油罐、人工岛、条件复杂的高速公路路基、跨海跨江大桥的桥梁基础等工程的成功实践技术，使基础工程技术不断革新，有效地促进了我国基础工程的发展。

自人工挖孔桩问世以来，灌注桩基础得到了极大的发展，出现了很多新的桩型。单桩承载力可达上万吨，最大的灌注桩直径可达数米，深度已超过 100 m。苏通大桥的桩长达到了约 120 m，绍嘉通道的单桩直径达到了 3.8 m。钢管桩、大型钢桩、预应力混凝土管桩、DX 挤扩桩、劲性水泥土搅拌桩等新老桩型也在大量采用。桩基础的设计理论也得到较大的发展和应用，如考虑桩和土共同承担荷载的复合桩基础等。

随着城市的发展，高层和超高层建筑地下室的修建、地铁车站的建造以及城市地下空间的开发利用等，出现了大量的深基坑工程开挖和支护问题，有的开挖深度达 30 m 以上。基坑工程具有很强的地域性，不同地区采取的支护形式不同。基坑工程还具有很强的个性，即使在同一地区同样深度的基坑，由于基坑周围环境条件，如建筑物、道路、地下管线的情况不同，支护方案也可能完全不同。近年来，我国在基坑围护体系的种类、各种围护体系的设计计算方法、施工技术、监测手段，以及基坑工程的研究方面取得了很大的进展。

土工合成材料，如塑料、化纤、合成橡胶等为原料，制成各种类型的产品，置于土体内部、表面，可加强或保护土体。土工合成材料埋于土体之中，可以扩散土体的应力，增加土体的模量，传递拉应力，限制土体的侧向位移，提高土体及相关建筑物的稳定性。土工合成材料在地基处理方面得到了广泛的应用。

国内外历史上有名的多次大地震导致了大量建筑物的破坏，其中，有不少是因基础抗震设计不当所致。经过大量地震震害的调查和理论研究，人们逐渐总结发展出基础抗震设计的理论和方法。

随着我国社会主义建设事业的发展，对基础工程要求的日益提高，我国土力学与基础工程学科也必将得到新的、更大的发展。

1.4 基础工程的发展方向

(1)基础性状的理论研究不断深入。由于计算机的应用日趋广泛，许多计算方法如有限元法、边界元法、特征线法等都在基础工程性状的分析中得到应用；土工离心机模型试验，已成为验证计算方法和解决基础工程的土工问题的有力手段。土的结构模型也是基础工程分析中的一个重要组成部分。

(2)现场原位测试技术和基础工程质量检测技术的发展。为了改善取样试验质量或者进行现场施工监测，原位测试技术和方法有很大发展，如旁压试验、动静触探、测斜仪、压力传感器和孔隙水压力测试仪等测试仪器和手段已被广泛应用。测试数据采集和资料整理自动化，试验设备和试验方法的标准化，以及广泛采用新技术已成为发展的方向。

(3)高层建筑深基础继续受到重视。随着高层建筑物修建数量的增多，各类高层建筑深基础大量修建，尤其是大直径桩墩基础、桩筏、桩箱等基础类型更受重视。

由于深基坑开挖支护工程的需要，如地下连续墙、挡土灌注桩、深层搅拌挡土结构、锚杆支护、钢板桩、铅丝网水泥护坡和沉井等地下支护结构的设计、施工方法都引起人们极大兴趣。

(4) 软弱地基处理技术的发展。在我国各地区的经济建设中，有许多建筑物不得不建造在比较松软的不良地基上。这类地基如不加特殊处理就很难满足上部建筑物对控制变形、保证稳定和抗震的要求。因此，各种不同类型的地基处理新技术因需要而产生和发展，成为岩土工程中的一个重要专题。

地基处理的目的在于改善地基土的工程性质，例如，提高土的强度、改善变形模量或提高抗液化性能等。地基处理的方法很多，每种方法都有其不同的加固原理和适用条件，在实际工程中必须根据地基土的特点选用最适宜的方法。今后，随着建筑物的层高和荷载的不断增大，软弱地基的概念和范围也有新的变化，各种新的处理方法会不断出现，地基处理技术必然会进一步发展。

(5) 既有房屋增层和基础加固与托换。由于目前城市的快速发展，对原有房屋改建增层工程日趋增多。同时，部分原有房屋基础与新建地铁规划冲突，为此必须对已有建筑物的地基进行正确的评价，进行地基基础的加固或托换，相应的工程技术将不断发展。

1.5 基础工程的特点及学习要求

基础工程是土木工程专业的一门核心课程，主要讲解在岩土地层上建筑物基础及有关结构物的设计与建造的相关知识。本课程的许多内容涉及工程地质学、土力学、结构设计和施工等学科领域，内容广泛，综合性、理论性和实践性很强。相关先修课程的基本内容和基本原理是本课程学习的基础。

基础工程的工作特点是根据建筑物对基础功能的要求，首先通过勘探、试验、原位测试等了解岩土地层的工程性质，然后结合工程实际，运用土力学及工程结构的基本原理，分析岩土地层与基础工程结构物的相互作用及其变形与稳定的规律，作出合理的基础工程方案和建造技术措施，确保建筑物的安全与稳定。

基础工程应以工程要求和勘探试验为依据，以岩土与基础共同作用和变形与稳定分析为核心，以优化基础方案与建筑技术为灵魂，以解决工程问题、确保建筑物安全与稳定为目的。

我国地域辽阔，由于自然地理环境的不同，分布着各种各样的土类，地基基础问题具有明显的区域性特征。另外，天然地层的性质和分布也因地而异，且在较小范围内可能变化很大。由于地基土性质的复杂性，以及建筑物类型、荷载情况可能又各不相同。因而在基础工程中不易找到完全相同的实例。学习时，应注意理论联系实际，通过各个教学环节，紧密结合工程实践，提高理论认识和增强处理实际基础工程问题的能力。

基础工程的设计和施工必须遵循法定的规范、规程。但不同行业有不同的规范，且各行业之间不尽平衡，学习时，应注重相应的设计计算方法的基本原理。在具体实践中，结合所从事的行业，依据相应行业规范开展具体的设计和施工。

思考题

1. 什么是地基？什么是基础？
2. 基础工程设计需要满足的基本条件有哪些？
3. 简述基础工程学科的发展概况。
4. 简述基础工程课程的特点。

2 基础工程设计的原则与要求

内容提要　本章主要介绍了基础工程的设计内容和原则，基础工程的设计等级和要求，地基基础设计的极限状态及作用效应组合。

学习目标　通过本章的学习，学生应了解基础工程设计内容及原则，了解地基基础设计的两种极限状态及作用效应组合，掌握地基变形特征指标及其允许变形值。

重点难点　本章的重点是地基基础设计等级和原则，地基变形特征指标及其允许变形值。

本章的难点是地基基础设计的两种极限状态及作用效应组合。

2.1 基础工程概述

2.1.1 基础工程的设计内容

基础工程设计包括基础设计与地基设计。基础设计包括基础形式的选择、基础埋置深度的选择及基底面积大小、基础内力和基础断面计算等内容；地基设计包括地基承载力的确定、地基变形计算、地基抗滑及抗倾覆等计算。基础工程设计应综合考虑上部结构形式、荷载大小及其分布情况，以及地基土的物理力学性质、土层分布、地下水位及其变化等情况，即包括基础结构设计和地基设计两部分内容，简称为地基基础设计。

2.1.2 基础工程的设计原则

（1）建筑结构功能要求。为了保证建筑物的安全、稳定和正常使用，《建筑结构可靠度设计统一标准》(GB 50068—2001)规定，建筑结构应满足以下功能要求：

①安全性。安全性是指能承受在正常施工和正常使用过程中可能出现的各种作用（结构荷载、施工荷载等）。

②适用性。适用性是指在使用过程中应具有良好的工作性能。

③耐久性。耐久性是指在正常维护条件下应能满足使用年限的要求。

④稳定性。稳定性是指在偶然事件发生时及发生后，仍能保持必需的整体稳定。

（2）基本设计计算原则。建筑物的地基基础和上部结构是共同作用的，基础作为建筑物的下部结构，显然必须满足上述要求。地基承受建筑物的全部荷载，一旦破坏，基础与上部结构都会发生不同程度的位移、变形甚至破坏，因而，地基也应适应建筑物的设计要求。因此，在进行基础工程设计时，首先必须有一个上部结构——基础、地基相互作用的整体观点。基础工程设计的目的是设计一个安全、经济和可行的地基与基础，以保证上部结构的安全和正常使用。基础工程的基本设计计算原则如下：

①地基应具有足够的强度，满足地基承载力的要求。这个原则的核心是通过基础传递给地基的平均压力（即基底压力）应小于或等于修正后地基承载力的特征值。这意味着地基经过一段时间的压缩变形后即可趋于稳定，能够保证结构的正常使用。相反，如果基底压力等于地基极限承载力，那就意味着地基处于破坏临界状态，没有足够的安全保证。

②地基与基础的变形应满足建筑物正常使用的允许要求。这个原则是根据建筑物的破坏，多数是由于地基变形不均匀造成的事实提出的。上部结构除木结构外，砖石结构和混凝土结构等都只能适应较小的差异沉降，而地基的变形往往较大，可能从几厘米至几十厘米，并且难以准确计算。一般来说，地基的变形越大，产生的差异变形也越大。在执行这个原则时，还应明确以下两个问题：

地基变形计算是在未考虑上部结构刚度的情况下进行的，与实际情况会有相当大的误差；地基允许变形值是根据实际建筑物在不同类型地基上的长期观测资料提出来的，它是上部结构、基础、地基三者相互作用的结果。只有充分认识这两个问题后，才能灵活运用这个原则。否则，由于计算与实测存在基本条件方面的差别，易于引出错误的结论，造成浪费；另一方面，也会发生认为计算值不可靠，而忽视计算的倾向，其结果也将造成大量的浪费，甚至造成严重的工程事故。

③地基与基础的整体稳定性应有足够保证。这个原则的制定目的是使地基基础具有抗倾覆、抗滑的能力。众所周知，地基失稳破坏造成的事故往往是灾难性的，如房屋倒塌、人员伤亡和交通阻断。在山区建设中，为了防止地基失稳而修建的支挡结构和排水设施，其所需费用可达到整个工程造价的50%以上。

④基础本身应有足够的强度、刚度和耐久性。

⑤地基基础的设计，还必须坚持因地制宜、就地取材的原则。根据岩土工程勘察资料，

综合考虑结构类型、材料供应与施工条件等因素,精心设计,以保证建筑物的安全和正常使用。

随着科学技术的发展,为与国际上建筑物及基础工程设计标准接轨,我国目前新制定的许多工程设计规范规定:"建筑物采用以概率理论为基础的极限状态设计方法",以便在建筑设计上做到技术先进、经济合理和安全适用。

2.2 基础工程的设计等级及基本要求

2.2.1 基础工程的设计等级

建(构)筑物的安全和正常使用,不仅取决于上部结构的安全储备,还要求地基基础有一定安全度。因为地基基础是隐蔽工程,所以不论地基或基础哪一方面出现问题或发生破坏都很难修复,轻者影响使用,重者导致建(构)筑物破坏,甚至酿成灾害。因此,地基基础设计在建(构)筑物设计中的地位举足轻重。根据地基复杂程度、建筑物规模和功能特征,以及由于地基问题可能造成建筑物破坏或影响正常使用的程度,《建筑地基基础设计规范》(GB 50007—2011)将地基基础设计分为三个设计等级(表 2.1),设计时应根据具体情况进行选用。

《公路桥涵地基与基础设计规范》(JTG D63—2007)中虽然没有明确在基础设计中划分建(构)筑物安全等级,但在实际应用中是根据公路等级与桥涵跨径分类相结合的原则来区分建(构)筑物等级的。

表 2.1 地基基础设计等级

设计等级	建筑和地基类型
甲级	重要的工业与民用建筑物; 30 层以上的高层建筑; 体型复杂,层数相差超过 10 层的高低层连成一体的建筑物; 大面积的多层地下建筑物(如地下车库、商场、运动场等); 对地基变形有特殊要求的建筑物; 复杂地质条件下的坡上建筑物(包括高边坡); 对原有工程影响较大的新建建筑物; 场地和地基条件复杂的一般建筑物; 位于复杂地质条件及软土地区的二层及二层以上地下室的基坑工程; 开挖深度大于 15 m 的基坑工程; 周边环境条件复杂、环境保护要求高的基坑工程
乙级	除甲级、丙级以外的工业与民用建筑物; 除甲级、丙级以外的基坑工程
丙级	场地和地基条件简单、荷载分布均匀的七层及七层以下民用建筑及一般工业建筑;次要的轻型建筑物; 非软土地区且场地地质条件简单、基坑周边环境条件简单、环境保护要求不高且开挖深度小于 5.0 m 的基坑工程

2.2.2 基础工程的基本要求

根据《建筑地基基础设计规范》(GB 50007—2011)的规定,地基基础的设计与计算应满足承载力极限状态和正常使用极限状态的要求。根据建筑物地基基础设计等级及长期荷载作用下地基变形对上部结构的影响程度,地基基础设计应符合下列规定:

(1)所有建筑物的地基计算均应满足承载力计算的有关规定。
(2)设计等级为甲级、乙级的建筑物,均应按地基变形设计。
(3)表2.2所示范围内设计等级为丙级的建筑物可不作变形验算,按承载力进行设计,即只要求基底压力小于或等于地基承载力,不要求变形验算。认为承载力满足要求后,建筑物沉降就会满足允许变形值。这种方法最为简单,节省了设计计算工作量。

表2.2 可不作地基变形计算的丙级建筑物范围

地基主要受力层情况	地基承载力特征值 f_{ak}/kPa		$80 \leq f_{ak} < 100$	$100 \leq f_{ak} < 130$	$130 \leq f_{ak} < 160$	$160 \leq f_{ak} < 200$	$200 \leq f_{ak} < 300$
	各土层坡度/%		≤5	≤10	≤10	≤10	≤10
建筑类型	砌体承重结构、框架结构(层数)		≤5	≤5	≤6	≤6	≤7
	单层排架结构(6 m柱距)	单跨 吊车额定起重量/t	10~15	15~20	20~30	30~50	50~100
		单跨 厂房跨度/m	≤18	≤24	≤30	≤30	≤30
		多跨 吊车额定起重量/t	5~10	10~15	15~20	20~30	30~75
		多跨 厂房跨度/m	≤18	≤24	≤30	≤30	≤30
	烟囱	高度/m	≤40	≤50	≤75		≤100
	水塔	高度/m	≤20	≤30	≤30		≤30
		容积/m³	50~100	100~200	200~300	300~500	500~1 000

注:1. 地基主要受力层是指条形基础底面下深度为3b(b为基础底面宽度),独立基础下为1.5b,且厚度均不小于5 m的范围(二层以下一般的民用建筑除外);
2. 地基主要受力层中如有承载力特征值小于130 kPa的土层时,表中砌体承重结构的设计,应符合《建筑地基基础设计规范》(GB 50007—2011)第7章的有关要求;
3. 表中砌体承重结构和框架结构均指民用建筑,对于工业建筑可按厂房高度、荷载情况折合成与其相当的民用建筑层数;
4. 表中吊车额定起重量、烟囱高度和水塔容积的数值是指最大值。

但设计等级为丙级的建筑物,如有下列情况之一时,仍应作变形验算(以保证建筑物不因地基沉降影响正常使用):

①地基承载力特征值小于130 kPa,且体型复杂的建筑。
②在基础上及其附近有地面堆载或相邻基础荷载差异较大,可能引起地基产生过大的不均匀沉降时。
③软弱地基上的建筑物存在偏心荷载时。
④相邻建筑距离过近,可能发生倾斜时。
⑤地基内有厚度较大或厚薄不均的填土,其自重固结未完成时。

(4)对经常受水平荷载作用的高层建筑、高耸结构和挡土墙等,以及建造在斜坡上或边坡附近的建筑物和构筑物，还应验算其稳定性。

（5）基坑工程应进行稳定性验算。

（6）当地下水埋藏较浅，建筑地下室或地下构筑物存在上浮问题时，还应进行抗浮验算。

2.3 地基基础设计中的两种极限状态

2.3.1 建筑结构可靠度和极限状态设计

为了在建筑设计上做到技术先进、经济合理、安全适用，建筑物宜采用以概率理论为基础的极限状态设计，简称为概率极限状态设计方法。这种方法以失效概率或结构可靠度指标代替以往的安全系数。

结构的工作状态可以用荷载效应 S（指荷载在结构或构件内引起的内力或位移等）和结构抗力 R（指抵抗破坏或变形的能力）的关系描述。即

$$Z = R - S \tag{2-1}$$

式中，Z 为功能函数。显然，当 $Z>0$ 或 $R>S$ 时，结构处于可靠状态；当 $Z<0$ 或 $R<S$ 时，结构处于失效状态；当 $Z=0$ 即 $R=S$ 时，结构处于极限状态。

由于影响荷载效应和结构抗力的因素很多，各个因素又有许多不确定性，都是随机变量，R 和 S 自然也是随机变量。最简单的情况是假定 R 和 S 的概率分布为正态分布，则按概率理论，功能函数 Z 也是正态分布的随机变量，如图 2.1 所示。

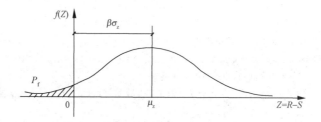

图 2.1　功能函数的概率分布

图 2.1 中，$f(Z)$ 为 Z 的概率密度函数，μ_z 为 Z 的平均值，σ_z 为 Z 的标准差，p_f 为曲线下的阴影面积与总面积之比（称为失效概率），β 值称为结构可靠性指标。如果能对荷载效应和结构抗力进行概率分析，从而确定功能函数的平均值 μ_z 和标准差 σ_z，就可求得概率密度函数 $f(Z)$，从而计算 Z 的失效概率 p_f 和结构可靠性指标 β。

用 p_f 或 β 来评价结构的可靠性比单一安全系数更为合理，无疑是今后努力的方向。但是由于影响 R 和 S 的因素很多，且缺乏统计资料，当前直接用概率分析方法计算结构的可靠度还较困难，于是只能采用较为实用的极限状态设计方法。这种方法要求结构必须满足以下两种极限状态的要求：

（1）承载能力极限状态。承载能力极限状态是结构的安全性功能要求，即使结构物发挥

其最大限度的承载能力，荷载效应若超过此种限度，结构或构件即发生强度破坏，或者丧失稳定性。

（2）正常使用极限状态。正常使用极限状态是结构物的使用功能要求，若变形超过某一限度，就会影响结构物的正常使用和建筑外观。

考虑可靠性的要求，在进行极限状态设计时，荷载效应中应以荷载乘以分项系数和组合系数作为设计值；抗力中应以强度的标准值乘以分项系数作为设计值。这些系数，一般都是分别考虑了各个参数的离散性，根据概率统计得出，所以这种极限状态设计是建立在概率理论基础上的极限状态设计。

2.3.2 地基基础设计的两种极限状态

地基、基础和上部结构是一幢建筑物不可缺少的组成部分，显然应该在统一的原则下，用同一种方法进行设计。但是地基与基础和上部结构是两种性质完全不同的材料，各有其特殊性，自然在设计方法中应该得到反映。例如，上部结构构件的刚度远比地基土层的刚度大，在荷载作用下，构件产生的变形往往并不大，而相应的地基土则相反，往往产生较大的变形。因此，地基的极限状态设计也必定要反映自身的这一特点。

为了保证建筑物的安全使用，同时充分发挥地基的承载力，根据《建筑地基基础设计规范》(GB 50007—2011)的规定，在地基基础设计中一般应满足以下两种极限状态：

（1）承载能力极限状态，表示为

$$p \leqslant f_a \tag{2-2}$$

式中 p——相应于荷载效应标准组合时基础底面处的平均压力值(kPa)；

f_a——修正后的地基承载力特征值(kPa)。

为了保证地基具有足够的强度和稳定性，基底压力应小于或等于地基承载力。为了使地基不发生破坏，地基承载力一般应控制在界限荷载 $p_{1/4}$ 范围内，使大部分地基土仍处于压密状态。当基底压力过大时，地基可能出现连续贯通的塑性破坏区，进入整体破坏阶段，导致地基承载能力丧失而失稳。另外，建造在斜坡上的建筑物会沿斜坡滑动，丧失稳定性；承受很大水平荷载的建筑物，也会在地基中出现滑动面，建筑物和滑动面以内土体发生滑动而失去稳定。

（2）正常使用极限状态，表示为

$$s \leqslant [s] \tag{2-3}$$

式中 s——相应于荷载效应准永久组合时建筑物地基的变形；

$[s]$——建筑物地基的变形允许值。

为了保证地基的变形值在允许范围内，地基在荷载及其他因素的影响下，应发生变形（均匀沉降或不均匀沉降），变形过大时可能危害到建筑物结构的安全（裂缝、倒塌或其他不允许的变形），或者影响建筑物的正常使用。因此，对地基变形的控制，实质上是根据建筑物的要求而制定的。

在工业与民用建筑工程中，地基的强度问题一般不大，常以变形作为控制条件。受有很大水平荷载或建在斜坡上的建筑物(构筑物)，地基稳定性将会成为主要问题，要求具有足够的抗倾覆及抗滑的能力。

2.4 地基基础设计的作用效应组合

2.4.1 结构荷载的相关概念

(1)永久荷载。在结构使用期间,其值不随时间变化,或其变化与平均值相比可以忽略不计的荷载。例如,结构自重、土压力、预应力等。

(2)可变荷载。在结构使用期间,其值随时间变化,或其变化与平均值相比不可以忽略不计的荷载。例如,建筑物楼面活荷载、屋面活荷载、风荷载、雪荷载等。

(3)设计基准期。为确定可变荷载代表值而选用的时间参数。

(4)荷载效应。由荷载引起的结构或构件的反应,例如,内力、变形和裂缝。

(5)标准值。荷载的基本代表值,为设计基准期内最大荷载统计分布的特征值。

(6)组合值。对可变荷载,使组合后的荷载效应在设计基准期内的超越概率(类似失效概率),能与该荷载单独出现时的相应概率趋于一致的荷载值,或使组合后的结构具有统一规定的可靠指标的荷载值。

(7)准永久值。对可变荷载,在设计基准期内,其超越的总时间约为设计基准期一半的荷载值。

(8)基本组合。承载能力极限状态计算时,永久作用与可变作用的组合。

(9)标准组合。正常使用极限状态计算时,采用标准值或组合值为荷载代表值的组合。

(10)准永久组合。正常使用极限状态计算时,对可变荷载采用准永久值为代表值的组合。

(11)荷载设计值。荷载代表值与荷载分项系数的乘积。荷载代表值为设计中用于验算极限状态所采用的荷载量值。例如,标准值、组合值和准永久值。

2.4.2 作用在基础上的荷载

按地基承载力确定基础底面积及其埋置深度,必须分析传至基础底面上的各种荷载。作用在建筑物基础上的荷载,根据轴力 N、水平力 T 和力矩 M 的组合情况分为四种情形,即中心竖向荷载、偏心竖向荷载、中心竖向荷载及水平荷载、偏心竖向荷载及水平荷载,如图 2.2 所示。

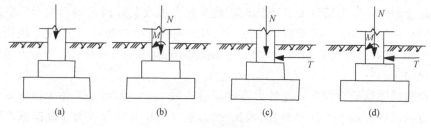

图 2.2 基础所受荷载的四种情况

(a)中心竖向荷载;(b)偏心竖向荷载;(c)中心竖向荷载及水平荷载;(d)偏心竖向荷载及水平荷载

轴向力、水平力和力矩又由静荷载和动荷载两部分组成。静荷载包括建筑物和基础自重、固定设备的重力、土压力和正常稳定水位的水压力。由于静荷载长期作用在地基基础上，它是引起基础沉降的主要因素。可变荷载又分为普通可变荷载和特殊可变荷载（又称偶然荷载）。特殊可变荷载（如地震作用、风荷载等）发生的机会不多，作用的时间短，故沉降计算只考虑普通可变荷载。但在进行地基稳定性验算时，则应考虑特殊可变荷载。

在轴力作用下，基础发生沉降；在力矩作用下，基础作用在地基上的压力非均匀，基础将发生倾斜。另外，水平力对基础底面也产生力矩，使基础发生倾斜，并增加地基基础丧失稳定性的可能。所以，受水平力较大的建筑物（如挡土墙），除验算沉降外，还需进行沿地基与基础接触面的滑动、沿地基内部滑动和沿基础边缘倾覆等方面的验算。

2.4.3 作用效应组合

地基基础设计时，作用组合的效应设计值应符合下列规定：
(1)在正常使用极限状态下，标准组合的效应设计值 S_k 用下式确定：

$$S_k = S_{Gk} + S_{Q1k} + \psi_{c2} S_{Q2k} + \cdots + \psi_{cn} S_{Qnk} \tag{2-4}$$

式中　S_{Gk}——永久作用标准值 G_k 的效应；

　　　S_{Qnk}——按可变作用标准值计算的作用效应值；

　　　ψ_{cn}——可变作用标准值 S_{Qnk} 的组合值系数，按《建筑结构荷载规范》(GB 50009—2012)的规定取值。

作用效应的准永久组合值 S_k 用下式表示：

$$S_k = S_{Gk} + \psi_{Q1} S_{Q1k} + \psi_{c2} S_{Q2k} + \cdots + \psi_{Qn} S_{Qnk} \tag{2-5}$$

式中　ψ_{Qn}——准永久组合值系数，按《建筑结构荷载规范》(GB 50009—2012)的规定取值。

(2)在承载力极限状态下，由可变作用控制的基本组合效应设计值 S 用下式表示：

$$S_d = \gamma_G S_{Gk} + \gamma_{Q1} S_{Q1k} + \gamma_{Q2} \psi_{c2} S_{Q2k} + \cdots + \gamma_{Qn} \psi_{Qn} S_{Qnk} \tag{2-6}$$

式中　γ_G——永久作用的分项系数，按《建筑结构荷载规范》(GB 50009—2012)的规定取值。

　　　γ_{Qn}——第 n 个可变作用的分项系数，按《建筑结构荷载规范》(GB 50009—2012)的规定取值。

对由永久作用控制的基本组合，也可采用简化规则，作用基本组合的效应设计值 S_d 按下式确定：

$$S_d = 1.35 S_k \tag{2-7}$$

式中　S_k——标准组合的作用效应设计值。

2.4.4 作用效应组合的规范规定

地基基础设计时，荷载组合应符合《建筑结构荷载规范》(GB 50009—2012)的规定，所采用的作用效应与相应的抗力限值应按下列规定：

(1)按地基承载力确定基础底面积及埋置深度，或按单桩承载力确定桩数时，传至基础或承台底面上的作用效应，应按正常使用极限状态下作用的标准组合。相应的抗力应采用地基承载力特征值或单桩承载力特征值。

(2)计算地基变形时，传至基础底面上的作用效应，应按正常使用极限状态下作用的准永久组合,不应计入风作用和地震作用;相应的限值应为地基变形允许值。

(3)计算挡土墙土压力、地基或斜坡稳定及基础抗滑稳定时,作用效应应按承载能力极限状态下作用的基本组合,但其分项系数均为1.0。

(4)在确定基础或桩基承台高度、支挡结构截面、计算基础或支挡结构内力、确定配筋和验算材料强度时,上部结构传来的作用效应和相应的基底反力、挡土墙土压力及滑坡推力,应按承载能力极限状态下作用的基本组合,采用相应的分项系数;当需要验算基础裂缝宽度时,应按正常使用极限状态下作用标准组合。

(5)基础设计安全等级、结构设计使用年限、结构重要性系数,应按有关规范的规定采用,但结构重要性系数γ_0不应小于1.0。

上述地基基础设计中两种极限状态对应的作用组合及使用范围见表2.3。

表 2.3 地基基础设计两种极限状态对应的作用组合及使用范围

设计状态	作用组合	设计对象	适用范围
承载能力极限状态	基本组合	基础	基础的高度、剪切、冲切计算
		地基	滑移、倾覆或稳定问题
正常使用极限状态	标准组合 频遇组合 准永久组合	基础	基础底面确定、裂缝宽度计算等
		地基	沉降、差异沉降、倾斜等

2.5 地基变形特征指标及其允许变形值

2.5.1 地基变形特征指标

由于不同类型建筑物的变形特征不同,对地基变形的适应性也不同,因而计算变形时,应考虑不同建筑物采用不同的地基变形指标来比较和控制。《建筑地基基础设计规范》(GB 50007—2011)将地基变形指标依其特征分为以下四种:

(1)沉降量——基础中心点的沉降值(图2.3)。沉降量S的计算方法参见《建筑地基基础

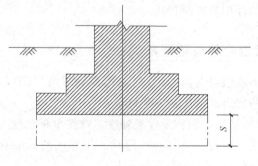

图 2.3 沉降量示意图

设计规范》(GB 50007—2011)。在下列情况下需计算沉降量:

①主要用于地基比较均匀时的单层排架结构的柱基,在满足允许沉降量后可不再验算相邻柱基的沉降差。

②在工艺上考虑沉降所预留建筑物有关部分之间净空、连接方法及施工顺序时也需用到沉降量,此时往往需要分别预估施工期间和使用期间的地基变形值。

(2)沉降差——基础两点或两相邻单独基础沉降量之差(图 2.4),即

$$\Delta S = S_2 - S_1 \tag{2-8}$$

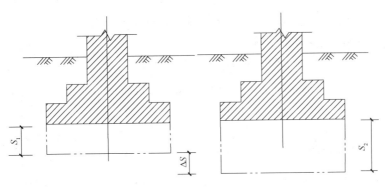

图 2.4 沉降差示意图

在下列情况下需计算沉降差:
①地基不均匀、荷载差异大时,控制框架结构及单层排架结构的相邻柱基的沉降差。
②存在相邻结构物的影响时,需计算其与相邻建筑物的沉降差。
③在原有基础附近堆积重物时。
④当必须考虑在使用过程中结构物本身及与之有联系部分的标高变动时。

(3)倾斜——基础在倾斜方向上两端点的沉降差与其水平距离的比值(图 2.5),即

$$\tan\theta = S_1 - S_2 \tag{2-9}$$

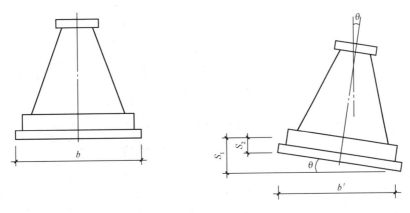

图 2.5 倾斜示意图

对有较大偏心荷载的基础和高耸构筑物基础,其地基不均匀或附近堆有地面荷载时,要验算倾斜值;在地基比较均匀且无相邻荷载影响时,高耸构筑物的沉降量在满足允许沉

降量后,可不验算倾斜值。

(4)局部倾斜——砖石砌体承重结构沿纵墙 $6\sim$ 10 m 内基础两点的沉降差与其水平距离的比值(图 2.6),即:

$$\tan\theta = \frac{S_1 - S_2}{L} \qquad (2\text{-}10)$$

一般承重墙房屋(如墙下条形基础),距离 L 可根据具体建筑物情况,如横隔墙的间距而定。一般应将沉降计算点选择在地基不均匀、荷载相差很大或体形复杂的局部段落的纵横墙交点处。

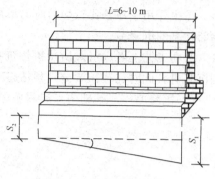

图 2.6 局部倾斜示意图

据调查分析,砌体结构墙体开裂多由于墙身局部倾斜过大所致,所以当地基不均匀、荷载差异大、建筑体形复杂时,就要验算墙身的局部倾斜。

2.5.2 地基允许变形值

(1)地基允许变形值的概念:在正常使用条件下,建筑物所能承受的变形限度。

(2)地基允许变形值的确定:地基允许变形值的确定是一项十分复杂的工作,应通过建筑物沉降观测,并根据建筑物的结构类型及使用情况,从大量资料中进行总结,以及考虑地基和上部结构的共同工作,进行全面分析研究而确定。为了找出不同建筑物所能承受的变形限度,《建筑地基基础设计规范》(GB 50007—2011)根据大量常见建筑物系统沉降观测资料,经过计算分析,总结出各类建筑的允许变形值(表 2.4)。

表 2.4 建筑物的地基变形允许值

变形特征		地基土类别	
		中、低压缩性土	高压缩性土
砌体承重结构基础的局部倾斜		0.002	0.003
工业与民用建筑相邻柱基的沉降差	框架结构	0.002l	0.003l
	砌体墙填充的边排柱	0.000 7l	0.001l
	当基础不均匀沉降时不产生附加应力的结构	0.005l	0.005l
单层排架结构(柱距为 6 m)柱基的沉降量/mm		(120)	200
桥式吊车轨面的倾斜(按不调整轨道考虑)	纵 向	0.004	
	横 向	0.003	
多层和高层建筑的整体倾斜	$H_g \leqslant 24$	0.004	
	$2H_g \leqslant 60$	0.003	
	$H_g \leqslant 100$	0.002 5	
	$H_g > 100$	0.002	

续表

变形特征		地基土类别	
		中、低压缩性土	高压缩性土
体型简单的高层建筑基础的平均沉降量/mm		200	
高耸结构基础的倾斜	$H_g \leq 20$	0.008	
	$20 < H_g \leq 50$	0.006	
	$50 < H_g \leq 100$	0.005	
	$100 < H_g \leq 150$	0.004	
	$150 < H_g \leq 200$	0.003	
	$200 < H_g \leq 250$	0.002	
高耸结构基础的沉降量/mm	$H_g \leq 100$	400	
	$100 < H_g \leq 200$	300	
	$200 < H_g \leq 250$	200	

注：1. 本表数值为建筑物地基实际最终变形允许值；
2. 有括号者仅适用于中压缩性土；
3. l 为相邻柱基的中心距离(mm)；H_g 为自室外地面起算的建筑物高度(m)；
4. 倾斜指基础倾斜方向两端点的沉降差与其距离的比值；
5. 局部倾斜指砌体承重结构沿纵向 6～10 m 内基础两点的沉降差与其距离的比值。

表 2.4 中对不同建筑物分别列出了沉降量、沉降差、倾斜和局部倾斜的变形指标的允许值，在进行地基设计时应遵照执行。但由于全国各地的建筑物在结构形式、材料及使用等方面的条件各不相同，而且各地区的地质条件也有很大差别，所以对允许变形值应当注意结合具体工程条件而定。

思考题

1. 简述地基基础的设计原则。
2. 地基基础设计中的两种极限状态是什么？
3. 地基基础设计时，所采用的作用效应有哪些具体规定？
4. 地基变形特征指标有哪几种？分别解释它们的概念。

3 浅基础设计

内容提要 本章主要介绍了浅基础设计环节，并对无筋扩展基础，钢筋混凝土扩展基础、筏形基础、箱形基础的构造及设计计算进行了详细阐述。

学习目标 通过本章的学习，学生应能够熟悉浅基础设计步骤，掌握浅基础底面尺寸的确定方法、地基承载力验算方法、地基变形验算方法，掌握无筋扩展基础、柱下独立基础、墙下条形基础、柱下钢筋混凝土条形基础、柱下十字交叉条形基础、筏形基础、箱形基础的构造及设计计算。

重点难点 本章的重点是地基承载力特征值的计算、基础底面尺寸的确定、无筋扩展基础的设计计算、柱下独立基础的设计计算。

本章的难点是柱下十字交叉条形基础、筏形基础及箱形基础的设计计算。

3.1 浅基础设计概述

基础是连接工业与民用建筑上部结构或桥梁墩、台与地基之间的过渡结构，其作用是保证上部结构物的正常使用。因此，基础工程的设计必须根据上部结构传力体系的特点、建筑物对地下空间使用功能的要求、地基土的物理力学性质，结合施工设备能力，坚持保护环境并考虑经济造价等各方面要求，合理承受各种荷载安全传递至地基，并使地基在建筑物允许的沉降变形值内正常工作，从而保证建筑合理选择地基基础设计方案。

进行基础工程设计时，应将地基、基础视为一个整体，在基础底面处满足变形协调条件及静力平衡条件(基础底面的压力分布与地基反力大小相等，方向相反)。作为支撑建筑物的地基，如为天然状态则为天然地基，若经过人工处理则为人工地基。基础一般按埋置深度分为浅基础与深基础。荷载相对传至浅部受力层，采用普通基坑开挖和敞坑排水施工方法的浅埋基础称为浅基础，如砖混结构的墙下条形基础、柱下独立基础、柱下条形基础、十字交叉基础、筏形基础以及高层结构的箱形基础等；采用较复杂的施工方法，埋置于深层地基中的基础称为深基础，如桩基础、沉井基础、地下连续墙深基础等。本章将介绍各种浅基础类型及基础工程设计的有关基本原则。

3.1.1 基础设计所需的材料

基础设计是根据具体的场地工程地质和水文地质条件，并结合建筑物的类型、结构特点和使用要求等资料设计而成的，归纳起来，地基基础设计之前应具备下列几个方面的资料：

(1)场地地形图与建筑总平面图。
(2)建筑场地的岩土工程勘察报告。
(3)建筑物本身情况：建筑类型，建筑物的平面图、立面图，作用在基础上的荷载大小、性质、分布特点，设备基础和各种管道的布置及标高、使用要求。
(4)场地及其周围环境条件，有无临近建筑及地下管线等设施。
(5)建筑材料的来源及供应情况。

3.1.2 基础设计的一般步骤

在仔细研究建筑场地岩土工程勘察报告的基础上，充分掌握拟建场地的工程地质条件，综合考虑上部结构的类型，荷载的性质、大小和分布，建筑布置和使用要求，并进行现场了解和调查，充分了解拟建基础对周围环境的影响，即可按以下步骤进行浅基础设计：

(1)选择基础的材料、类型，进行基础平面布置。
(2)选择基础的持力层，确定基础埋置深度。
(3)确定持力层地基承载力。
(4)根据地基承载力，确定基础底面尺寸。
(5)根据地基等级进行必要的地基验算，包括地基持力层承载力验算，如果存在软弱下卧层，需要进行软弱下卧层承载力验算；地基变形验算；地基稳定验算。当地下水位埋藏较浅，地下室或地下构筑物存在上浮问题时，尚应进行抗浮验算，依据验算结果，必要时修改基础尺寸甚至埋置深度。
(6)进行基础结构设计及内力计算。
(7)绘制基础施工图，编制设计说明。

3.2 基础材料和基础类型

3.2.1 基础材料

(1)黏土砖。普通黏土砖具有一定的抗压强度,但抗拉强度和抗剪强度低。砖基础所用砖的标准尺寸为:长 240 mm、宽 115 mm、高 53 mm,强度等级不低于 MU10,砂浆不低于 M5。在地下水位以下或当地基土潮湿时,应采用水泥砂浆砌筑。

砖和砂浆砌筑基础所用砖和砂浆的强度等级,根据地基土的潮湿程度和地区的严寒程度不同而要求不同。地面以下或防潮层以下的砖砌体,所用材料强度等级不得低于表 3.1 所规定的数值。

表 3.1 地面以下或防潮层以下的砌体、潮湿房间墙所用材料的最低强度等级

基土的潮湿程度	烧结普通砖、蒸压灰砂砖		混凝土砌块	石材	水泥砂浆
	严寒地区	一般地区			
稍潮湿的	MU10	MU10	MU7.5	MU30	M5
很潮湿的	MU15	MU10	MU7.5	MU30	M7.5
含水饱和的	MU20	MU15	MU10	MU40	M10

注:1. 在冻胀地区,地面以下或防潮层以下的砌体,不宜采用多孔砖;
  2. 对安全等级为一级或设计使用年限大于 50 年的房屋,表中材料强度等级应至少提高一级。

(2)毛石。毛石是指未加工的石材,有相当高的抗压强度和抗冻性,是基础的良好材料。毛石基础采用未风化的硬质岩石,禁用风化毛石。毛石基础的强度取决于石材和砂浆强度,石材的强度等级有 MU100、MU80、MU60、MU50、MU40、MU30 和 MU20,砂浆的强度等级有 M15、M10、M7.5、M5 和 M2.5。石块的最小厚度不宜小于 150 mm。毛石可就地取材,应该充分利用,可用来作为 7 层以下的建筑物基础,但不宜用于地下水位以下的基础。

(3)混凝土。素混凝土是由水泥、水、粗骨料(碎石)和细骨料(砂子)按一定配合比拌制成混合物,经一定时间硬化而成的人造石材。混凝土的抗压强度、耐久性、抗冻性相对较好,且便于机械化施工,但水泥耗量较大、造价较高,且一般需要支模板,较多用于地下水位以下的基础。强度等级一般常采用 C10~C15。为了节约水泥用量,可以在混凝土中掺入不超过基础体积 20%~30% 的毛石,称为毛石混凝土。如果在混凝土中配置一定比例的钢筋,由钢筋和混凝土共同受力的结构或构件称为钢筋混凝土。其不但具有很好的耐久性和抗冻性,而且有很好的抗压、抗拉、抗剪和抗弯能力,但材料造价高,常用于荷载大、土质软弱的地基或地下水位以下的扩展基础、筏形基础、箱形基础和壳体基础等。对于一般的钢筋混凝土基础,混凝土的强度等级应不低于 C20。

(4)灰土。灰土由石灰和黏性土按一定比例加适量的水拌和夯击而成,其配合比(体积

比)为3:7或2:8。灰土拌和应按最佳含水量拌和，不宜太干或太湿，否则不易压实。灰土在水中硬化慢、早期强度低、抗水性差，另外，灰土早期的抗冻性也较差。所以，灰土作为基础材料，一般只用于地下水位以上。我国华北和西北地区，环境比较干燥，且冻胀性较小，常采用灰土做基础。

(5)三合土。三合土一般由石灰、砂(或黏性土)和骨料(碎石、碎砖或矿渣等)按一定比例拌和而成，其体积比为1:2:4或1:3:6。三合土基础强度取决于骨料强度，其中以矿渣形成的三合土强度最高，主要用于低层建筑基础。

3.2.2 基础类型

对上部结构而言，基础应是可靠的支座，对下部地基而言，基础所传递的荷载效应应满足地基承载力和变形的要求，这就有必要在墙柱下设置水平截面扩大的基础，即扩展基础。扩展基础可分为无筋扩展基础(刚性基础)和钢筋混凝土扩展基础(柔性基础)。

(1)无筋扩展基础。无筋扩展基础是指由砖、毛石、混凝土或毛石混凝土、灰土和三合土等材料组成的无须配置钢筋的墙下条形基础或柱下独立基础，如图3.1所示。无筋基础的材料都具有较好的抗压性能，但抗拉、抗剪强度都不高，为了使基础内产生的拉应力和剪力不超过相应材料的强度设计值，设计时需要加大基础的高度。因此，这种基础几乎不发生挠曲变形，故习惯上把无筋基础称为刚性基础。无筋扩展基础适用于多层民用建筑和轻型厂房。

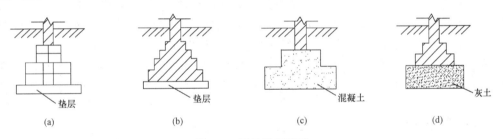

图 3.1 无筋扩展基础
(a)毛石基础；(b)砖基础；(c)混凝土或毛石混凝土基础；(d)灰土或三合土基础

①毛石基础。毛石基础采用毛石砌筑而成。砌筑时可分阶砌筑，每一阶梯宜用三排或三排以上的毛石，阶梯形毛石基础的每阶伸出宽度不宜大于200 mm，地下水位以上可用混合砂浆，水位以下用水泥砂浆(强度等级按规范要求)，如图3.1(a)所示。其优点是能就地取材、价格低；缺点是施工劳动强度大。

②砖基础。砖基础是由黏土砖砌筑而成。一般做成阶梯状，这个阶梯统称为大放脚。在砖基础底面以下，一般应先做100 mm厚的C10混凝土垫层。砖基础取材容易，应用广泛，一般可用于6层及6层以下的民用建筑和砖墙承重的厂房，如图3.1(b)所示。

砖基础的砌筑形式可分为两皮一收和二一间隔收，如图3.2所示。两皮一收是指每次砌筑两层砖，然后收四分之一砖长。二一间隔收是间隔砌筑两层砖或一层砖收四分之一砖长。两种砌筑方式的最底部必须砌筑两层。

③混凝土或毛石混凝土基础。混凝土基础是采用混凝土浇筑而成的基础。常做成台阶式，台阶高度为300 mm。

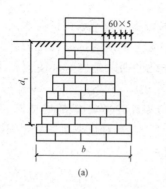 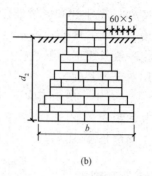

图 3.2 砖基础的砌筑形式

(a)两皮一收；(b)二一间隔收

混凝土和毛石混凝土基础的强度、耐久性与抗冻性都优于砖石基础，因此，当荷载较大或位于地下水位以下时，可考虑选用混凝土基础。混凝土基础水泥用量大，造价稍高，当基础体积较大时，可设计成毛石混凝土基础，即采用毛石混凝土浇筑而成，如图 3.1(c) 所示。

④灰土基础。为节约砖石材料，常在砖石大放脚下面做一层灰土垫层，这个垫层习惯上称灰土基础。一般将配置好的灰土分层压实或夯实，每层松铺 220~250 mm，压实至 150 mm。灰土基础适用于 5 层或 5 层以下，地下水位以上的混合结构房屋和砖墙承重的轻型厂房(3 层及以上采用三步灰土，3 层以下采用两步灰土)。灰土基础施工方便，造价低，可节约水泥和砖石材料。灰土吸水逐渐硬化，年代越久强度越高。但灰土基础抗水性及抗冻性均较差，因而，在地下水位以下不宜采用，同时应设在冻结深度以下。

⑤三合土基础。三合土基础是在砖石大放脚下面做一层三合土垫层，这个垫层习惯上称三合土基础。基本特点与灰土类似，适用于 4 层以下的混合结构房屋及砖墙承重的轻型厂房。

无筋扩展基础受上面柱子或墙体传来的荷载，同时，下面受地基反力作用，此时，其工作条件如同倒置的两边外伸的悬臂梁。这种结构受力后，在靠近柱边、墙边或断面突变处，容易产生弯曲破坏，如图 3.3 所示。为防止这种弯曲破坏，对于砖、砌石、灰土、混凝土等抗拉性能很差的刚性材料所做的基础，要求基础有一定的高度，使弯曲所产生的拉应力不会超过材料的抗拉强度。

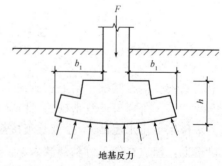

图 3.3 无筋扩展基础受力破坏示意图

通常的控制办法是使基础外伸宽度(b_1)和基础高度(h)的比值不超过规定的允许值。从图 3.4 中可以看出，$\tan\alpha = b_1/h$，其中与允许的台阶宽高比值 b_1/h 相应的角度 α 称为基础的刚性角。为便于施工，刚性基础一般做成台阶形。满足刚性角要求的基础，各台阶的内缘应落在与墙边或柱边铅垂线成 α 角的斜线上，如图 3.4(b)所示。若台阶内缘进入斜线以内，如图 3.4(a)所示，表示基础断面不够安全；若台阶内缘落在斜线以外，如图 3.4(c)所示，则断面设计不经济。因此，无筋扩展基础的共同特点是基础及各个台阶高度均受刚性角的限制。无筋扩展基础台阶宽高比的允许值,见表 3.2。

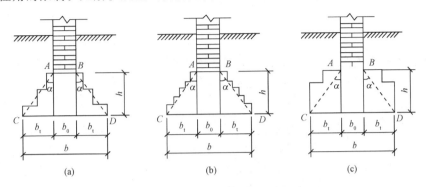

图 3.4 无筋扩展基础断面设计

(a)不安全设计;(b)正确设计;(c)不经济设计

表 3.2 无筋扩展基础台阶宽高比的允许值

基础材料	质量要求	台阶宽高比的允许值		
		$p_k \leqslant 100$	$100 < p_k \leqslant 200$	$200 < p_k \leqslant 300$
混凝土基础	C15 混凝土	1:1.00	1:1.00	1:1.25
毛石混凝土基础	C15 混凝土	1:1.00	1:1.25	1:1.50
砖基础	砖不低于 MU10、砂浆不低于 M5	1:1.50	1:1.50	1:1.50
毛石基础	砂浆不低于 M5	1:1.25	1:1.50	—
灰土基础	体积比为 3:7 或 2:8 的灰土,其最小干密度: 粉土 1 550 kg/m³ 粉质黏土 1 500kg/m³ 黏土 1 450 kg/m³	1:1.25	1:1.50	—
三合土基础	体积比 1:2:4~1:3:6(石灰:砂:骨料),每层约虚铺 220 mm,夯至 150 mm	1:1.50	1:2.00	—

注:1. p_k 为作用标准组合时的基础底面处的平均压力值(kPa);
    2. 阶梯形毛石基础的每阶伸出宽度,不宜大于 200 mm;
    3. 当基础由不同材料叠合组成时,应对接触部分作抗压验算;
    4. 混凝土基础单侧扩展范围内基础底面处的平均压力值超过 300 kPa 时,尚应进行抗剪验算;对基底反力集中于立柱附近的岩石地基,应进行局部受压承载力验算。

(2)钢筋混凝土扩展基础。钢筋混凝土扩展基础包括柱下钢筋混凝土独立基础和墙下钢筋混凝土条形基础。这类基础的抗弯和抗剪性能良好,可在竖向荷载较大、地基承载力不高,以及承受水平力和力矩荷载等情况下使用。与无筋基础相比,其基础高度较小,因此,更适宜在基础埋置深度较小时使用。

①柱下钢筋混凝土独立基础。柱下钢筋混凝土独立基础的构造,如图 3.5 所示。现浇柱的独立基础可做成锥形或阶梯形;预制柱则采用杯口基础,杯口基础常用于装配式单层工业厂房。

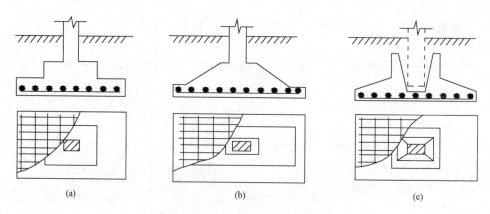

图 3.5　柱下钢筋混凝土独立基础
(a)阶梯形基础；(b)锥形基础；(c)杯形基础

②墙下钢筋混凝土条形基础。墙下钢筋混凝土条形基础的构造，如图 3.6 所示。一般情况下可采用无肋的墙基础，如地基不均匀，为了增强基础的整体性和抗弯能力，可以采用有肋的墙基础，如图 3.6(b)所示，肋部配置足够的纵向钢筋和箍筋，以承受由不均匀沉降引起的弯曲应力。

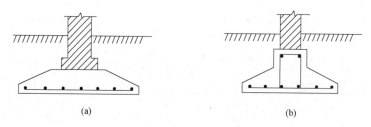

图 3.6　墙下钢筋混凝土条形基础
(a)无肋式；(b)有肋式

③墙下钢筋混凝土独立基础。墙下独立基础是在当上层土质松散而在不深处有较好的土层时，为了节省基础材料和减少开挖量而采取的一种基础形式。在单独基础之间放置钢筋混凝土过梁，以承受上部结构传来的荷载，如图 3.7 所示。

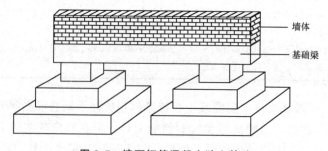

图 3.7　墙下钢筋混凝土独立基础

(3)柱下钢筋混凝土条形基础。如果柱子的荷载较大而土层的承载力又较低，采用单独基础需要很大的面积，因而互相接近甚至重叠。为增加基础的整体性并方便施工，在这种情况下，常将同一排的柱基础连通做成柱下钢筋混凝土条形基础，如图 3.8 所示。

(4)十字交叉条形基础。如果地基软弱且在两个方向分布不均,需要基础在两方向都具有一定的刚度来调整不均匀沉降,则可在柱网下沿纵横两向分别设置钢筋混凝土条形基础,从而形成柱下十字交叉条形基础,如图 3.9 所示。

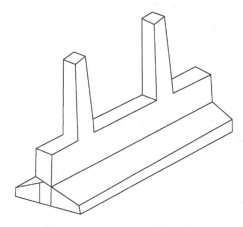 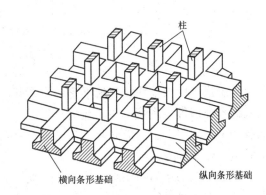

图 3.8　柱下钢筋混凝土条形基础　　　　　图 3.9　十字交叉条形基础

(5)筏形基础。当柱下交叉条形基础底面积占建筑物平面面积的比例较大,或者建筑物在使用上有要求时,可以在建筑物的柱、墙下方做成一块满堂的基础,即筏形(片筏)基础(图 3.10)。筏形基础由于其底面积大,故可减小基底压力,同时,也可提高地基土的承载力,并能更有效地增强基础的整体性,调整不均匀沉降。另外,筏形基础还具有前述各类基础所不完全具备的良好功能,例如,能跨越地下浅层小洞穴和局部软弱层;提供比较宽敞的地下使用空间;作为地下室、水池、油库等的防渗底板;增强建筑物的整体抗震性能;满足自动化程度较高的工艺设备对不允许有差异沉降的要求,以及工艺连续作业和设备重新布置的要求等。

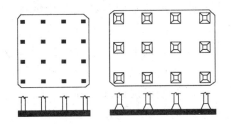 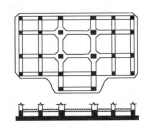 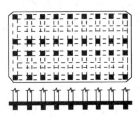

图 3.10　筏形基础

(6)箱形基础。箱形基础是由钢筋混凝土的底板、顶板、外墙和内隔墙组成的具有一定高度的整体空间结构,如图 3.11 所示。其适用于软弱地基上的高层、重型或对不均匀沉降有严格要求的建筑物。与筏形基础相比,箱形基础具有更大的抗弯刚度,只能产生大致均匀的沉降或整体倾斜,从而基本上消除了因地基变形而使建筑物开裂的可能性。箱形基础埋深较大,基础中空,从而使开挖卸去的土重部分抵偿了上部结构传来的荷载(补偿效应),因此,与一般实体基础相比,它能显著减小基底压力、降低基础沉降量。另外,箱形基础的抗震性能较好。

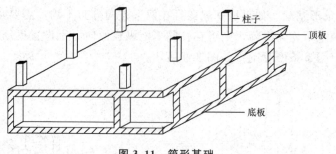

图 3.11 箱形基础

高层建筑的箱基往往与地下室结合考虑，其地下空间可作人防、设备间、库房、商店以及污水处理等。冷藏库和高温炉体下的箱形基础有隔断热传导的作用，以防地基土产生冻胀或干缩。但由于内墙分隔，箱形地下室的用途不如筏形基础地下室广泛，例如，不能用做地下停车场等。

箱形基础的钢筋水泥用量很大，工期长，造价高，施工技术比较复杂。在地下水位较高的地区采用箱形基础进行基坑开挖时，应考虑人工降低地下水位，坑壁支护和对相邻建筑物的影响问题，应与其他基础方案比较后择优选用。

3.3 基础埋置深度的确定

基础埋置深度一般是指基础底面到室外设计地面的距离，简称基础埋深。确定基础埋置深度是地基与基础设计中首先应解决的问题，它决定的是基础支承在哪一个土层上的问题。由于不同土层的承载力存在很大差别，因此，基础的埋置深度将直接关系到结构物的牢固、稳定和正常使用。另外，基础的埋置深度还会影响所采用的基础类型及相应的施工方法，也关系到工程的造价。在确定基础埋置深度时，应考虑以下原则：把基础设置在变形小而强度又比较大的持力层上，以保证地基强度满足要求，而且不致产生过大的沉降或沉降差；使基础有足够的埋置深度，以保证基础的稳定性，确保基础的安全。基础埋置深度的确定，必须综合考虑地基的地质、地形、河流的冲刷深度、当地的冻结深度、上部结构形式，以及保证基础稳定所需的最小埋深和施工技术条件、造价等因素。对于某一具体工程来说，往往是其中几个因素共同起决定作用，因此，在设计时必须从实际出发，以各种原始资料为依据，统一考虑结构物对地基与基础的各项技术要求，抓住主要因素进行分析研究，确定合理的埋置深度。

3.3.1 工程地质条件及水文地质条件

（1）工程地质条件。工程地质条件是影响基础埋置深度的重要因素之一。通常，地基由多层土组成，直接支撑基础的土层称为持力层，其下的各土层称为下卧层。在满足地基稳定和变形要求的前提下，基础应尽量浅埋，利用浅层土做持力层，当上层土的承载力低于下层土时，若取下层土为持力层，所需基底面积较小而埋深较大；而取上层土为持力层则情况恰好相反，此时应做方案比较后才能确定埋深大小。

当场地地基为非水平层地基时，若将整个建筑物的基础埋深控制在相同的设计标高，则持力层顶面倾斜过大可能造成建筑物不均匀沉降，此时也可考虑同一建筑物基础采用不同埋深来调整不均匀沉降。当基础埋置在易风化的软质岩层上时，施工时应在基坑开挖之后立即铺垫层，以免岩层表面暴露时间过长而被风化。

基础在风化岩石层中的埋置深度应根据岩石层的风化程度、冲刷深度及相应的承载力来确定。如岩层表面倾斜时，应尽可能避免将基础的一部分置于基岩上，而另一部分置于土层中，以防基础由于不均匀沉降而发生倾斜甚至断裂。在陡峭山坡上修建桥台时，还应注意岩体的稳定性。

(2) 水文地质条件。选择基础埋深时，应注意地下水的埋藏条件和动态以及地表水的情况。当有地下水存在时，基础底面应尽量埋置在地下水位以上。若基础底面必须埋置在地下水位以下时，除应考虑基坑排水、坑壁围护，以及保护地基土不受扰动等措施外，还应考虑可能出现的其他施工与设计问题，例如，出现涌土、流砂现象的可能性；地下水浮托力引起基础底板的内力变化等，并采取相应的措施。

对埋藏有承压含水层的地基，选择基础埋深时必须考虑承压水的作用，以免在开挖基坑时坑底土被承压水冲破，引起突涌流砂现象。因此，必须控制基坑开挖的深度，使承压含水层顶部的静水压力小于该处由坑底土产生的总覆盖压力，否则应设法降低承压水头。

地表流水是影响桥梁墩台基础埋深的因素之一，桥梁墩台的修建，往往使流水面积缩小，流速增加，引起水流冲刷河床，特别是在山区和丘陵地区的河流，更应注意考虑季节性洪水的冲刷作用。在有冲刷的河流中，为防止桥梁墩、台基础四周和基底下土层被水流掏空，基础必须埋置在设计洪水的最大冲刷线以下一定深度，以保证稳定性。在一般情况下，小桥涵的基础底面应设置在设计洪水冲刷线以下不小于 1 m。基础在最低冲刷线以下的最小埋置深度不应是一个定值，它与河床地层的抗冲刷能力、计算设计流量的可靠性、选用计算冲刷深度的方法、桥梁的重要性，以及破坏后修复的难易程度等因素有关。因此，对于大、中桥梁基础，在设计洪水冲刷线以下的最小埋置深度时，应考虑桥梁大小、技术的复杂性和重要性等因素予以确定。

3.3.2 建筑物相关条件

建筑结构条件包括建筑物用途、类型、规模与性质。某些建筑物需要具备一定的使用功能或宜采用某种基础形式，这些要求常成为基础埋深选择的先决条件，例如，必须设置地下室或设备层及人防时，通常基础埋深首先应考虑满足建筑物使用功能上提出的埋深要求。高层建筑物中常设置电梯，在设置电梯处，自地面向下需有至少 1.4 m 电梯缓冲坑，该处基础埋深需要局部加大。

建筑物外墙常有上、下水、煤气等各种管道穿行，这些管道的标高往往受城市管网的控制，不易改变，这些管道一般不可以设置在基础底面以下，该处墙基础需要局部加深。另外，遇建筑物各部分的使用要求不同或地基土质变化较大，要求同一建筑物各部分基础埋深不同时，应将基础做成台阶形逐步过渡，台阶的宽高比为 1:2，每阶高度不超过 500 mm。

上部结构的形式不同，对基础产生的位移适应能力不同。对于静定结构，中、小跨度的简支梁来说，这项因素对确定基础埋置深度影响不大。但对超静定结构即使基础发生较小的不均匀沉降也会使结构构件内力发生明显变化，例如，拱桥桥台。

由于高层建筑荷载大，且又承受风力和地震作用等水平荷载，在抗震设防区，除岩石地基外，天然地基上的箱形和筏形基础其埋置深度不宜小于建筑物高度的1/15；桩箱或桩筏基础的埋置深度（不计桩长）不宜小于建筑物高度的1/18。位于岩石地基上的高层建筑，其基础埋深应满足抗滑要求。

位于稳定土坡坡顶上的建筑物，确定基础埋深应综合考虑基础类型、基础底面尺寸、基础与坡顶间的水平距离等因素。对于条形基础或矩形基础，当垂直于坡顶边缘线的基础底面边长小于或等于3 m时，其基础埋深按下式确定：

条形基础： $$d \geqslant (3.5b - a)\tan\beta \tag{3-1}$$

矩形基础： $$d \geqslant (2.5b - a)\tan\beta \tag{3-2}$$

式中 a——基础底面外边缘线至坡顶的水平距离(m)；

b——垂直于坡顶边缘线的基础底面边长(m)；

d——基础埋置深度(m)；

β——边坡坡角(°)。

3.3.3 相邻建筑物的影响

在城市建筑密集的地方，为保证原有建筑物的安全和正常使用，新建建筑物的基础埋深不宜深于原有建筑物基础的埋深，并应考虑新加荷载的影响。当建筑物荷载大，楼层高，基础埋深要求大于原有建筑物基础埋深时，为避免新建建筑物对原有建筑物的影响，设计时应考虑与原有基础保持一定的净距，如图3.12所示。距离大小根据原有建筑物荷载大小、土质情况和基础形式确定，一般可取相邻基础底面高差的1~2倍，即 $L \geqslant (1\sim 2)\Delta H$。当不能满足净距方面的要求时，应采取分段施工，或设临时支撑、打板桩、地下连续墙等措施，或加固原有建筑物地基。

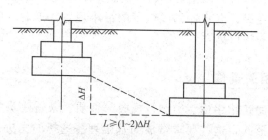

图3.12 相邻建筑基础埋深影响

3.3.4 地基冻融条件的影响

季节性冻土地区，土体易出现冻胀和融沉。土体发生冻胀的机理，主要是由于土层在冻结期周围未冻区土中的水分向冻结区迁移、积聚所致。弱结合水的外层在0.5 ℃时冻结，越靠近土粒表面，其冰点越低，在−30 ℃～−20 ℃以下才能全部冻结。当大气负温传入土中时，土中的自由水首先冻结成冰晶体，弱结合水的最外层也开始冻结，使冰晶体逐渐扩大，于是冰晶体周围土粒的结合水膜变薄，土粒产生剩余的分子引力；另外，由于结合水膜的变薄，使得水膜中的离子浓度增加，产生吸附压力，在这两种引力的作用下，下面未冻结区水膜较厚处的弱结合水便被上吸到水膜较薄的冻结区，并参与冻结，使冻结区的冰晶体增大，而不平衡引力却继续存在。如果下面未冻结区存在着水源（如地下水位距冻结深度很近）及适当的水源补给通道（即毛细通道），能连续不断地补充到冻结区来，那么，未冻结区的水分（包括弱结合水和自由水）就会继续向冻结区迁移和积聚，使冰晶体不断扩大，在土层中形成冰夹层，土体随之发生隆起，出现冻胀现象。当土层解冻时，土层中积聚的冰晶体融化，土体随之下陷，即出现融沉现象。位于冻胀区内的基础受到的冻胀力如大于基底以上的竖向荷载，基础就有被抬起的可能，造成门窗不能开启，严重的甚至引起墙体的开裂。当温度升高土体解冻时，由于土中的水分高度集中，使土体变得十分松软而引起融沉，且建筑物各部分的融沉是不均匀的，严重的不均匀融沉可能引起建筑物开裂、倾斜，甚至倒塌。

土体的冻胀会使路基隆起，使柔性路面鼓包、开裂，使刚性路面错缝或折断。路基土融沉后，在车辆反复碾压下，轻者路面变得松软，限制行车速度，重者路面开裂、冒泥，即出现翻浆现象，使路面完全破坏。因此，冻土的冻胀及融沉都会对工程带来危害，必须采取一定措施。

影响冻胀的因素主要有土的组成、水的含量及温度的高低。对于粗颗粒土，因不含结合水，不发生水分迁移，故不存在冻胀问题。而细粒土具有较显著的毛细现象，故在相同条件下，黏性土的冻胀性就比粉土、砂土严重得多。同时，该类土颗粒较细，表面能大，土粒矿物成分亲水性强，能持有较多结合水，从而能使大量结合水迁移和积聚。当冻结区附近地下水位较高，毛细水上升高度能够达到或接近冻结线，使冻结区能得到外部水源的补给时，将发生比较强烈冻胀。通常，将冻结过程中有外来水源补给的称为开敞型冻胀；而冻结过程中没有外来水源补给的称为封闭型冻胀。开敞型冻胀比封闭型冻胀严重，冻胀量大。如气温骤降且冷却强度很大时，土的冻结面迅速向下推移，即冻结速度很快。此时，土中弱结合水及毛细水来不及向冻区迁移就在原地冻成冰，毛细通道也被冰晶体所堵塞。这样，水分的迁移和积聚不会发生，在土层中几乎没有冰夹层，只有散布于土孔隙中的冰晶体，所形成的冻土一般无明显冻胀。

针对上述情况，《建筑地基基础设计规范》(GB 50007—2011)将地基土的冻胀性划分为不冻胀、弱冻胀、冻胀、强冻胀和特强冻胀五类，见表3.3。

表 3.3 地基土的冻胀性分类

土的名称	冻前天然含水量 $w/\%$	冻结期间地下水位低于冻深的最小距离 h_w/m	平均冻胀率 $\eta/\%$	冻胀等级	冻胀类别
碎(卵)石、砾、粗、中砂(粒径小于0.075 mm颗粒含量大于15%)细砂(粒径小于0.075 mm颗粒含量大于10%)	$w \leqslant 12$	>1.0	$\eta \leqslant 1$	I	不冻胀
		$\leqslant 1.0$	$1 < \eta \leqslant 3.5$	II	弱冻胀
	$12 < w \leqslant 18$	>1.0			
		$\leqslant 1.0$	$3.5 \eta \leqslant 6$	III	冻胀
	$w > 18$	>0.5			
		$\leqslant 0.5$	$6 < \eta \leqslant 12$	IV	强冻胀

续表

土的名称	冻前天然含水量 $w/\%$	冻结期间地下水位低于冻深的最小距离 h_w/m	平均冻胀率 $\eta/\%$	冻胀等级	冻胀类别
粉砂	$w\leqslant14$	>1.0	$\eta\leqslant1$	Ⅰ	不冻胀
		$\leqslant1.0$	$1<\eta\leqslant3.5$	Ⅱ	弱冻胀
	$14<w\leqslant19$	>1.0			
		$\leqslant1.0$	$3.5<\eta\leqslant6$	Ⅲ	冻胀
	$19<w\leqslant23$	>1.0			
		$\leqslant1.0$	$6<\eta\leqslant12$	Ⅳ	强冻胀
	$w>23$	不考虑	$\eta>12$	Ⅴ	特强冻胀
粉土	$w\leqslant19$	>1.5	$\eta\leqslant1$	Ⅰ	不冻胀
		$\leqslant1.5$	$1<\eta\leqslant3.5$	Ⅱ	弱冻胀
	$19<w\leqslant22$	>1.5			
		$\leqslant1.5$	$3.5<\eta\leqslant6$	Ⅲ	冻胀
	$22<w\leqslant26$	>1.5			
		$\leqslant1.5$	$6<\eta\leqslant12$	Ⅳ	强冻胀
	$26<w\leqslant30$	>1.5			
		$\leqslant1.5$	$\eta>12$	Ⅴ	特强冻胀
	$w>30$	不考虑			
黏性土	$w\leqslant w_p+2$	>2.0	$\eta\leqslant1$	Ⅰ	不冻胀
	$w_p+2<w\leqslant w_p+5$	$\leqslant2.0$	$1<\eta\leqslant3.5$	Ⅱ	弱冻胀
		>2.0			
	$w_p+5<w\leqslant w_p+9$	$\leqslant2.0$	$3.5<\eta\leqslant6$	Ⅲ	冻胀
		>2.0			
	$w_p+9<w\leqslant w_p+15$	$\leqslant2.0$	$6<\eta\leqslant12$	Ⅳ	强冻胀
		>2.0			
	$w>w_p+15$	$\leqslant2.0$	$\eta>12$	Ⅴ	特强冻胀
		不考虑			

注：1. w_p 为塑限含水量(%)；w 为在冻土层内冻前天然含水量的平均值；
  2. 盐渍化冻土不在表列；
  3. 塑性指数大于 22 时，冻胀性降低一级；
  4. 粒径小于 0.005 mm 的颗粒含量大于 60% 时，为不冻胀土；
  5. 碎石类土当充填物大于全部质量的 40% 时，其冻胀性按充填物土的类别判断；
  6. 碎石土、砾砂、粗砂、中砂（粒径小于 0.075 mm 颗粒含量不大于 15%）、细砂（粒径小于 0.075 mm 颗粒含量不大于 10%）均按不冻胀考虑；
  7. 平均冻胀率是冻胀量与冻结深度的比值。

季节性冻土地基的设计冻深可按下式计算：

$$z_d = z_0 \psi_{zs} \psi_{zw} \psi_{ze} \tag{3-3}$$

式中　z_d——场地冻结深度(m)；
　　　z_0——标准冻结深度(m)；
　　　ψ_{zs}——土的类别对冻深的影响系数，按表3.4采用；
　　　ψ_{zw}——土的冻胀性对冻深的影响系数，按表3.5采用；
　　　ψ_{ze}——环境对冻深的影响系数，按表3.6采用。

表 3.4　土的类别对冻深的影响系数

土的类别	影响系数 ψ_{zs}
黏性土	1.00
细砂、粉砂、粉土	1.20
中、粗、砾砂	1.30
大块碎石土	1.40

表 3.5　土的冻胀性对冻深的影响系数

冻胀性	影响系数 ψ_{zw}
不冻胀	1.00
弱冻胀	0.95
冻胀	0.90
强冻胀	0.85
特强冻胀	0.80

表 3.6　环境对冻深的影响系数

周围环境	影响系数 ψ_{ze}
村、镇、旷野	1.00
城市郊区	0.95
城市市区	0.90

注：环境影响系数一项，当城市市区人口为20万～50万时，按城市近郊取值；当城市市区人口大于50万小于或等于100万时，只计入市区影响；当城市市区人口超过100万时，除计入市区影响外，尚应考虑5公里以内的郊区近郊影响系数。

季节性冻土地区基础埋置深度宜大于场地冻结深度。对于深厚季节冻土地区，当建筑基础底面土层为不冻胀、弱冻胀、冻胀土时，基础埋置深度可以小于场地冻结深度，基底允许冻土层最大厚度应根据当地经验确定。此时，基础最小埋深 $d_{\min}$ 可按下式计算：

$$d_{\min} = z_d - h_{\max} \tag{3-4}$$

式中　$h_{\max}$——基础底面下允许残留冻土层厚度(m)，可根据表3.7确定。

表 3.7　建筑基底下允许残留冻土层厚度

冻胀性	基础形式	采暖情况	基底平均压力/kPa					
			110	130	150	170	190	210
弱冻胀土	方形基础	采暖	0.90	0.95	1.00	1.10	1.15	1.20
		不采暖	0.70	0.80	0.95	1.00	1.05	1.10
	条形基础	采暖	>2.50	>2.50	>2.50	>2.50	>2.50	>2.50
		不采暖	2.20	2.50	>2.50	>2.50	>2.50	>2.50
冻胀土	方形基础	采暖	0.65	0.70	0.75	0.80	0.85	—
		不采暖	0.55	0.60	0.65	0.70	0.75	—
	条形基础	采暖	1.55	1.80	2.00	2.20	2.50	—
		不采暖	1.15	1.35	1.55	1.75	1.95	—

【例 3-1】　某地区标准冻深为 1.6 m，地基由均匀的粉土组成，冻前天然含水量平均值为 25%，冻结期间地下水位低于冻深的最小距离为 1.7 m。场地位于城市市区，人口为 30 万人。基底平均压力为 140 kPa，建筑物为民用住宅，采用矩形基础，基础尺寸为 2 m×1 m，试确定基础的最小埋深。

【解】　(1) 地基土为粉土，查表 3.4 得 $\psi_{zs}=1.2$。

冻前天然含水量平均值为 25%，冻结期间地下水位低于冻深的最小距离为 1.7 m，查表 3.2 可知冻胀类别为冻胀，查表 3.5 可知 $\psi_{zw}=0.9$。

场地位于城市市区，人口为 30 万人，介于 20~50 万人，查表 3.6 按城市近郊取值，得 $\psi_{ze}=0.95$。

(2) 土质为冻胀土，矩形基础可取短边尺寸为 1 m，按方形计算，建筑物为民用住宅，取基底平均压力为 140 kPa，查表 3.7 进行内插计算得：

$$h_{\max}=\frac{0.70+0.75}{2}=0.725$$

因此，最小基础埋深

$$d_{\min}=z_d-h_{\max}=z_0\psi_{zs}\psi_{zw}\psi_{ze}=1.60\times1.20\times0.90\times0.95-0.725=0.92(\text{m})$$

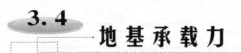

3.4　地基承载力

地基承载力是指地基土单位面积上承受荷载的能力。这里所谓的能力是指地基土体在荷载作用下保证强度和稳定、地基不产生过大沉降或不均匀沉降。地基基础设计中，确定地基承载力是满足地基土强度和稳定性、并确保具有足够安全度这一基本要求的首要工作。确定合适的地基承载力是一个非常重要和复杂的问题。一方面，地基承载力不仅与土的物理力学性质有关，而且与基础的形式、埋深、底面积、结构特点和施工等因素有关；另一方面，从设计的角度，确定合适的地基承载力需要综合考虑经济性和安全性双重因素。地基承载力设计值过小，地基土体不能充分发挥其承载性能、不经济，地基承载力取值偏大则不安全。

目前，在地基基础设计中，确定地基承载力的方法主要有以下三项：
(1)确定地基承载力，按原位测试方法直接确定地基承载力。
(2)确定地基承载力，按经验方法确定地基承载力。
(3)确定地基承载力，按地基土的强度理论确定地基承载力。

3.4.1 根据原位测试确定承载力特征值

建设场地对地基土体进行原位测试是确定地基承载力最直接有效的方法。目前，用于评价地基承载力的原位测试手段较多，主要有载荷试验、旁压试验、触探试验等。其中，载荷试验被认为是确定地基承载力的原位测试方法中最直接可信的方法。

(1)载荷试验确定地基承载力。地基土载荷试验是工程地质勘察工作中的一项原位测试。载荷试验包括浅层平板载荷试验、深层平板载荷试验及螺旋板载荷试验。浅层平板载荷试验适用于 3 m 以内、无地下水地基，深层平板载荷试验适用于 3 m 以下、无地下水地基，螺旋板载荷试验适用于有地下水的地基。

由载荷试验得到的典型地基土 $p-s$ 曲线，反映了地基变形自开始加载至地基破坏过程，其先后经历三个变形阶段，即弹性变形阶段、塑性变形阶段和破坏阶段。根据 $p-s$ 曲线的形态及地基土在荷载作用下的变形特征，从经济性和安全性的双重角度，得出了依据实测 $p-s$ 曲线确定地基承载力特征值的方法和规定。《建筑地基基础设计规范》(GB 50007—2011)规定，浅层平板载荷试验在某一级荷载作用下，应满足下列情况之一时，认为地基达到破坏，可终止加载：

①承压板周围的土明显地侧向挤出。
②沉降 s 急骤增大，$p-s$ 曲线出现陡降段。
③在某一级荷载下，24 h 内沉降速率不能达到稳定标准。
④沉降量与承压板宽度或直径之比大于或等于 0.06。

当满足以上前三种情况之一时，其对应的前一级荷载可取为极限荷载。则依据上述破坏标准，可得到完整 $p-s$ 曲线(图 3.13)。《建筑地基基础设计规范》(GB 50007—2011)给出的依据 $p-s$ 曲线确定地基承载力特征值的方法如下：

①当 $p-s$ 曲线上有明显的比例界限时，取该比例界限所对应的荷载值。
②当极限荷载小于对应比例界限的荷载值的 2 倍时，取极限荷载值的一半。
③当不能按②要求确定，当承压板面积为 0.25～0.5 m² 时，可取 $s/b=(0.01～0.015)$

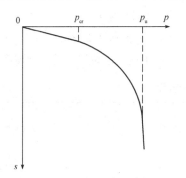
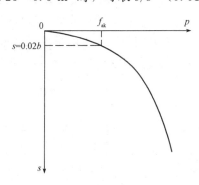

图 3.13 载荷试验 $p-s$ 曲线

(b 为承压板宽度或直径)所对应的荷载,但其值不应大于最大加载量的一半。

按上述方法确定地基承载力时,同一土层参加统计的试验点不应少于 3 点,各试验实测值的极差不得超过其平均值的 30%,实测地基承载力特征值应取其平均值。

载荷试验的优点是压力的影响深度可过 1.5~2 倍承压板宽度,故能较好地反映天然土体的压缩性。对于成分或结构很不均匀的土层,如杂填土、裂隙土、风化岩等,它能显出用别的方法所难以代替的作用;其缺点是试验工作量和费用较大,时间较长。

(2)按照静力、动力触探确定承载力。原位测试方法除载荷试验外,还有动力触探、静力触探、十字板剪切试验和旁压试验等方法。动力触探有轻型、重型和超重型三种。静力触探有单桥和双桥探头两种。各地应以载荷试验数据为基础,积累和建立相应的测试数据与土的承载力之间的相关关系。这种相关关系具有地区性、经验性,对于大量建设的丙级建筑的地基基础来说非常适用、经济,对于设计等级为甲、乙级建筑的地基基础,应按确定承载力特征值的多种方法综合确定。

3.4.2 地基承载力修正

理论分析和工程实践均证明,基础的埋深和基底尺寸均影响着地基承载力。所以,根据载荷试验或触探试验等原位测试、经验值等方法确定的承载力特征值,在地基基础设计中,应考虑基础埋深效应和基底尺寸效应。

当基础宽度大于 3 m 或埋置深度大于 0.5 m 时,从载荷试验或其他原位测试、经验值等方法确定的地基承载力特征值,尚应按下式修正:

$$f_a = f_{ak} + \eta_b \gamma (b-3) + \eta_d \gamma_m (d-0.5) \tag{3-5}$$

式中 f_a——修正后的地基承载力特征值(kPa);

f_{ak}——地基承载力特征值(kPa),可由载荷试验或其他原位测试,并结合工程实践经验等方法综合确定;

η_b、η_d——基础宽度和埋深的地基承载力修正系数,按基底下土的类别查表 3.8 取值;

b——基础底面宽度(m),当基础底面宽度小于 3 m 时按 3 m 取值,大于 6 m 时按 6 m 取值;

d——基础埋置深度(m),宜自室外地面标高算起。在填方整平地区,可自填土地面标高算起,但填土在上部结构施工后完成时,应从天然地面标高算起。对于地下室,如采用箱形基础或筏形基础时,基础埋置深度自室外地面标高算起;当采用独立基础或条形基础时,应从室内地面标高算起;

γ——基础底面以下土的重度(kN/m^3),地下水位以下取浮重度;

γ_m——基础底面以上土的加权平均重度(kN/m^3),位于地下水位以下的土层取有效重度。

表 3.8 承载力修正系数

土的类别	η_b	η_d
淤泥和淤泥质土	0	1.0
人工填土 e 或 I_L 大于 0.85 的黏性土	0	1.0

续表

土的类别		η_b	η_d
红黏土	含水比 $\alpha_w > 0.8$	0	1.2
	含水比 $\alpha_w \leq 0.8$	0.15	1.4
大面积压实填土	压实系数大于0.95、黏粒含量 $\rho_c \geq 10\%$ 的粉土	0	1.5
	最大干密度大于 2 100 kg/m³ 的级配砂石	0	2.0
粉土	黏粒含量 $\rho_c \geq 10\%$ 的粉土	0.3	1.5
	黏粒含量 $\rho_c < 10\%$ 的粉土	0.5	2.0
	e 及 I_L 均小于0.85的黏性土	0.3	1.6
	粉砂、细砂(不包括很湿和饱和时的稍密状态)	2.0	3.0
	中砂、粗砂、砾砂和碎石土	3.0	4.4

注：1. 强风化和全风化的岩石，可参照所风化成的相应土类取值，其他状态下的岩石不修正；
2. 地基承载力特征值按深层平板载荷试验确定时 η_d 取0；
3. 含水比是指土的天然含水量与液限的比值；
4. 大面积压实填土是指填土范围大于两倍基础宽度的填土。

3.4.3 根据《建筑地基基础设计规范》(GB 50007—2011)确定承载力特征值

从典型 p—s 曲线可以看出，地基土在逐级加载至破坏的过程中，地基土可承受的荷载存在一个相当大的范围。土力学中的临塑荷载、临界荷载和极限荷载定义了地基土在不同变形状态下承受荷载的能力。极限荷载是地基出现整体破坏时所能承受的荷载。显然，以此作为地基承载力特征值毫无安全度可言；临塑荷载是地基刚要出现塑性区时对应的荷载，以此作为地基承载力又过于保守。实践证明，地基中出现一定小范围的塑性区，对于建筑物的安全并无妨碍。这里提到的小范围塑性区一般认为其塑性区最大深度不大于基础宽度的1/4。因此，选择临界荷载作为地基承载力特征值是合适的，应符合经济和安全的双重要求。《建筑地基基础设计规范》(GB 50007—2011)即采用以 $P_{1/4}$ 为基础的理论公式。

当偏心距(e)小于或等于0.033倍基础底面宽度时，根据土的抗剪强度指标确定地基承载力特征值可按下式计算，并应满足变形要求：

$$f_a = M_b \gamma b + M_d \gamma_m d + M_c c_k \tag{3-6}$$

式中 f_a——由土的抗剪强度指标确定的地基承载力特征值(kPa)；

b——基础底面宽度(m)，大于 6 m 时按 6 m 取值，对于砂土小于 3 m 时按 3 m 取值；

d——基础埋置深度(m)；

c_k——基底下一倍短边宽度的深度范围内土的黏聚力标准值(kPa)；

M_b、M_d、M_c——承载力系数，按表3.9取值。

表 3.9　承载力系数

土的内摩擦角标准值 φ_k/°	M_b	M_d	M_c
0	0	1.00	3.14
2	0.03	1.12	3.32
4	0.06	1.25	3.51
6	0.10	1.39	3.71
8	0.14	1.55	3.93
10	0.18	1.73	4.17
12	0.23	1.94	4.42
14	0.29	2.17	4.69
16	0.36	2.43	5.00
18	0.43	2.72	5.31
20	0.51	3.06	5.66
22	0.61	3.44	6.04
24	0.80	3.87	6.45
26	1.10	4.37	6.90
28	1.40	4.93	7.40
30	1.90	5.59	7.95
32	2.60	6.35	8.55
34	3.40	7.21	9.22
36	4.20	8.25	9.97
38	5.00	9.44	10.80
40	5.80	10.84	11.73

注：φ_k——基底下一倍短边宽度的深度范围内土的内摩擦角标准值(°)。

【例 3-2】 某场地地基土为粗砂，厚度 2.0 m，重度为 19.6 kN/m³，饱和重度为 20.0 kN/m³，载荷试验确定地基承载力特征值 $f_{ak}=240$ kPa，粗砂以下为粉土，重度为 18.6 kN/m³，饱和重度为 19.0 kN/m³，黏聚力 $c_k=16$ kPa，内摩擦角 $\varphi=22°$，地下水位 2.4 m 处，此处要修建基础底面尺寸为 2.5 m×2.8 m，试确定当基础埋深分别为 0.8 m 和 3.0 m 时持力层的承载力特征值。

【解】 (1)基础埋深 0.8 m。持力层为粗砂，因基础埋深 0.8 m＞0.5 m，需进行修正，查表 3.8 得 $\eta_b=3.0$、$\eta_d=4.4$，根据公式 3-5 得

$$f_a = f_{ak} + \eta_b\gamma(b-3) + \eta_d\gamma_m(d-0.5)$$
$$= 240 + 3.0×19.6×(3.0-3.0) + 4.4×19.6×(0.8-0.5)$$
$$= 266(\text{kPa})$$

(2)基础埋深 3.0 m。持力层为粉土，此时题目为已知土的力学指标，可根据式(3-6)来确定地基承载力特征值。由内摩擦角 $\varphi=22°$，查表 3.9 得 $M_b=0.61$、$M_d=3.44$、$M_c=6.04$。由于基础底面以下有地下水，取有效重度，基础底面以上有两层土，取平均重度，得：

$$\gamma' = 19.0 - 10 = 9.0 (kN/m^3)$$
$$\gamma_m = (19.6 \times 2 + 18.6 \times 0.4 + 9.0 \times 0.6)/3.0 = 17.3 (kN/m^3)$$

根据式(3-6)，得
$$f_a = M_b \gamma b + M_d \gamma_m d + M_c c_k$$
$$= 0.61 \times 9.0 \times 2.5 + 3.44 \times 17.3 \times 3.0 + 6.04 \times 16$$
$$= 289 (kPa)$$

3.5 基底尺寸的确定

在选定基础材料、类型，初步确定基础埋深后，则需要确定基础底面尺寸。根据地基基础设计的承载力极限状态和正常使用极限状态要求，合适的基础底面尺寸需要满足以下三个条件：

(1)通过基础底面传至地基持力层上的压力应小于地基承载力的设计值，以满足承载力极限状态。

(2)若持力层下存在软弱下卧层，则下卧层顶面作用的压力应小于下卧层的承载能力，以满足承载力极限状态要求。

(3)合适的基础底面尺寸应保证地基变形量小于变形容许值，以满足正常使用极限状态要求，且地基基础的整体稳定性得到满足。

3.5.1 基底压力及要求

(1)基底压力。

①当承受轴心荷载作用时：
$$p_k = \frac{F_k + G_k}{A} \tag{3-7}$$

式中 p_k——相应于作用的标准组合时，基础底面处的平均压力值(kPa)；
F_k——相应于作用的标准组合时，上部结构传至基础顶面的竖向力值(kN)；
G_k——基础自重和基础上的土重(kN)；
A——基础底面积(m^2)。

②当偏心荷载作用时：
$$p_{kmax} = \frac{F_k + G_k}{A} + \frac{M}{W} \tag{3-8}$$

$$p_{kmin} = \frac{F_k + G_k}{A} - \frac{M}{W} \tag{3-9}$$

式中 M_k——相应于作用的标准组合时，作用于基础底面的力矩值(kN·m)；
W——基础底面的抵抗矩(m^3)；
p_{kmax}——相应于作用的标准组合时，基础底面边缘的最大压力值(kPa)；
p_{kmin}——相应于作用的标准组合时，基础底面边缘的最小压力值(kPa)。

③当基础底面为矩形,且偏心距 $e>b/6$ 时,p_{kmax} 应按下式计算:

$$p_{kmax}=\frac{2(F_k+G_k)}{3la}\qquad(3\text{-}10)$$

式中 l——垂直于力矩作用方向的基础底面边长(m);
a——合力作用点至基础底面最大压力边缘的距离(m)。

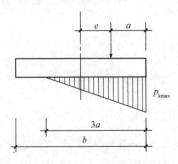

图 3.14 偏心荷载($e>b/6$)下基底压力分布示意图

偏心距 e 可按下式计算:

$$e=\frac{M}{F_k+G_k}\qquad(3\text{-}11)$$

(2)基底要求。基础底面的压力,应符合下列要求:
①当承受轴心荷载作用时:

$$p_k\leqslant f_a\qquad(3\text{-}12)$$

式中 f_a——修正后的地基承载力特征值(kPa)。
②当偏心荷载作用时,除符合式(3-12)外,还应符合下式:

$$p_{kmax}\leqslant 1.2f_a\qquad(3\text{-}13)$$

3.5.2 轴心受荷基础底面尺寸确定

基础在轴心荷载作用下,按地基持力层承载力计算基础底面尺寸时,要求基础底面压力满足式(3-12),同时根据式(3-7),得

$$\frac{F_k+G_k}{A}\leqslant f_a$$

因 $G_k=\gamma_G Ad$,代入上式,得

$$A\geqslant\frac{F_k}{f_a-\gamma_G d}\qquad(3\text{-}14)$$

式中 γ_G——基础及其上填土的平均重度,一般取 20 kN/m³;
f_a——深宽修正后的地基承载力特征值(kPa),与宽度 b 有关。

宽度 b 可通过以下两种方法计算确定:
(1)假设 $b\leqslant 3$ m,只修正 d,得出 f_a;将 f_a 代入式(3-14)计算出 b,若 $b\leqslant 3$ m,则假设正确,得出的 b 即为所求的基底尺寸;若 $b>3$ m,则按 b 修正承载力特征值后再算一次,得出调整后的基底尺寸。
(2)先不作深宽修正,用修正前的承载力特征值 f_{ak} 代替 f_a 算出 b;若 $b\leqslant 3$ m,则只按

d 修正求 f_a，再代入式(3-14)，得出调整后的基底尺寸；若 $b>3$ m，则按 b、d 修正后求出 f_a，再代入式(3-14)，得出调整后的基底尺寸。

如果是矩形基础按照 $l=(1\sim2)b$ 确定基础长宽，如果是条形基础长度取 1.0 m，然后据式(3-14)计算宽度。

3.5.3 偏心受荷基础底面尺寸确定

偏心受荷状态下，基础底面积计算步骤如下：
(1)先不考虑偏心，按照轴心受荷状态利用式(3-14)计算基础底面积。
(2)根据偏心大小，将轴心受荷状态下基础底面积扩大 10%～40%。
(3)按照提高后的基础底面积，根据式(3-7)、式(3-8)、式(3-9)、式(3-10)计算平均基底压力 p_k、最大基底压力 p_{kmax}、最小基底压力 p_{kmin}，通过式(3-12)、式(3-13)验算。
(4)如果满足要求，则基底面积可行，如果不满足要求，需要重新调整基底面积，再进行验算，直到符合要求为止。

【例 3-3】 某单层厂房柱基(图 3.15)，上部结构传到基础顶面的荷载 $F_k=450$ kN，$M_k=60$ kN·m，作用于柱底的水平荷载 $F_{kH}=20$ kN，基础埋深 1.6 m，基底土层为黏性土，天然重度 $\gamma=18.6$ kN/m³，饱和重度 $\gamma_{sat}=19.6$ kN/m³，孔隙比 $e=0.86$，承载力特征值 $f_{ak}=195$ kPa。试设计此基础底面积。

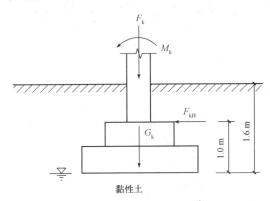

图 3.15 单层厂房柱基剖面图

【解】 (1)求修正后的地基承载力特征值。由孔隙比 $e=0.86>0.85$，查表 3.8 得 $\eta_b=0$、$\eta_d=1.0$，根据式(3-5)，得

$$f_a = f_{ak} + \eta_b \gamma (b-3) + \eta_d \gamma_m (d-0.5)$$
$$= 195 + 1.0 \times 18.6 \times (1.6-0.5)$$
$$= 215.5 (\text{kPa})$$

(2)估算基础底面积。先计算中心受荷状态下基础底面积：

$$A_0 \geq \frac{F_k}{f_a - \gamma_G d} = \frac{450}{215.5 - 20 \times 1.6} = 2.45 (\text{m}^2)$$

考虑偏心作用，将基础底面积增加 20%，则基础底面积：

$$A = 1.2 A_0 = 2.94 (\text{m}^2)$$

按照 $l=1.5b$，得基础宽度：

$$b=\sqrt{\frac{2.94}{1.5}}=1.4(\text{m})$$

基础长度 $l=1.5b=1.5\times1.4=2.1(\text{m})$

(3)基础基地压力验算。基底处的总竖向荷载：

$$F_k+G_k=450+20\times2.1\times1.4\times1.2=520.6(\text{kN})$$

基底总弯矩：

$$M=60+20\times1.0=80(\text{kN}\cdot\text{m})$$

偏心距：

$$e=\frac{M}{F_k+G_k}=\frac{80}{520.6}=0.15(\text{m})<\frac{1}{6}=0.35$$

基底平均压力：

$$p_k=\frac{F_k+G_k}{bl}=\frac{520.6}{1.4\times2.1}=177.1(\text{kPa})<f_a$$

基底最大压力：

$$p_{k\max}=\frac{F_k+G_k}{A}(1+\frac{6e}{l})=\frac{520.6}{1.4\times2.1}\times(1+\frac{6\times0.15}{2.1})=253.0<1.2f_a$$

3.6 软弱下卧层承载力验算

3.6.1 基本要求

当地基受力层范围内有软弱下卧层时，应按下式验算软弱下卧层的地基承载力：

$$p_z+p_{cz}\leqslant f_{az} \tag{3-15}$$

式中　p_z——相应于作用的标准组合时，软弱下卧层顶面处的附加压力值(kPa)；

　　　p_{cz}——软弱下卧层顶面处土的自重压力值(kPa)；

　　　f_{az}——软弱下卧层顶面处经深度修正后的地基承载力特征值(kPa)。

3.6.2 承载力验算

(1)附加压力计算。

条形基础：

$$p_z=\frac{b(p_k-p_c)}{b+2z\tan\theta} \tag{3-16}$$

矩形基础：

$$p_z=\frac{lb(p_k-p_c)}{(l+2z\tan\theta)(b+2z\tan\theta)} \tag{3-17}$$

式中　l——矩形基础底边的长度(m)；

　　　b——矩形基础或条形基础底边的宽度(m)；

　　　p_c——基础底面处土的自重压力值(kPa)；

z——基础底面至软弱下卧层顶面的距离(m);

θ——地基压力扩散线与垂直线的夹角(°),可按表 3.10 采用。

表 3.10 地基压力扩散角 θ

E_{s1}/E_{s2}	z/b	
	0.25	0.50
3	6°	23°
5	10°	25°
10	20°	30°

注：1. E_{s1} 为上层土压缩模量；E_{s2} 为下层土压缩模量；
    2. $z/b<0.25$ 时取 $\theta=0°$，必要时，宜由试验确定；$z/b>0.50$ 时 θ 值不变；
    3. z/b 为 0.25~0.50 时，可插值使用。

(2)自重应力计算。下卧层顶端土层的自重应力按下式计算：

$$p_{cz} = \sum_{i=1}^{n} \gamma_i h_i \qquad (3-18)$$

式中 γ_i——下卧层顶部第 i 层土体重度(kN/m³)；

    h_i——下卧层顶部端第 i 层土体厚度(m)；

    i——下卧层顶部土层数量。

【例 3-4】 如图 3.16 所示的柱下矩形基础底面尺寸为 2.0 m×3.0 m，地面下 4.3 m 范围为第①层粉质黏土，孔隙比 $e=0.9$，天然重度 $\gamma=18.0$ kN/m³，饱和重度 $\gamma_{sat}=18.7$ kN/m³，承载力特征值 $f_{ak}=190$ kPa，压缩模量 $E_{s1}=7.5$ MPa，4.3 m 以下为第②层淤泥，其承载力特征值 $f_{ak}=80$ kPa，压缩模量 $E_{s2}=2.5$ MPa，试验算所选基础底面尺寸是否合适。

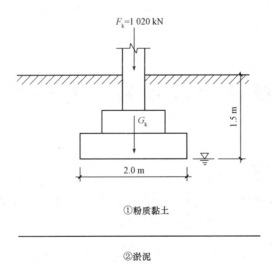

图 3.16 柱下矩形基础剖面图

【解】 (1)验算持力层承载力。修正持力层承载力，查表 3.8 得 $\eta_b=0$、$\eta_d=1.0$，根据式(3-5)，得

$$f_a = f_{ak} + \eta_b \gamma (b-3) + \eta_d \gamma_m (d-0.5)$$
$$= 190 + 1.0 \times 18 \times (1.5 - 0.5)$$
$$= 208 (\text{kPa})$$

基底以上总重：
$$F_k + G_k = 1\,020 + 20 \times 2.0 \times 3.0 \times 1.5 = 1\,200 (\text{kPa})$$

基底压力：
$$p_k = \frac{F_k + G_k}{bl} = \frac{1\,200}{2.0 \times 3.0} = 200 (\text{kPa}) < f_a \quad \text{（满足要求）}$$

(2) 下卧层承载力验算。

根据 $E_{s1}/E_{s2} = 7.5/2.5 = 3$、$z/b = (4.3-1.5)/2 = 1.4$，查表 3.10 得 $\theta = 23°$

软弱下卧层顶面附加应力：
$$p_z = \frac{lb(p_k - p_c)}{(l + 2z\tan\theta)(b + 2z\tan\theta)}$$
$$= \frac{3.0 \times 2.0 \times (200 - 18.0 \times 1.5)}{(3.0 + 2 \times 2.8\tan 23°) \times (2.0 + 2 \times 2.8\tan 23°)}$$
$$= 44.6 (\text{kPa})$$

软弱下卧层顶面自重应力：
$$p_{cz} = 18.0 \times 1.5 + (18.7 - 10) \times 2.8 = 51.4 (\text{kPa})$$

软弱下卧层承载力特征值：
$$f_{az} = f_{ak} + \eta_d \gamma_m (d + z - 0.5)$$
$$= 80 + 1.0 \times \frac{18.0 \times 1.5 + 8.7 \times 2.8}{4.3} \times (4.3 - 0.5)$$
$$= 125.4 (\text{kPa})$$
$$p_{cz} + p_z = 44.6 + 51.4 = 96 (\text{kPa}) < f_{az}$$

所以，下卧层承载力满足要求。

3.7 沉降量计算和稳定性验算

3.7.1 沉降量计算

(1) 沉降量。计算地基变形时，地基内的应力分布，可采用各向同性均质线性变形体理论。其最终变形量可采用应力面积法计算，具体计算公式如下：

$$s = \psi_s s' = \psi_s \sum_{i=1}^{n} \frac{p_0}{E_{si}} (\bar{\alpha}_i z_i - \bar{\alpha}_{i-1} z_{i-1}) \tag{3-19}$$

式中 s——地基最终变形量(mm)；

s'——按分层总和法计算出的地基变形量(mm)；

ψ_s——沉降计算经验系数，根据地区沉降观测资料及经验确定，无地区经验时可根据变形计算深度范围内压缩模量的当量值($\bar{E}_s$)、基底附加压力按表 3.11 取值；

p_0——相应于作用的准永久组合时基础底面处的附加压力(kPa);

E_{si}——基础底面下第 i 层土的压缩模量(MPa),应取土的自重压力至土的自重压力与附加压力之和的压力段计算;

n——地基变形计算深度范围内所划分的土层数(图 3.17);

$\bar{\alpha}_i$、$\bar{\alpha}_{i-1}$——基础底面计算点至第 i 层土、第 $i-1$ 层土底面范围内平均附加应力系数,可按《建筑地基基础设计规范》(GB 50007—2011)选取;

z_i、z_{i-1}——基础底面至第 i 层、第 $i-1$ 层土底面的距离(m)。

表 3.11　沉降计算经验系数

基底附加压力 $\bar{E}_s$/MPa	2.5	4.0	7.0	15.0	20.0
$p_0 \geq f_{ak}$	1.4	1.3	1.0	0.4	0.2
$p_0 < 0.75 f_{ak}$	1.1	1.0	0.7	0.4	0.2

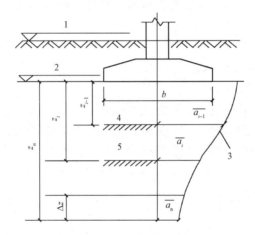

图 3.17　基础沉降计算分层示意图

当存在相邻荷载时,应计算相邻荷载引起的地基变形,其值可按应力叠加原理,采用角点法计算。

(2)压缩模量当量值。变形计算深度范围内压缩模量的当量值 $\bar{E}_s$,应按下式计算:

$$\bar{E}_s = \frac{\sum A_i}{\sum \dfrac{A_i}{E_{si}}} \quad (3-20)$$

(3)地基变形计算深度 z_n。计算深度如图 3.17 所示,按下式进行计算,当计算深度下部仍有较软土层时,应继续计算:

$$\Delta s'_n \leq 0.025 \sum_{i=1}^{n} \Delta s'_i \quad (3-21)$$

式中　$\Delta s'_i$——在计算深度范围内,第 i 层土的计算变形值(mm);

$\Delta s'_n$——在由计算深度向上取厚度为 Δz 的土层计算变形值(mm),Δz 如图 3.17 所示并按表 3.12 确定。

表 3.12 Δz 的选取

b/m	≤2	2<b≤4	4<b≤8	b>8
Δz/m	0.3	0.6	0.8	1.0

当无相邻荷载影响，基础宽度在 1～30 m 范围内时，基础中点的地基变形计算深度也可按简化式(3-22)进行计算。在计算深度范围内存在基岩时，z_n 可取至基岩表面；当存在较厚的坚硬黏性土层，其孔隙比小于 0.5、压缩模量大于 50 MPa，或存在较厚的密实砂卵石层，其压缩模量大于 80 MPa 时，z_n 可取至该层土表面。

$$z_n = b(2.5 - 0.4\ln b) \tag{3-22}$$

式中　b——基础宽度(m)。

3.7.2 稳定性验算

地基稳定性可采用圆弧滑动面法进行验算。最危险的滑动面上诸力对滑动中心所产生的抗滑力矩与滑动力矩应符合下式要求：

$$M_R/M_S \geqslant 1.2 \tag{3-23}$$

式中　M_R——抗滑力矩(kN·m)；
　　　M_S——滑动力矩(kN·m)。

位于稳定土坡坡顶上的建筑，应符合下列规定：
(1)对于条形基础或矩形基础，当垂直于坡顶边缘线的基础底面边长小于或等于 3 m 时，其基础底面外边缘线至坡顶的水平距离(图 3.18)应符合下式要求，且不得小于 2.5 m。

条形基础：

$$a \geqslant 3.5b - \frac{d}{\tan\beta} \tag{3-24}$$

矩形基础：

$$a \geqslant 2.5b - \frac{d}{\tan\beta} \tag{3-25}$$

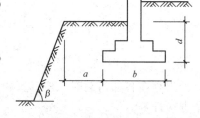

图 3.18　基础底面外边缘线
至坡顶的水平距离示意图

式中　a——基础底面外边缘线至坡顶的水平距离(m)；
　　　b——垂直于坡顶边缘线的基础底面边长(m)；
　　　d——基础埋置深度(m)；
　　　$β$——边坡坡角(°)。

(2)当基础底面外边缘线至坡顶的水平距离不满足式(3-24)、式(3-25)的要求时，可根据基底平均压力按式(3-23)确定基础距坡顶边缘的距离和基础埋深。当边坡坡角大于 45°、坡高大于 8 m 时，尚应按式(3-23)验算坡体稳定性。

3.8　地基、基础与上部结构的相互作用

砌体结构的多层房屋由于地基不均匀沉降而产生开裂。这说明上部结构、基础、地基三者不仅在二者的接触面上保持静力平衡(例如基础底面处基底压力与基底反力平衡)，并

且三者是相互联系成整体来承担荷载并发生变形。这时，三部分都将按各自的刚度对变形产生相互制约的作用。从而使整个体系的内力和变形（墙体产生斜拉裂缝）发生变化。因此，原则上应该以地基、基础、上部结构之间必须同时满足静力平衡和变形协调两个条件为前提，揭示它们在外荷作用下相互制约、彼此影响的内在联系，达到经济、安全的设计目的。

3.8.1 地基与基础的共同作用

基础内力求解时，基底反力是作用在基础上的重要荷载，由于基础刚度对地基变形的顺从性差别较大，因此使基底反力的分布规律不相同。对于柔性基础，基础的挠度曲线为中部大、边缘小。如果要基础底面的挠度曲线转变为沉降各点相同的直线，则基础必须具有无限大的抗弯刚度，受荷后基础不产生挠曲，当基础顶面承受的外荷载合力通过基底形心时，基底的沉降处处相等。此类基础属于刚性基础，即沉降后基础底面仍保持平面。因此，与刚性基础相比，对柔性基础，只有增大边缘处的变形值，减小中部的变形值，才可能达到沉降后基础底面保持平面的目的。变形是与基底反力的数值息息相关的，此时基底反力的分布必须中间数值减小，边缘数值增大。刚性基础跨越基底中部，将荷载相对集中地传至基底边缘的现象叫作基础的"架越作用"。由于基础的架越作用使边缘处的基底反力增大，但根据库仑定律与极限平衡理论，其数值不可能超过地基土体的强度，因而势必引起基底反力的重新分布。有些试验在基础底面埋设压力盒实测的基底反力的分布图为马鞍形，证明了这一观点。随着荷载的增加，基底边缘处土体的剪应力增大到与其抗剪强度达到极限平衡时，土体中产生塑性区，塑性区内的土体退出工作，继续增加的荷载必须靠基底中部反力的增大来平衡，因而，基底反力图由马鞍形逐渐变为抛物线形，地基土体接近整体破坏时将成为钟形。综上所述，基底反力的数值求解与基础刚度关系密切。

基底压力是地基土体产生沉降变形的根本原因，因此，土力学中关于地基计算模型的理论确定了地基沉降与基底压力之间的数学计算方法后，其解答可求得基础底面某点处的土体沉降数值。该数值应与基础在该点的挠度数值相等。两个相等的量可以建立方程，在该点基底反力与基底压力相等，地基土体沉降数值与基础底面挠度数值相等，两个方程可以解决基底反力与沉降变形数值的计算问题。但由于建立的是微分方程，其解析只能在简单的情况下得出。其他情况必须利用有限单元法或有限差分法等求得问题的数值解。

3.8.2 基础与上部结构的共同作用

上部结构刚度能大大改善基础的纵向弯曲程度，同时，也引起了结构中的次生应力，严重时可以导致上部结构的破坏。例如，钢筋混凝土框架结构，由于框架结构构件之间的刚性连接，在调整地基不均匀沉降的同时，也引起了结构中的次生应力。当上部结构为柔性结构时，上部结构对地基的不均匀沉降和基础的挠曲完全没有制约作用。与此同时，基础的不均匀沉降也不会引起上部结构中的次生应力。

3.8.3 地基与上部结构的共同作用

从地基变形和上部结构的相互作用来看，地基变形使上部结构产生附加内力，并随其刚度的增大而增大；上部结构的刚度又调节着地基的变形，刚度增大，调节能力也增大。

因此,为减少不均匀沉降,可加强上部结构刚度(抵抗);为减少上部结构附加应力,可采用刚度小的不敏感性结构(适应)。为减少地基的过大变形或不均匀变形,可进行地基处理(改造)。

3.9 无筋扩展基础设计

3.9.1 无筋扩展基础的构造要求

无筋扩展基础的抗拉和抗剪强度较低,因此,必须控制基础内的拉应力和剪应力。结构设计时可以通过控制材料强度等级和台阶宽高比(台阶的宽度与其高度之比)来确定基础的截面尺寸,而无须进行内力分析和截面强度计算。无筋扩展基础的构造示意图如图3.19所示,要求基础每个台阶的宽高比(b_2/H_0)都不得超过表3.2所列的台阶宽高比的允许值(可用图中角度 α 的正切 $\tan\alpha$ 表示)。

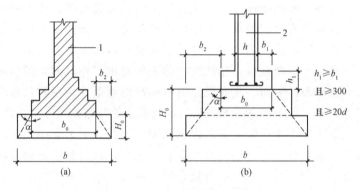

图 3.19 无筋扩展基础构造示意图

d—柱中纵向钢筋直径
1—承重墙;2—钢筋混凝土柱

由于台阶宽高比的限制,无筋扩展基础的高度一般都较大,但不应大于基础埋深,否则,应加大基础埋深或选择刚性角较大的基础类型(如混凝土基础),如仍不满足,可采用钢筋混凝土基础。

采用无筋扩展基础的钢筋混凝土柱,其柱脚高度 h_1 不得小于 b_1(图3.19),并不应小于 300 mm 且不小于 $20d$。当柱纵向钢筋在柱脚内的竖向锚固长度不满足锚固要求时,可沿水平方向弯折,弯折后的水平锚固长度不应小于 $10d$ 也不应大于 $20d$(d 为柱中的纵向受力钢筋的最大直径)。

为节约材料和施工方便,基础常做成阶梯形。分阶时,每一台阶除应满足台阶宽高比的要求外,还需符合相关的构造规定。

砖基础的砌筑方式如图3.2所示。在基底宽度相同的情况下,二一间隔收砌法可减小基础高度,并节省用砖量。毛石基础的每阶伸出宽度不宜大于 200 mm,每阶高度通常取

400～600 mm，并由两层毛石错缝砌成。混凝土基础每阶高度不应小于 200 mm，毛石混凝土基础每阶高度不应小于 300 mm。灰土基础施工时每层虚铺灰土 220～250 mm，夯实至 150 mm，称为"一步灰土"。根据需要可设计成二步灰土或三步灰土，即厚度为 300 mm 或 450 mm，三合土基础厚度不应小于 300 mm。

无筋扩展基础也可由两种材料叠合组成，例如，上层用砖砌体，下层用混凝土。

3.9.2 无筋扩展基础的设计计算

(1) 无筋扩展基础高度。无筋扩展基础设计时一般先选择适当的基础埋深和基础底面尺寸，设基底宽度为 b，则按构造要求，基础高度应满足下列条件：

$$H_0 \geq \frac{b-b_0}{2\tan\alpha} \tag{3-26}$$

式中 H_0——基础高度(m)；

b——基础底面宽度(m)；

b_0——基础顶面的墙体宽度或柱脚宽度(m)；

$\tan\alpha$——基础台阶宽高比 $b_2:H_0$，其允许值可按表 3.2 选用；

b_2——基础台阶宽度(m)。

(2) 受剪承载力。对于混凝土基础，当基础底面的平均压力超过 300 kPa 时，应按下式验算沿墙(柱)边缘或台阶变化处的受剪承载力：

$$V_s \leq 0.366 f_t A \tag{3-27}$$

式中 V_s——相应于作用的基本组合时的地基土平均净反力产生的沿墙(柱)边缘或台阶变化处单位长度的剪力设计值(kN/m)；

f_t——混凝土轴心抗拉强度设计值(kN/m²)；

A——沿墙(柱)边缘或台阶变化处混凝土基础单位长度面积(m²/m)。

(3) 局部抗压强度验算。当基础由不同材料组成时，应对接触部分进行局部抗压强度验算。

【例 3-5】 某住宅楼，承重墙厚 240 mm，地基土为粗砂，重度 $\gamma=19.0$ kN/m³，承载力特征值 $f_{ak}=220$ kPa，地下水位在地表下 0.8 m 处。若已知上部墙体传来的竖向荷载 $F_k=260$ kN/m，试设计该承重墙下的条形基础。

【解】 (1) 地基承载力修正。为了便于施工，基础宜建在地下水位以上，故初选基础埋深 $d=0.8$ m；地基土为粗砂，根据表 3.8 得承载力修正系数 $\eta_b=3.0$、$\eta_d=4.4$；先假定 $b<3$ m，则持力层土修正的承载力特征值初定为：

$$\begin{aligned}f_a &= f_{ak} + \eta_b\gamma(b-3) + \eta_d\gamma_m(d-0.5)\\ &= 220 + 4.4 \times 19.0 \times (0.8-0.5)\\ &= 245 \text{(kPa)}\end{aligned}$$

(2) 确定基础宽度。条形基础，长度按 1 m 计算，则宽度：

$$b \geq \frac{F_k}{f_a - \gamma_G d} = \frac{260}{245 - 20 \times 0.8} = 1.14 \text{(m)}$$

因此，基础宽度取 1 200 mm。

(3) 选择基础材料，确定基础剖面尺寸。基础下层采用 300 mm 厚的 C15 素混凝土层，其上采用"二一间隔收"砌砖基础。

则基底压力：
$$p_k = \frac{F_k + G_k}{A} = \frac{260 + 20 \times 1.2 \times 1.0 \times 0.8}{1.2 \times 1.0} = 233(kPa) < f_a$$

由表3.2查得C15素混凝土层的宽高比允许值$\tan\alpha = 1:1.25$，根据$b_2/H_0 \leq \tan\alpha$，所以基础下层混凝土收进240 mm。

砖基础所需台阶数为：
$$n \geq \frac{1\,200 - 240 - 2 \times 240}{60 \times 2} = 4$$

则基础高度：
$$H = 120 \times 2 + 60 \times 2 + 300 = 660(mm)$$

基础顶面至地表的距离假定为140 mm，则基础埋深$d = 0.8$ m，与初选基础埋深吻合，方案合理。

（4）绘制基础剖面图。根据计算基础剖面尺寸绘制基础剖面图，如图3.20所示。

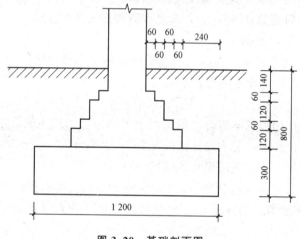

图3.20 基础剖面图

3.10 扩展基础设计

当建设场地地基承载力小，上部结构传来荷载较大时，要满足地基强度条件，基础尺寸必然要加大。若采用刚性基础，基础必然有一部分外露地表。在基础尺寸需要加大，同时基础又要浅埋的情况下，就只能采用扩展基础方案。

扩展基础是指柱下钢筋混凝土独立基础和墙下钢筋混凝土条形基础。这种基础的埋置深度和平面尺寸的确定方法与刚性基础相同。由于采用了钢筋承担弯曲所产生的拉应力，扩展基础可以不满足刚性角的要求，高度可以较小，但需满足抗剪和抗冲切破坏的要求。

3.10.1 扩展基础的构造要求

钢筋混凝土扩展基础构造应满足如下要求：

(1)锥形基础的边缘高度不宜小于 200 mm，且两个方向的坡度不宜大于 1∶3；阶梯形基础的每阶高度，宜为 300~500 mm。

(2)垫层的厚度不宜小于 70 mm，垫层混凝土强度等级不宜低于 C10。

(3)扩展基础受力钢筋最小配筋率不应小于 0.15%，底板受力钢筋的最小直径不宜小于 10 mm，间距不宜大于 200 mm，也不宜小于 100 mm。墙下钢筋混凝土条形基础纵向分布钢筋的直径不宜小于 8 mm；间距不宜大于 300 mm；每延米分布钢筋的面积应不小于受力钢筋面积的 15%。当有垫层时钢筋保护层的厚度不应小于 40 mm；无垫层时不应小于 70 mm。

(4)混凝土强度等级不应低于 C20。

(5)当柱下钢筋混凝土独立基础的边长和墙下钢筋混凝土条形基础的宽度大于或等于 2.5 m 时，底板受力钢筋的长度可取边长或宽度的 0.9 倍，并宜交错布置。

(6)钢筋混凝土条形基础底板在 T 形及十字形交接处，底板横向受力钢筋仅沿一个主要受力方向通长布置，另一方向的横向受力钢筋可布置到主要受力方向底板宽度 1/4 处。在拐角处底板横向受力钢筋应沿两个方向布置。

3.10.2 扩展基础的设计计算

(1)柱下独立基础。

①计算要求。对柱下独立基础，当冲切破坏锥体落在基础底面以内时，应验算柱与基础交接处以及基础变阶处的受冲切承载力；对基础底面短边尺寸小于或等于柱宽加两倍基础有效高度的柱下独立基础，以及墙下条形基础，应验算柱(墙)与基础交接处的基础受剪切承载力；基础底板的配筋，应按抗弯计算确定；当基础的混凝土强度等级小于柱的混凝土强度等级时，尚应验算柱下基础顶面的局部受压承载力。

②柱下独立基础受冲切承载力验算。柱下独立基础的受冲切承载力应按下列公式验算：

$$F_l \leqslant 0.7\beta_{hp} f_t h_0 \tag{3-28}$$

$$a_m = (a_t + a_b)/2 \tag{3-29}$$

$$F_l = p_j A_l \tag{3-30}$$

式中 F_l——相应于作用的基本组合时作用在 A_l 上的地基土净反力设计值(kPa)；

β_{hp}——受冲切承载力截面高度影响系数，当 h 不大于 800 mm 时，β_{hp} 取 1.0；当 h 大于等于 2 000 mm 时，β_{hp} 取 0.9，其间按线性内插法取用；

f_t——混凝土轴心抗拉强度设计值(kPa)；

h_0——基础冲切破坏锥体的有效高度(m)；

a_m——冲切破坏锥体最不利一侧计算长度(m)；

a_t——冲切破坏锥体最不利一侧斜截面的上边长(m)，当计算柱与基础交接处的受冲切承载力时，取柱宽；当计算基础变阶处的受冲切承载力时，取上阶宽；

a_b——冲切破坏锥体最不利一侧斜截面在基础底面积范围内的下边长(m)，当冲切破坏锥体的底面落在基础底面以内[图 3.21(a)、(b)],计算柱与基础交接处的受冲切承载力时,取柱宽加两倍基础有效高度;当计算基础变阶处的受冲切承载力时,取上阶宽加两倍该处的基础有效高度;

A_l——冲切验算时取用的部分基底面积(m^2)[图 3.21(a)、(b)中的阴影面积 ABC-DEF];

p_j——扣除基础自重及其上土重后相应于作用的基本组合时的地基土单位面积净反力(kPa),对偏心受压基础可取基础边缘处最大地基土单位面积净反力。

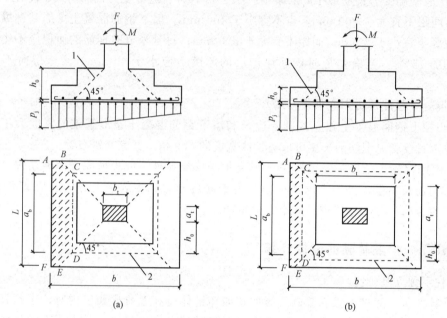

图 3.21 受冲切承载力截面位置

(a)柱与基础交接处;(b)基础变阶处

1—冲切破坏锥体最不利一侧的斜截面;2—冲切破坏锥体的底面线

③受剪承载力验算。当基础底面短边尺寸小于或等于柱宽加两倍基础有效高度时,应按下列公式验算柱与基础交接处截面受剪承载力:

$$V_s \leqslant 0.7\beta_{hs} f_t A_0 \tag{3-31}$$

$$\beta_{hs} = (800/h_0)^{1/4} \tag{3-32}$$

式中 V_s——柱与基础交接处的剪力设计值(kN),图 3.22 中的阴影面积乘以基底平均净反力;

β_{hs}——柱与基础交接处的剪力设计值(kN),图 3.22 中的阴影面积乘以基底平均净反力;

A_0——验算截面处基础的有效截面面积(m^2)。当验算截面为阶形或锥形时,可将其截面折算成矩形截面。

(2)墙下钢筋混凝土条形基础。墙下钢筋混凝土条形基础的内力计算一般可按平面应变问题处理,在长度方向可取单位长度计算。截面设计验算的内容主要包括基底宽度 b 和基础的高度 h 及基础底板配筋等。

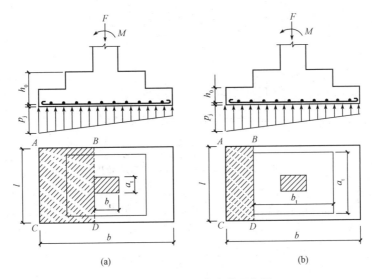

图 3.22　受剪切承载力截面位置

(a)柱与基础交接处；(b)基础变阶处

①轴心荷载作用。

a. 基础高度。基础内不配箍筋和弯起筋，故基础高度由混凝土的受剪承载力确定：

$$V \leqslant 0.7\beta_h f_t h_0 \tag{3-33}$$

其中，V 为剪力设计值，可通过下式计算：

$$V = p_j b_l \tag{3-34}$$

因此，基础有效高度 h_0 为：

$$h_0 \geqslant \frac{V}{0.7 f_t} = \frac{p_j b_l}{0.7\beta_h f_t} \tag{3-35}$$

式中　p_j——相应于荷载效应基本组合时的地基净反力值，可按 $p_j = F/b$ 计算；

　　　F——相应于荷载效应基本组合时上部结构传至基础顶面的竖向力值；

　　　b——基础宽度；

　　　f_t——混凝土轴心抗拉强度设计值；

　　　b_l——基础悬臂部分计算截面的挑出长度，当墙体材料为混凝土时，b 为基础边缘至墙脚的距离；当为砖墙且放脚不大于 1/4 砖长时，为基础边缘至墙脚距离加上 0.06 m。

b. 基础底板配筋。悬臂根部的最大弯矩设计值 M 通过下式计算：

$$M = \frac{1}{2} p_j b_1^2 \tag{3-36}$$

基础每米长的受力钢筋截面面积：

$$A_s = \frac{M}{0.9 f_y h_0} \tag{3-37}$$

②偏心荷载作用。偏心荷载作用下，基底净反力可根据下式进行计算：

$$p_{j\min}^{j\max} = \frac{F}{A}\left(1 \pm \frac{6e}{b}\right) \tag{3-38}$$

式中　e——荷载的净偏心距。

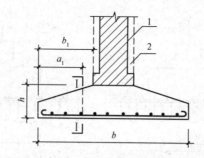

图 3.23　墙下条形基础的计算示意图

荷载的高度和配筋根据式(3-35)、式(3-37)计算，但其中的剪力设计值 V 和弯矩设计值 M 根据下式计算：

$$V = \frac{1}{2}(p_{j\max} + p_{j1})b_1 \tag{3-39}$$

$$M = \frac{1}{6}(2p_{j\max} + p_{j1})b_1^2 \tag{3-40}$$

式中　p_{j1}——计算截面处的净反力设计值，$p_{j1} = p_{j\min} + \dfrac{b-b_1}{b}(p_{j\max} - p_{j\min})$。

【**例 3-6**】某住宅楼砖墙承重，墙厚 0.37 m，相应于荷载效应基本组合时，作用在基础顶面上的荷载 $F = 235$ kN/m，基础埋深 $d = 1.0$ m，已知条形基础宽度 $b = 2.0$ m，基础材料采用混凝土强度等级为 C20，$f_t = 1.10$ N/mm²，HRB335 钢筋，$f_y = 300$ N/mm²，试确定该墙下钢筋混凝土条形基础的底板厚度及配筋。

【**解**】(1) 首先计算地基净反力 p_j：

$$p_j = \frac{F}{b} = \frac{235}{2} = 117.5 \text{(kPa)}$$

(2) 计算弯矩和剪力设计值。

内力发生的最大位置：

$$b_1 = \frac{2 - 0.37}{2} = 0.815 \text{(m)}$$

剪力：

$$V = p_j b_1 = 117.5 \times 0.815 = 95.76 \text{(kN)}$$

弯矩：

$$M = \frac{1}{2} p_j b_1^2 = \frac{1}{2} \times 117.5 \times 0.815^2 = 39 \text{(kN·m)}$$

(3) 底板厚度初选尺寸。基础底板的厚度，一般取 1/8 基础底面宽度，$h = b/8 = 2/8 = 0.25$ (m)。根据钢筋混凝土条形基础的构造要求，假定受力筋直径 10 mm，并在基底设 100 mm 厚的 C15 素混凝土垫层。

取基础最终高度 $h = 300$ mm，$h_0 = 300 - 40 - 10/2 = 255$ (mm)

(4) 受剪承载力计算：

$$\beta_h f_t h_0 = 0.7 \times 1.0 \times 1.1 \times 255 = 196.35 \text{(kN)} < 95.76 \text{(kN)}$$

(5) 基础底板配筋 $A_s = 582$ mm²

$$A_s = \frac{M}{0.9 f_y h_0} = \frac{39 \times 10^6}{0.9 \times 255 \times 300} = 566.4 (\text{mm}^2)$$

则受力钢筋选用直径 10 间距 135($A_s = 582 \text{ mm}^2$),分布钢筋根据构造要求选用 $\phi 8$ 间距 300 mm。

3.11 柱下钢筋混凝土条形基础设计

当上部结构荷载较大,地基土的承载力较低时,采用一般的基础形式往往不能满足地基变形和强度要求,为增加基础的刚度,防止由于过大的不均匀沉降引起上部结构的开裂和损坏,常采用柱下条形基础或交叉条形基础。

梁式基础的设计与扩展基础相同,首先应确定基底反力,从而进行地基计算及基础结构设计。在实际工程中,柱下条形基础常按简化方法计算,就是将基础看作绝对刚性并假设基底反力呈直线分布,然后按静力分析法或将柱子作为支座、基底反力作为荷载,按连续梁计算基础内力,这就是人们所说的"倒梁法"。当上部结构与基础的刚度都较大,条形基础的长度较短、柱距较小,且地基土的分布较为均匀时,采用简化计算法一般能满足设计要求。由于这种方法计算简便,目前在国内外仍被广泛采用。

3.11.1 柱下钢筋混凝土条形基础的构造要求

柱下钢筋混凝土条形基础是由一根梁或交叉梁及其横向伸出的翼板组成的。其横断面一般呈倒 T 形。基础截面下部向两侧伸出部分称为翼板,中间梁腹部分称为肋梁。其构造除满足柱下条形基础的构造,符合柱下独立基础构造要求外,还应符合下列规定:

(1)柱下条形基础梁的高度宜为柱距的 1/4~1/8。翼板厚度不应小于 200 mm。当翼板厚度大于 250 mm 时,宜采用变厚度翼板,其顶面坡度宜小于或等于 1∶3;条形基础的端部宜向外伸出,其长度宜为第一跨距的 0.25 倍;柱下条形基础的混凝土强度等级,不应低于 C20。

(2)现浇柱与条形基础梁的交接处,基础梁的平面尺寸应大于柱的平面尺寸,且柱的边缘至基础梁边缘的距离不得小于 50 mm(图 3.24)。

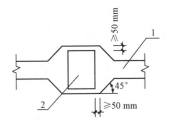

图 3.24 现浇柱与条形基础梁交接处平面尺寸

1—基础梁;2—柱

(3)条形基础梁顶部和底部的纵向受力钢筋除应满足计算要求外,顶部钢筋应按计算配筋全部贯通，底部通长钢筋不应少于底部受力钢筋截面总面积的1/3。

3.11.2 柱下钢筋混凝土条形基础的设计计算

(1)基础底面尺寸的确定。将条形基础看作长度为 L、宽度为 b 的刚性矩形基础，按地基承载力设计值确定底面尺寸。计算时先计算荷载合力的位置，然后调整基础两端的悬臂长度，使荷载合力重心尽可能与基础形心重合，地基反力为均匀分布，如图 3.25(a)所示，并要求：

$$p_k \leqslant f_a \tag{3-41}$$

式中 p_k——相应于荷载效应标准组合时，基础底面处的平均压力值(kPa)；

f_a——经基础深宽修正后基础持力层土的地基承载力特征值(kPa)。

如果是偏心受压，则需同时满足下式：

$$p_{kmax} \leqslant 1.2 f_a \tag{3-42}$$

式中 p_{kmax}——相应于荷载效应标准组合时，基础底面处的最大压力值(kPa)，如图 3.25(b)所示。

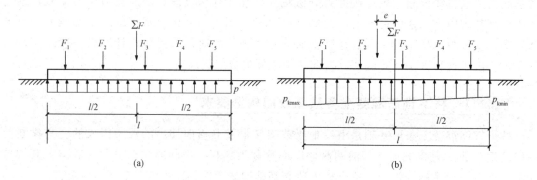

图 3.25 简化计算法的基底反力分布
(a)中心荷载作用；(b)偏心荷载作用

(2)翼板计算。基底沿宽度 b 方向的净反力：

$$p_{jmin}^{jmax} = \frac{F}{bl}(1 \pm \frac{6e}{l}) \tag{3-43}$$

式中 p_{jmax}、p_{jmin}——基底宽度方向的最大和最小反力；

e——基底宽度 b 方向的偏心距。

然后按斜截面抗剪能力确定翼板的厚度，并将翼板作为悬臂按下式计算弯矩和剪力：

$$M = (\frac{p_{j1}}{3} + \frac{p_{j2}}{2}) l_1^2 \tag{3-44}$$

$$V = (\frac{p_{j1}}{2} + p_{j2}) l_1 \tag{3-45}$$

(3)基础梁的纵向内力计算。

①静力平衡法。当柱荷载比较均匀、柱距相差不大，基础与地基比较相对刚度较大时，可以忽略柱子的不均匀沉降，满足静力平衡条件下梁的内力计算。地基反力以线性分布作用于梁底，用材料力学的截面法求解梁的内力。由于基础自重不会引起基础内力，故基础

的内力分析应该用净反力,可参照式(3-43)不计基础自重 G 计算基础长度方向的最大和最小基底净反力,基础梁任意截面的弯矩和剪力可取脱离体按静力平衡条件求得,如图 3.26 所示。此法由于不考虑地基基础与上部结构的共同作用,因而在荷载和直线分布的反力作用下产生整体弯矩,所求得的基础最不利截面上的弯矩绝对值往往偏大。此法适用于柔性的上部结构,且基础的刚度比较大的情况。

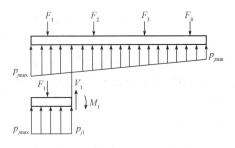

图 3.26　静力平衡法示意图

②倒梁法。倒梁法假定上部结构是绝对刚性的,各柱之间没有沉降差异,把柱脚视为条形基础的铰支座,将基础梁按倒置的普通连续梁(采用弯矩分配法或弯矩系数法)计算,而荷载则为直线分布的基底净反力 $p_j b$,以及除去柱的竖向集中力所余下的各种作用(包括柱传来的力矩),计算简图如图 3.27 所示。这种计算方法只考虑出现于柱间的局部弯曲,不计沿基础全长发生的整体弯曲,所得的弯矩图正负弯矩最大值较为均衡,基础不利截面的弯矩最小。倒梁法适用于上部结构刚度很大的情况。

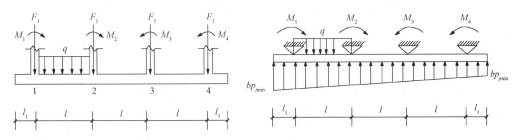

图 3.27　柱下条形基础计算简图

倒梁法计算步骤如下：

a. 按柱的平面布置和构造要求确定条形基础长度 L,根据地基承载力特征值确定基础底面积 A,以及基础宽度 $B=A/L$ 和截面抵抗矩 $W=BL^2/6$。

b. 按直线分布假设计算基底净反力：

$$p_{j\min}^{j\max}=\frac{F_i}{A}\pm\frac{M_i}{W} \tag{3-46}$$

式中　F_i——相应于荷载效应标准组合时,上部结构作用在条形基础上的竖向力；

M_i——相应于荷载效应标准组合时,对条形基础形心的力矩值。

当为轴心荷载时,$p_{j\max}=p_{j\min}=p_j$。

c. 确定柱下条形基础的计算简图如图 3.27 所示,是为将柱脚作为不动铰支座的倒连续梁。基底净线反力 $p_j b$ 和除掉柱轴力以外的其他外荷载(柱传下的力矩、柱间分布荷载等)是作用在梁上的荷载。

d. 进行连续梁分析,可用弯矩分配法、连续梁系数表等方法。

e. 按求得的内力进行梁截面设计。

f. 翼板的内力和截面设计与扩展式基础相同。

倒连续梁分析得到的支座反力与柱轴力一般并不相等,这可以理解为上部结构的刚度对基础整体挠曲的抑制和调整作用使柱荷载的分布均匀化,也反映了倒梁法计算得到的支座反力与基底压力不平衡的缺点。为此提出了"基底反力局部调整法",即将不平衡力(柱轴力与支座反力的差值)均匀分布在支座附近的局部范围(一般取 1/3 的柱跨)上再进行连续梁分析,将结果叠加到原先的分析结果上,如此逐次调整直到不平衡力基本消除,从而得到梁的最终内力分布。由图 3.28 可以看出,连续梁共 n 个支座,第 i 支座的柱轴力为 F_i,支座反力为 R_i,左右柱跨分别为 l_{i-1} 和 l_i,则调整分析的连续梁局部分布荷载强度 q_i 为:

边支座($i=1$ 或 $i=n$) $$q_{1(n)} = \frac{F_{1(n)} - R_{1(n)}}{l_{0(n+1)} + l_{1(n)/3}} \tag{3-47}$$

中间支座($1 < i < n$) $$q_i = \frac{3 \times (F_i - R_i)}{l_{i-1} + l_i} \tag{3-48}$$

当 q_i 为负值时,该局部分布荷载为拉荷载如图 3.28 中的 q_2 和 q_3。

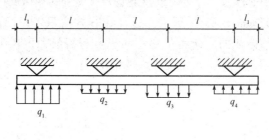

图 3.28 基底反力局部调整法

倒梁法只进行了基础的局部弯曲计算,而未考虑基础的整体弯曲。实际上在荷载分布和地基都比较均匀的情况下,地基往往发生正向挠曲,在上部结构和基础刚度的作用下,边柱和角柱的荷载会增加,内柱则相应卸荷,于是条形基础端部的基底反力要大于按直线分布假设计算得到的基底反力值。为此,较简单的做法是将边跨的跨中和第一内支座的弯矩值按计算值再增加 20%。

当柱荷载分布和地基较不均匀时,支座会产生不等的沉陷,较难估计其影响趋势。此时可采用所谓"经验系数法",即修正连续梁的弯矩系数,使跨中弯矩与支座弯矩之和大于 $ql^2/8$,从而保证了安全,但基础配筋量也相应增加。经验系数有不同的取值,一般支座采用 $(1/10 \sim 1/14)ql^2$,跨中则采用 $(1/10 \sim 1/16)ql^2$。表 3.13 是几种不同的经验系数取值对倒梁法截面弯矩计算结果的比较,在对总配筋量有较大影响的中间支座和中间跨,采用经验系数法比连续梁系数法增加配筋为 15%~30%。

表 3.13 不同方法计算的截面弯矩比较

序号	计算方法	跨中与支座弯矩之和	各方法的截面弯矩系数比较			
			第一内支座	中间支座	第一跨跨中	中间跨跨中
1	连续梁系数,悬臂弯矩不传递	1/8	1	1	1	1
2	$\frac{1}{12}$ $\frac{1}{12}$ $\frac{1}{12}$ / $\frac{1}{10}$ $\frac{1}{10}$ $\frac{1}{10}$	1/5.45	0.95	1.27	1.06	1.80

续表

序号	计算方法	跨中与支座弯矩之和	各方法的截面弯矩系数比较			
			第一内支座	中间支座	第一跨跨中	中间跨跨中
3	上: $\frac{1}{12}$, $\frac{1}{16}$, $\frac{1}{16}$ / 下: $\frac{1}{11}$, $\frac{1}{11}$, $\frac{1}{11}$	1/6.5	0.87	1.15	1.06	1.36
4	上: $\frac{1}{10}$, $\frac{1}{10}$, $\frac{1}{10}$ / 下: $\frac{1}{10}$, $\frac{1}{10}$, $\frac{1}{10}$	1/5	0.95	1.27	1.28	2.17

3.12 柱下十字交叉条形基础设计

3.12.1 柱下十字交叉条形基础的构造要求

柱下交叉条形基础是由纵横两个方向的柱下条形基础所组成的一种空间结构，各柱位于两个方向基础梁的交叉节点处，如图 3.29 所示。柱下十字交叉条形基础的作用除可以进一步扩大基础底面积外，主要是利用其巨大的空间刚度以调整不均匀沉降。交叉条形基础宜用于软弱地基上柱距较小的框架结构，其构造要求与柱下条形基础类似。

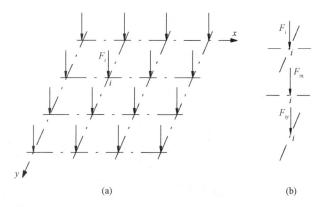

图 3.29 柱下十字交叉条形基础荷载分配示意图
（a）轴线及竖向荷载；（b）节点荷载分配

3.12.2 柱下十字交叉条形基础的计算

在初步选择交叉条形基础的底面积时，可假设地基反力为直线分布。如果所有荷载的合力对基底形心的偏心很小，则可认为基底反力是均布的，由此可求出基础底面的总面积。然后具体选择纵、横向各条形基础的长度和底面宽度。

条形基础的内力分析可采用简化计算法。当上部结构具有很大的整体刚度时，可以像分析条形基础时那样，将交叉条形基础作为倒置的二组连续梁来对待，并以地基的净反力作为连续梁上的荷载。如果地基较软弱而均匀，基础刚度又较大，那么可以认为地基反力是直线分布的。如果上部结构的刚度较小，则把交叉节点处的柱荷载分配到纵横两个方向的基础梁上，待柱荷载分配后，把交叉条形基础分离为若干单独的柱下条形基础。

确定交叉节点处柱荷载的分配值时，需满足两个条件：变形协调：纵、横基础梁在交叉节点处的位移应相等；静力平衡：各节点分配在纵、横基础梁上的荷载之和，应等于作用在该节点上的总荷载。

为了简化计算，设交叉节点处纵、横梁之间为铰接。当一个方向的基础梁有转角时，另一个方向的基础梁内不产生扭矩；节点上两个方向的弯矩分别由同向的基础梁承担，一个方向的弯矩不致引起另一个方向基础梁的变形，这就忽略了纵、横基础梁的扭转。为了防止这种简化计算使工程出现问题，于柱位的前后左右，基础梁都必须配置封闭型的抗扭箍筋（$\phi 10 \sim \phi 12$），并适当增加基础梁的纵向配筋量。

如图3.29所示，任一节点i上作用有竖向荷载F_i，把F_i分解为作用于x、y方向基础梁上的F_{ix}、F_{iy}。根据静力平衡条件：

$$F_i = F_{ix} + F_{iy} \tag{3-49}$$

对于变形协调条件，简化后，只要求x、y方向基础梁在交叉节点处的竖向位移满足：

$$w_{ix} = w_{iy} \tag{3-50}$$

w_{ix}、w_{iy}采用文克勒地基上梁的分析方法计算，并忽略相邻荷载的影响。交叉条形基础的交叉节点类型可分为角节点、边节点和内节点三类。

(1)角节点。最常见的角柱节点如图3.30所示，即x、y方向基础梁均可视为外伸半无限长梁，外伸长度分别为x、y，故节点i的竖向位移可按式(3-51)求得：

$$w_{ix} = \frac{F_{ix}}{2kb_x S_x} Z_x \tag{3-51a}$$

$$w_{iy} = \frac{F_{iy}}{2kb_y S_y} Z_y \tag{3-51b}$$

$$S_x = \frac{1}{\lambda_x} = \sqrt[4]{\frac{4EI_x}{kb_x}} \tag{3-52a}$$

$$S_y = \frac{1}{\lambda_y} = \sqrt[4]{\frac{4EI_y}{kb_y}} \tag{3-52b}$$

式中　b_x、b_y——分别为x、y方向基础的底面宽度；
　　　S_x、S_y——分别为x、y方向基础梁的特征长度；

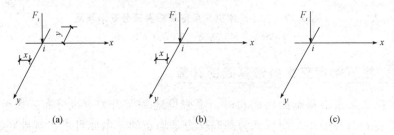

图3.30　角柱节点
(a)两方向有延伸；(b)x方向有延伸；(c)两方向无延伸

λ_x、λ_y——分别为 x、y 方向基础梁的柔度特征值；

k——地基的基床系数；

E——基础材料的弹性模量；

I_x、I_y——分别为 x、y 方向基础梁的截面惯性矩；

Z_x、Z_y——可根据表 3.14 或根据式(3-53)进行计算，即

$$Z_x = 1 + e^{-2\lambda_x x}(1 + 2\cos^2\lambda_x x - 2\cos\lambda_x x \sin\lambda_x x) \quad (3\text{-}53a)$$

$$Z_y = 1 + e^{-2\lambda_y y}(1 + 2\cos^2\lambda_y y - 2\cos\lambda_y y \sin\lambda_y y) \quad (3\text{-}53b)$$

根据式(3-50)，有：

$$\frac{Z_x F_{ix}}{b_x S_x} = \frac{Z_y F_{iy}}{b_y S_y} \quad (3\text{-}54)$$

将式(3-49)代入上式，得：

$$F_{ix} = \frac{Z_y b_x S_x}{Z_y b_x S_x + Z_x b_y S_y} F_i \quad (3\text{-}55a)$$

$$F_{iy} = \frac{Z_x b_y S_y}{Z_y b_x S_x + Z_x b_y S_y} F_i \quad (3\text{-}55b)$$

即为柱荷载分配公式。

表 3.14 Z_x 函数表

λ_x	Z_x	λ_x	Z_x	λ_x	Z_x
0	4.000	0.24	2.501	0.70	1.292
0.01	3.921	0.26	2.401	0.75	1.239
0.02	3.843	0.28	2.323	0.80	1.196
0.03	3.767	0.30	2.241	0.85	1.161
0.04	3.693	0.32	2.163	0.90	1.132
0.05	3.620	0.34	2.089	0.95	1.109
0.06	3.548	0.36	2.018	1.00	1.091
0.07	3.478	0.38	1.952	1.10	1.067
0.08	3.410	0.40	1.889	1.20	1.053
0.09	3.343	0.42	1.830	1.40	1.044
0.10	3.277	0.44	1.774	1.60	1.043
0.12	3.150	0.46	1.721	1.80	1.042
0.14	3.029	0.48	1.672	2.00	1.039
0.16	2.913	0.50	1.625	2.50	1.022
0.18	2.803	0.55	1.520	3.10	1.008
0.20	2.697	0.60	1.431	3.50	1.002
0.22	2.596	0.65	1.355	≥4.00	1.000

对于 x 方向延伸的角柱节点[图 3.30(b)]，$y=0$、$Z_y=4$，则分配公式为：

$$F_{ix} = \frac{4 b_x S_x}{4 b_x S_x + Z_x b_y S_y} F_i \quad (3\text{-}56a)$$

$$F_{iy}=\frac{Z_x b_y S_y}{4b_x S_x + Z_x b_y S_y}F_i \tag{3-56b}$$

对于无延伸的角柱节点[图 3.30(c)]，$Z_x=Z_y=4$，则分配公式为：

$$F_{ix}=\frac{b_x S_x}{b_x S_x + b_y S_y}F_i \tag{3-57a}$$

$$F_{iy}=\frac{b_y S_y}{b_x S_x + b_y S_y}F_i \tag{3-57b}$$

表 3.15 列出了十字交叉条形基础 3 种形状的节点形状系数计算式。

表 3.15 节点荷载分配计算公式

节点名称	节点形状	F_{ix}	F_{iy}
角节点		$\dfrac{b_x S_x}{b_x S_x + b_y S_y}F_i$	$\dfrac{b_y S_y}{b_x S_x + b_y S_y}F_i$
边节点		$\dfrac{b_x S_x}{b_x S_x + 4b_y S_y}F_i$	$\dfrac{4b_y S_y}{b_x S_x + 4b_y S_y}F_i$
内节点		$\dfrac{b_x S_x}{b_x S_x + b_y S_y}F_i$	$\dfrac{b_y S_y}{b_x S_x + b_y S_y}F_i$

实用上还有更粗略的分配方法，例如，简单地按交汇于某节点的两个方向上梁的线刚度比来分配该节点的竖向荷载，这样的分配并未考虑两个方向上梁的变形协调。有时当一个方向上梁的截面远小于另一个方向上的梁截面时，不再进行荷载分配，而将全部荷载作用在截面大的梁上进行单向条形基础计算，但另一方向的梁必须满足构造要求。

3.13 筏形基础设计

当上部结构荷载过大，采用柱下交叉条形基础不能满足地基承载力要求，或虽然可以满足要求，但是基底间净距很小，或需加强基础刚度时，所以可以考虑采用筏形基础，即将柱下交叉条形基础基底下所有的底板连在一起。由于筏形基础整体性好，能很好地抵抗地基不均匀沉降。筏形基础分为平板式和梁板式。其选型应根据地基土质、上部结构体系、柱距、荷载大小、使用要求，以及施工条件等因素确定，框架—核心筒结构和筒中筒结构宜采用平板式筏形基础。平板式筏形基础的底板是一块厚度相等的钢筋混凝土平板。板厚一般为 0.5~1.5 m。平板式基础适用于柱荷载不大、柱距较小且等柱距的情况。底板的厚度可以按一层 50 mm 初步确定，然后校核板的抗冲切强度。平板式筏形基础的底板厚度不得小于 200 mm，通常，5 层以下的民用建筑，板厚不小于 250 mm；6 层民用建筑的板厚不小于 300 mm。当柱网间距大时，一般采用梁板式筏形基础。根据肋梁的设置可分为单向肋和双向肋两种形式。单向肋梁板式筏形基础是将两根或两根以上的柱下条形基础中间用底板连接成一个整体，以扩大基础的底面积并加强基础的整体刚度。双向肋梁板式筏形基础是在纵、横两个方向上的柱下都布置肋梁，有的也可在柱网之间再布置次肋梁以减小底的厚度。

筏形基础选用的原则如下：

(1)在软土地基上，用柱下条形基础或柱下交叉条形基础不能满足上部结构对变形的要求和地基承载力的要求时，可采用筏形基础。

(2)当建筑物的柱距较小而柱的荷载又很大，或柱的荷载相差较大将会产生较大的沉降差需要增加基础的整体刚度以调整不均匀沉降时，可采用筏形基础。

(3)当建筑物有大型储液结构(如水池、油库等)时，结合使用要求，可采用筏形基础。

(4)风荷载及地震荷载起主要作用的多高层建筑物，要求基础有足够的刚度和稳定性时，可采用筏形基础。

3.13.1 筏形基础的构造

(1)筏板厚度。平板式筏基的板厚应满足柱下受冲切承载力的要求。梁板式筏形基础的板厚不应小于 300 mm，且板厚与板格的最小跨度之比不宜小于 1/12；对 12 层以上的建筑，板厚不应小于 400 mm，且板厚与最大双向板格的短边净跨之比不得小于 1/14。肋梁的高度（包括底板厚度在内）不宜小于平均柱距的 1/6；肋梁宽度不宜过大，在满足设计剪力不大于 $0.25\beta_c f_c b h_0$ 的条件下，当梁宽小于柱宽时，可将肋梁在柱边加腋。板厚不应小于 400 mm，且板厚与最大双向板格的短边净跨之比不得小于 1/14。肋梁的高度（包括底板厚度在内）不宜小于平均柱距的 1/6；肋梁宽度不宜过大，在满足设计剪力不大于 $0.25\beta_c f_c b h_0$ 的条件下，当梁宽小于柱宽时，可将肋梁在柱边加腋。平板式筏板厚度的最小厚度为 400 mm，当地基土比较均匀、上部结构刚度较好时，厚跨比不小于 1/6。当个别柱的冲切力较大而不能满足筏板的抗冲切承载力要求时，可将该柱下的筏板局部加厚或配置抗冲切钢筋。

(2)筏板混凝土。筏形基础的混凝土强度等级不应低于 C30，当有地下室时应采用防水混凝土。防水混凝土的抗渗等级应按表 3.16 选用。对重要建筑，宜采用自防水并设置架空排水层。

表 3.16 防水混凝土抗渗等级

埋置深度 d/m	设计抗渗等级	埋置深度 d/m	设计抗渗等级
$d<10$	P6	$20\leqslant d<30$	P10
$10\leqslant d<20$	P8	$d\geqslant 30$	P12

采用筏形基础的地下室，应沿地下室四周设置厚度不小于 250 mm 的钢筋混凝土外墙及不小于 200 mm 的钢筋混凝土内墙，墙的截面设计除应满足承载力要求外，还应考虑变形、抗裂、防渗等要求，墙体内应设置双面钢筋，竖向和水平钢筋的直径不应小于 12 mm，间距不宜大于 200 mm，每层外墙底部、顶部施工缝处应设置通长止水带。

(3)基础梁连接。地下室底层柱、剪力墙与梁板式筏形基础的基础梁连接处，柱、墙的边缘至基础梁边缘的距离不应小于 50 mm，当交叉基础梁的宽度小于柱截面的边长时，交叉基础梁连接处应设置八字角，柱角与八字角之间的净距不宜小于 50 mm，如图 3.31 所示。

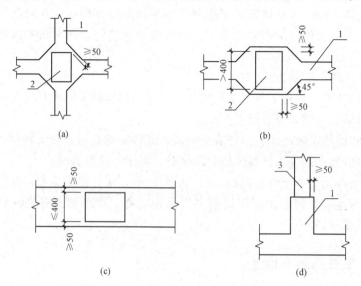

图 3.31　地下室底层柱或剪力墙与梁板式筏基的基础梁连接的构造要求
(a)八字角；(b)、(c)单向基础梁与柱的连接；(d)基础梁与剪力墙的连接
1—基础梁；2—柱；3—墙

(4)筏板配筋。筏板按双向配筋，由计算确定。常规做法是，筏板的顶面和底面采取连续的双向配筋。当筏板的厚度大于 2 000 mm 时，宜于板厚中间部位配置直径不小于 12 mm、间距不大于 250 mm 的双向钢筋网。受力钢筋直径不宜小于 12 mm，钢筋间距不宜大于 250 mm。

考虑到整体弯曲的影响，筏形基础的配筋除应满足计算要求外，对梁板式筏形基础，纵、横方向的支座钢筋应有 1/3~1/2 贯通全跨，且配筋率不应小于 0.15%；跨中钢筋应按计算配筋并全部连通。对于平板式筏形基础，柱下板带和跨中板带的底部钢筋应有 1/3~1/2 贯通全跨，且配筋率不应小于 0.15%；顶部钢筋应按计算配筋并全部连通。

筏形基础在四角及四边处，往往地基反力较大，尤其是四角处应力更为集中，转角处板双向挑出时，宜将角部做成切角，角部板底加配辐射状钢筋，给予适当加强。

当地基较不均匀、压缩层厚度变化较大、柱网较不规则、柱荷载变化较大时，楼板式筏形基础的基础梁和板的底筋、面筋宜贯通，跨度及内力较大处可局部加强，梁的底筋、面筋配筋率不宜小于 0.35%，板的底筋、面筋配筋率不宜小于 0.2%；平板式筏形基础底面宜双层双向配筋，跨度、内力较大处，钢筋间距可局部加密，板底顶面钢筋配筋率任一方向均不宜小于 0.25%。

3.13.2　筏形基础的内力计算

筏形基础的设计方法可分为倒梁法、倒楼盖法和弹性地基板法三种。当地基土比较均匀、地基压缩层范围内无软弱土层或可液化土层、上部结构刚度较好，柱网和荷载较均匀、相邻柱荷载及柱间距的变化不超过 20%，且梁板式筏形基础梁的高跨比或平板式筏形基础板的厚跨比不小于 1/6 时，筏形基础可仅考虑局部弯曲作用。筏形基础的内力，可按基底反力直线分布进行计算,计算时基底反力应扣除底板自重及其上填土的自重。当不满足上述要求时,筏形基础内力可按弹性地基梁板方法进行分析计算。

(1)内力计算。筏形基础底面尺寸的确定和沉降量计算与扩展基础相同。对于高层建筑下的筏形基础,基底尺寸还应满足 $p_{\min} \geqslant 0$ 的要求,在沉降量计算中应考虑地基土回弹再压缩的影响。筏形基础基底净反力计算:

$$p_j(x,y) = \frac{\sum F}{A} \pm \frac{Fe_y}{I_x} y \pm \frac{Fe_x}{I_y} x \qquad (3\text{-}58)$$

式中　e_x、e_y——荷载合力在 x、y 形心轴方向上的偏心距;
　　　I_x、I_y——荷载合力对 x、y 轴的截面惯性矩。

①倒梁法。倒梁法把筏形基础底板划分为独立的条带,条带宽度为相邻柱列间跨中到跨中的距离,如图 3.32 所示。忽略条带间的剪力传递,则条带下的基底净线反力为:

$$q_{j\max} = \frac{\sum F}{L} + \frac{6\sum M}{L^2} \qquad (3\text{-}59)$$

式中　$\sum F$——条带的柱荷载之和;
　　　$\sum M$——荷载对条带中心的合力矩。

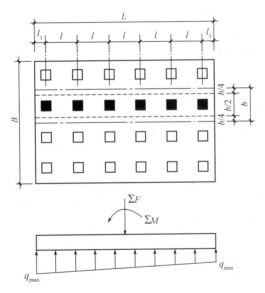

图 3.32　采用倒梁法计算筏形基础

采用倒梁法计算。可以采用经验系数,例如,对均布线荷载 q,支座弯矩取 $ql^2/10$,跨中弯矩取 $(1/12 \sim 1/10)ql^2$(l 为跨中柱距,支座处取相邻柱距平均值)。计算弯矩的 2/3 由中间 $b/2$ 宽度的板带承受,两边 $b/4$ 宽的板带则各承受 1/6 的计算弯矩,并按此分配弯矩配筋。

②倒楼盖法。当地基比较均匀,上部结构刚度较好,梁板式筏形基础梁的高跨比或平板式筏形基础板的厚跨比不小于 1/6,且柱荷载及柱间距的变化不超过 20% 时,可采用倒楼盖法计算。此时,以柱脚为支座,荷载为线性分布的基底净反力。平板式筏板按倒无梁楼盖计算,可参照无梁楼盖方法截取柱下板带和跨中板带进行计算。柱下板带中,在柱宽

及其两侧各 50%板厚,且不大于 1/4 板跨的有效宽度范围内的钢筋配置量,不应小于柱下板带钢筋配置量的一半,且应能承受作用在冲切临界截面重心上的部分不平衡弯矩 $a_m M$ 的作用,如图 3.33 所示,其中 M 是作用在冲切临界截面重心上的不平衡弯矩,a_m 是不平衡弯矩传至冲切临界截面周边的弯曲应力系数,均可按《高层建筑筏形与箱形基础技术规范》(JGJ 6—2011)中的方法计算,梁板式筏板则根据肋梁布置情况按倒双向板楼盖或倒单向板楼盖计算。其中,底板分别按连续的双向板或单向板计算,肋梁均按多跨连续梁计算,但求得的连续梁边跨跨中弯矩,以及第一内支座处的弯矩宜乘以 1.2 的系数。

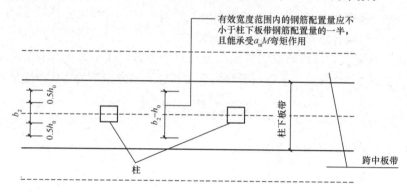

图 3.33 柱两侧有效宽度范围

③弹性地基法。当地基状况比较复杂,上部结构刚度较差,或柱荷载及柱距变化较大时,筏形基础内力宜按弹性地基板法进行分析。对于平板式筏形基础,可用有限差分法或有限单元法进行分析;对于梁板式筏形基础,则先划分肋梁单元或薄板单元,然后用有限单元法进行分析。

(2)结构验算。基础梁板需要进行冲切、弯、剪承载力验算。

①平板式筏基冲切承载力验算。平板式筏基进行抗冲切验算时应考虑作用在冲切临界面重心上的不平衡弯矩产生的附加剪力。对基础的边柱和角柱进行冲切验算时,其冲切力应分别乘以 1.1 和 1.2 的增大系数。距柱边 $h_0/2$ 处冲切临界截面的最大剪应力 τ_{max} 应按式(3-60)、式(3-61)进行计算(图 3.34)。板的最小厚度不应小于 500 mm。

$$\tau_{max} = \frac{F_l}{u_m h_0} + a_s \frac{M_{unb} c_{AB}}{I_s} \tag{3-60}$$

$$\tau_{max} \leq 0.7(0.4 + 1.2/\beta_s)\beta_{hp} f_t \tag{3-61}$$

$$\alpha_s = 1 - \frac{1}{1 + \frac{2}{3}\sqrt{c_1/c_2}} \tag{3-62}$$

式中 F_l——相应于作用的基本组合时的冲切力(kN),对内柱取轴力设计值减去筏板冲切破坏锥体内的基底净反力设计值;对边柱和角柱,取轴力设计值减去筏板冲切临界截面范围内的基底净反力设计值;

u_m——距柱边缘不小于 $h_0/2$ 处冲切临界截面的最小周长(m);

h_0——筏板的有效高度(m);

M_{unb}——作用在冲切临界截面重心上的不平衡弯矩设计值(kN·m);

c_{AB}——沿弯矩作用方向,冲切临界截面重心至冲切临界截面最大剪应力点的距离(m);

I_s——冲切临界截面对其重心的极惯性矩(m^4);

β_s——柱截面长边与短边的比值,当$\beta_s<2$时,β_s取2,当$\beta_s>4$时,β_s取4;

β_{hp}——受冲切承载力截面高度影响系数,当$h\leqslant 800$ mm时,取$\beta_{hp}=1.0$;当$h\geqslant 2\,000$ mm时,取$\beta_{hp}=0.9$,其间按线性内插法取值;

f_t——混凝土轴心抗拉强度设计值(kPa);

c_1——与弯矩作用方向一致的冲切临界截面的边长(m);

c_2——垂直于c_1的冲切临界截面的边长(m);

α_s——不平衡弯矩通过冲切临界截面上的偏心剪力来传递的分配系数,根据式(3-62)计算。

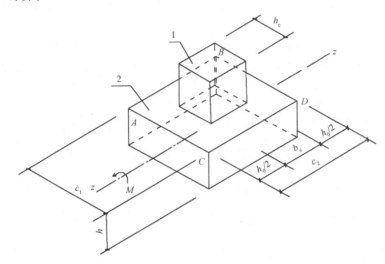

图 3.34 内柱冲切临界截面示意图
1—筏板;2—柱

当柱荷载较大,等厚度筏板的受冲切承载力不能满足要求时,可在筏板上面增设柱墩或在筏板下局部增加板厚或采用抗冲切钢筋等措施满足受冲切承载能力要求。

平板式筏基内筒下的板厚应满足受冲切承载力应按式(3-63)进行验算。当需要考虑内筒根部弯矩的影响时,距内筒外表面$h_0/2$处冲切临界截面的最大剪应力可按式(3-60)计算,此时$\tau_{max}\leqslant 0.7\beta_{hp}f_t/\eta$。

$$F_l/u_m h_0 \leqslant 0.7\beta_{hp}f_t/\eta \tag{3-63}$$

式中 F_l——相应于作用的基本组合时,内筒所承受的轴力设计值减去内筒下筏板冲切破坏锥体内的基底净反力设计值(kN)。

u_m——距内筒外表面$h_0/2$处冲切临界截面的周长(m),如图3.35所示;

h_0——距内筒外表面$h_0/2$处筏板的截面有效高度(m);

η——内筒冲切临界截面周长影响系数,取1.25。

②平板式筏基受剪承载力验算。平板式筏基除满足受冲切承载力外,还应验算距内筒和柱边缘h_0处截面的受剪承载力。当筏板变厚度时,应验算变厚度处筏板的受剪承载力。

平板式筏基受剪承载力应按式(3-64)验算,当筏板的厚度大于2\,000 mm时,宜在板厚中间部位设置直径不小于12 mm、间距不大于300 mm的双向钢筋网。

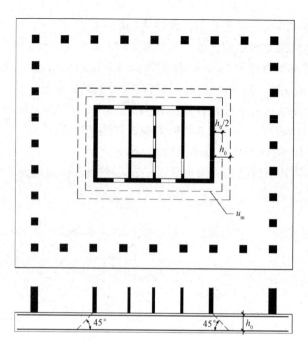

图 3.35　筏板受内筒冲切的临界截面位置

$$V_s \leqslant 0.7\beta_{hs}f_t b_w h_0 \tag{3-64}$$

式中　V_s——相应于作用的基本组合时，基底净反力平均值产生的距内筒或柱边缘 h_0 处筏板单位宽度的剪力设计值(kN)；

　　　b_w——筏板计算截面单位宽度(m)；

　　　h_0——距内筒或柱边缘 h_0 处筏板的截面有效高度(m)。

③梁板式筏基。梁板式筏基底板除计算正截面受弯承载力外，其厚度还应满足受冲切承载力、受剪切承载力的要求。梁板式筏基底板受冲切承载力应按下式进行计算：

$$F_l \leqslant 0.7\beta_{hp}f_t u_m h_0 \tag{3-65}$$

式中　F_l——作用的基本组合时，图 3.36(a)中阴影部分面积上的基底平均净反力设计值(kN)；

　　　u_m——距基础梁边 $h_0/2$ 处冲切临界截面的周长(m)[图 3.36(b)]。

当底板区格为矩形双向板时，底板受冲切所需的厚度 h_0 应按式(3-66)进行计算，其底板厚度与最大双向板格的短边净跨之比不应小于 1/14，且板厚不应小于 400 mm。

$$h_0 = \frac{(l_{n1}+l_{n2}) - \sqrt{(l_{n1}+l_{n2})^2 - \dfrac{4p_n l_{n1} l_{n2}}{p_n + 0.7\beta_{hp} f_t}}}{4} \tag{3-66}$$

式中　l_{n1}，l_{n2}——计算板格的短边和长边的净长度(m)；

　　　p_n——扣除底板及其上填土自重后，相应于作用的基本组合时的基底平均净反力设计值(kPa)。

梁板式筏基双向底板斜截面受剪承载力应按下式进行计算：

$$V_s \leqslant 0.7\beta_{hs}f_t(l_{n2}-2h_0)h_0 \tag{3-67}$$

式中　V_s——距梁边缘 h_0 处，作用在图 3.36(b)中阴影部分面积上的基底平均净反力产生的剪力设计值(kN)。

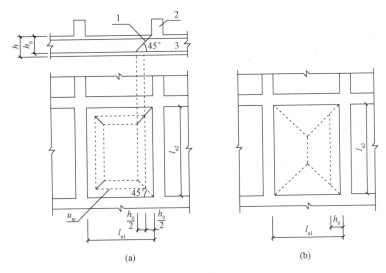

图 3.36 梁板式基础冲切剪切示意图
(a)底板冲切计算；(b)底板剪切计算
1—冲切破坏锥体斜截面；2—梁；3—底板

3.14 箱形基础设计

箱形基础是由钢筋混凝土顶、底板和内外纵横墙体组成的，具有相当大的刚度的空间整体结构。箱形基础埋置于地面下一定深度，能与基底和周围土体共同工作，从而增加建筑物的整体稳定性，并对抗震有良好作用。有抗震、人防和地下室要求的高层建筑宜采用箱形基础。由于箱形基础体积所占空间部分挖去的土方重量比箱基重很多，减少了基底附加压力，高层建筑得以建造在比较软弱的天然地基上，形成所谓补偿性基础，从而取得较好的经济效果。十余年来我国许多新建的 10~20 层建筑采用了箱形基础，并已有 50 余层的高层建筑采用天然地基上的箱形基础的实例。

箱形基础由于荷载重、埋置深、底面积大，其设计与施工较一般天然地基浅基础复杂得多。除应综合考虑地质条件、施工过程和使用要求外，还应考虑地基基础与上部结构的其同作用以及相邻建筑的影响。

3.14.1 箱形基础埋深及构造要求

(1)基础埋深。箱形基础的埋置深度应根据建筑物对地基承载力、基础倾覆及滑移稳定性、建筑物倾斜以及抗震设防烈度等的要求确定，一般可取等于箱形基础的高度，在抗震设防区不宜小于建筑物的 1/15。高层建筑同一单元内的箱形基础埋深宜一致，且不得局部采用箱形基础。箱形基础顶板、底板及墙身的厚度应根据受力情况、整体刚性及防水要求确定。一般底板厚度不应小于 300 mm，外墙厚度不应小于 250 mm，内墙厚度不应小于 200 mm。顶底板厚度应满足受剪承载力验算的要求，底板应满足受冲切承载力的要求。

(2)构造要求。

①混凝土强度及防水。箱形基础的混凝土强度等级不宜低于C25。箱形基础的外墙厚度不应小于250 mm,内墙厚度不应小于200 mm;当箱形基础兼作人防地下室时,其外墙厚度还应根据人防等级按实际情况计算后确定。箱形基础一般都埋于地下,其防水构造和要求类似于有防水的筏形基础。

②箱形基础底板、顶板厚度。箱形基础底板、顶板的厚度应根据荷载大小、跨度、整体刚度、防水要求确定。底板厚度不应小于300 mm,且板厚与最大双向板区格的短边尺寸之比不小于1/14。顶板厚度一般不应小于100 mm,且应能承受箱形基础整体弯曲产生的压力。当考虑上部结构嵌固于箱形基础顶板时,顶板的厚度不宜小于200 mm。对兼作人防地下室的箱形基础,其底板、顶板的厚度也应根据人防等级按实际情况计算后确定。

③与竖向构件的连接。底层柱纵向钢筋伸入箱形基础的长度为:柱下三面或四面有箱形基础墙的内柱,除四角钢筋直通基底外,其余钢筋可终止在顶板底面下40倍钢筋直径处;外柱、与剪力墙相连的边框柱及其他内柱的纵向钢筋应直通至基底。对多层箱形基础,柱子的纵向钢筋除四角钢筋直通至基底外,其余纵向钢筋可伸至箱形基础最上一层的墙底。

④箱形基础配筋构造。箱形基础顶板、底板及内外墙的钢筋应按计算确定,墙体一般采用双面钢筋,钢筋直径不宜小于10 mm,间距不应大于200 mm。除上部为剪力墙外,内、外墙的墙顶处宜配置两根直径不小于20 mm的通长构造钢筋。

3.14.2 箱形基础基底反力

箱形基础的底面尺寸应按持力层土体承载力计算确定,并应进行软弱下卧层承载力验算,同时还应满足地基变形要求。验算时,除符合筏形基础土体承载力要求外,还应满足声 $p_{kmin} \geq 0$(p_{kmin}为荷载效应标准组合时基底边缘的最小压力值)。计算地基变形时,采用线性变形体条件下的分层总和法。

在实际工程中,箱形基础的基底反力分布受诸多因素影响,如土的性质、上部结构的刚度、基础刚度、形状、埋深、相邻荷载等,若要精确分析将十分困难。

我国于20世纪70~80年代在北京、上海等地进行的典型工程实测资料表明:一般的软黏土地基上,纵向基底反力分布呈马鞍形(图3.37),反力最大值距基底端部为基础长边的1/8~1/9,反力最大值为平均值的1.06~1.34倍;一般第四纪黏土地基纵向基底反力分布呈抛物线形,基底反力最大值为平均值的1.25~1.37倍。在大量实测资料的统计结果上,《高层建筑筏形与箱形基础技术规范》(JGJ 6—2011)中规定了基底反力的实用计算法,即把基础底面的纵向分成8个区格,横向分成5个区格,总计40个区格,对于方形基底面积,则纵向、横向均分为8个区格,总计64个区格。不同的区格采用表3.17、表3.18所示不同的基底平均反力的倍数。这两表适用于上部结构与荷载比较均匀的框架结构,地基土比较均匀,底板悬挑部分不超过0.8 m,不考虑相邻建筑物影响及满足各项构造要求的单幢建筑物的箱形基础。当纵横方向荷载不很均匀时,应分别求出由于荷载偏心引起的不均匀的地基反力,将该地基反力与按反力系数表求得的反力叠加,此时偏心所引起的基底反力可按直线分布考虑。对于上部结构刚度及荷载不对称、地基土层分布不均匀等不符合基底反力系数法计算的情况,应采用其他有效的方法进行基底反力的计算。

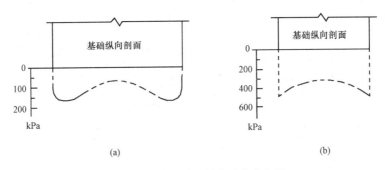

图 3.37 箱形基础基底反力分布图
(a)软土地基；(b)第四纪黏土地基

表 3.17 黏土地基反力系数表

\multicolumn{9}{c}{$l/b=1$}								
1.381	1.179	1.128	1.108	1.108	1.128	1.179	1.381
1.179	0.952	0.898	0.879	0.879	0.898	0.952	1.179
1.128	0.898	0.841	0.821	0.821	0.841	0.898	1.128
1.108	0.879	0.821	0.800	0.800	0.821	0.879	1.108
1.108	0.879	0.821	0.800	0.800	0.821	0.879	1.108
1.128	0.898	0.841	0.821	0.821	0.841	0.898	1.128
1.179	0.952	0.898	0.879	0.879	0.898	0.952	1.179
1.381	1.179	1.128	1.108	1.108	1.128	1.179	1.381
\multicolumn{8}{c}{$l/b=2\sim3$}							
1.265	1.115	1.075	1.061	1.061	1.075	1.115	1.265
1.073	0.904	0.865	0.853	0.853	0.865	0.904	1.073
1.046	0.875	0.835	0.822	0.822	0.835	0.875	1.046
1.073	0.904	0.865	0.853	0.853	0.865	0.904	1.073
1.265	1.115	1.075	1.061	1.061	1.075	1.115	1.265
\multicolumn{8}{c}{$l/b=4\sim5$}							
1.229	1.042	1.014	1.003	1.003	1.014	1.042	1.229
1.096	0.929	0.904	0.895	0.895	0.904	0.929	1.096
1.081	0.918	0.893	0.884	0.884	0.893	0.918	1.081
1.096	0.929	0.904	0.895	0.895	0.904	0.929	1.096
1.229	1.042	1.014	1.003	1.003	1.014	1.042	1.229
\multicolumn{8}{c}{$l/b=6\sim8$}							
1.214	1.053	1.013	1.008	1.008	1.013	1.053	1.214
1.083	0.939	0.903	0.899	0.899	0.903	0.939	1.083
1.070	0.927	0.892	0.888	0.888	0.892	0.927	1.070
1.083	0.939	0.903	0.899	0.899	0.903	0.939	1.083
1.214	1.053	1.013	1.008	1.008	1.013	1.053	1.214

表 3.18 软土地区地基反力系数表

0.906	0.966	0.814	0.738	0.738	0.814	0.966	0.906
1.124	1.197	1.009	0.914	0.914	1.009	1.197	1.124
1.235	1.314	1.109	1.006	1.006	1.109	1.314	1.235
1.124	1.197	1.009	0.914	0.914	1.009	1.197	1.124
0.906	0.966	0.814	0.738	0.738	0.814	0.966	0.906

3.14.3 箱形基础内力计算

(1)内力分析。在上部结构荷载和基底反力共同作用下，箱形基础整体上是一个多次超静定体系，产生整体弯曲和局部弯曲。若上部结构为剪力墙体系，箱形基础的墙体与剪力墙直接相连，可认为箱形基础的抗弯刚度为无穷大，此时顶板、底板犹如一支撑在不动支座上的受弯构件，仅产生局部弯曲，而不产生整体弯曲，故只需计算顶板、底板的局部弯曲效应。顶板按实际荷载，底板按均布的基底净反力计算；底板的受力犹如一倒置的楼盖，一般均设计成双向肋梁板或双向平板。根据板边界实际支撑条件按弹性理论的双向板计算。考虑到整体弯曲的影响，配置钢筋时除符合计算要求外，纵、横向支座尚应分别有 0.15% 和 0.10% 的钢筋连通配置，跨中钢筋全部连通。当上部结构为框架体系时，上部结构刚度较弱，基础的整体弯曲效应增大，箱形基础内力分析应同时考虑整体弯曲与局部弯曲的共同作用。整体弯曲计算时，为简化起见，工程上常将箱形基础当作一空心截面梁，按照截面面积、截面惯性矩不变的原则，将其等效成工字形截面，以一个阶梯形变化的基底反力和上部结构传下来的集中力作为外荷载，用静定分析或其他有效的方法计算任一截面的弯矩和剪力，其基底反力值可按前述基底反力系数法确定。由于上部结构共同工作，上部结构刚度对基础的受力有一定的调整、分担，基础的实际弯矩值要比计算值小，因此，应将计算的弯矩值按上部结构刚度的大小进行调整。1953 年，梅耶霍夫(Meyerhof)首次提出了框架结构等效抗弯刚度的计算式后经修正，列入《高层建筑筏形与箱形基础技术规范》(JGJ 6—2011)中。对于如图 3.38 所示的框架结构等效抗弯刚度的计算公式为：

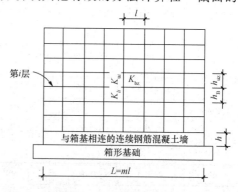

图 3.38 框架结构示意图

$$E_B I_B = \sum_{i=1}^{n} \left[E_b I_{bi} \left(1 + \frac{K_{ui} + K_{li}}{2K_{bi} + K_{ui} + K_{li}} m^2 \right) \right] + E_w I_w \quad (3-68)$$

式中 E_b——梁、柱混凝土弹性模量(kPa)；

CK_{ui}、K_{li}、K_{bi}——第 i 层上柱、下柱和梁的线刚度，其值分别为 I_{ui}/h_{ui}、I_{li}/h_{li}、I_{bi}/h_{bi}；

I_{ui}、I_{li}、I_{bi}——第 i 层上柱、下柱和梁的惯性矩(m^4)；

h_{ui}、h_{li}——第 i 层上柱、下柱的高度(m)；

L、l——上部结构弯曲方向的总长度和柱距(m)；

E_w——在弯曲方向与箱形基础相连的连续钢筋混凝土墙的弹性模量(kPa)；

I_w——在弯曲方向与箱形基础相连的连续钢筋混凝土墙的截面惯性矩(m^4),其值为 $I_w = th^3/12$,其中 t、h 为弯曲方向与箱形基础相连的连续钢筋混凝土墙体的厚度总和和高度(m);

m——在弯曲方向的节间数。

利用上部结构的等效刚度,就可按下式对箱形基础考虑上部结构共同作用时所承担的整体弯矩进行计算:

$$M_F = \frac{E_F I_F}{E_F I_F + E_B I_B} M \tag{3-69}$$

式中 M_F——考虑上部结构共同作用时箱形基础的整体弯矩(折减后)(kN·m);

M——不考虑上部结构共同作用时箱形基础的整体弯矩(kN·m);

E_F——箱形基础混凝土的弹性模量(kPa);

I_F——箱形基础按工字形截面计算的惯性矩(m^4),工字形截面的上、下翼缘宽度分别为箱形基础顶、底板的全宽,腹板厚度为在弯曲方向墙体厚度的总和;

$E_B I_B$——上部结构等效抗弯刚度。

在整体弯曲作用下,箱形基础的顶、底板可看成是工字形截面的上、下翼缘。靠翼缘的拉、压形成的力矩与荷载效应相抗衡,其拉力或压力等于箱形基础所承受的整体弯矩除以箱基的高度。由于箱形基础的顶、底板多为双层、双向配筋,因此按混凝土结构中的拉、压构件计算出顶板或底板整体弯曲时所需的钢筋用量应除以 2,均匀地配置在顶板或底板的上层和下层,即可满足整体受弯的要求。

在局部弯曲作用下,顶、底板犹如一个支撑在箱形基础内墙上,承受横向力的双向或单向多跨连续板,顶板在实际使用荷载及自重。底板在基底压力扣除底板自重后的均布荷载(地基净反力)作用下,按弹性理论的双向或单向多跨连续板可求出局部弯曲作用时的弯矩值。由于整体弯曲的影响,局部弯曲时计算的弯矩值乘以 0.8 的折减系数后,再用其计算顶、底板的配筋量。算出的配筋量与前述整体弯曲配筋量叠加,即得顶、底板的最终配筋量。配置时,应综合考虑承受整体弯曲和局部弯曲钢筋的位置,以充分发挥钢筋的作用。

(2)结构强度计算。箱形基础的底板厚度应根据实际受力情况、整体刚度及防水要求确定,并不应小于 300 mm。底板除满足正截面的抗弯要求外,还需要满足抗剪及抗冲切要求,对于底板在剪力作用下,斜截面受剪承载力应符合下列要求:

$$V_s \leqslant 0.7 f_c b h_0 \tag{3-70}$$

式中 V_s——扣除底板自重后基底净反力产生的板支座边缘处总的剪力设计值(kN);

f_c——支座至边缘处板的净宽(m);

b——混凝土轴心抗压强度设计值($10^3 kN/m^2$);

h_0——底板的有效高度(m)。

箱形基础底板应满足受冲切承载的要求。当底板区格为矩形双向板时,底板的截面有效高度应符合式(3-71)。与高层建筑相连的门厅等低矮单元基础,可采用从箱形基础挑出的基础梁方案(图 3.39)。挑出长度不宜大于 0.15 倍箱形基础宽度,并应考虑挑梁对箱形基础产生的偏心荷载的影响。挑出部分下面应填充一定厚度的松散材料,或采取其他能保证挑梁自由下沉的措施。

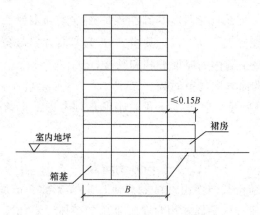

图 3.39　箱形基础挑出部分示意图

$$h_0 = \frac{(l_{n1}+l_{n2}) - \sqrt{(l_{n1}+l_{n2})^2 - \dfrac{4p_n l_{n1} l_{n2}}{p_n + 0.7\beta_{hp} f_t}}}{4} \qquad (3-71)$$

式中　l_{n1}、l_{n2}——计算板格的短边和长边的净长度(m)；

　　　p_n——扣除底板及其上填土自重后，相应于作用的基本组合时的基底平均净反力设计值(kPa)。

箱形基础的内、外墙，除与剪力墙连接者外，由柱根传给各片墙的竖向剪力设计值，可按相交于该柱下各片墙的刚度进行分配。墙身的受剪截面应符合下式要求：

$$V_w \leqslant 0.25 f_c A_w \qquad (3-72)$$

式中　V_w——由柱根轴力传给各片墙的竖向剪力设计值(kN)；

　　　f_c——混凝土轴心受压强度设计值(10^3 kN/m²)；

　　　A_w——墙身竖向有效截面面积(m²)。

箱形基础纵墙墙身截面的剪力计算时，一般可将箱形基础当作一根在外荷和基底反力共同作用下的静定梁，用力学方法求得各截面的总剪力 V_j 后，按下式将其分配至各道纵墙上：

$$\overline{V}_{ij} = \frac{V_j}{2}\left[\frac{b_i}{\sum b_i} + \frac{N_{ij}}{\sum N_{ij}}\right] \qquad (3-73)$$

$\overline{V}_{ij}$ 为第 i 道纵墙 j 支座所分得的剪应力，将该剪力值分配至支座的左右截面后得：

$$V_{ij} = \overline{V}_{ij} - p_j(A_1 + A_2) \qquad (3-74)$$

式中　$\overline{V}_{ij}$——为第 i 道纵墙 j 支座所分得的剪应力(kN)；

　　　V_{ij}——在第 i 道纵墙 j 支座处的截面左右处的剪力设计值(kN)；

　　　b_i——第 i 道纵墙宽度(m)；

　　　$\sum b_i$——各道纵墙宽度总和(m)；

　　　N_{ij}——第 i 道纵墙 j 支座处柱竖向荷载设计值(kN)；

　　　$\sum N_{ij}$——横向同一柱列中各柱的竖向荷载设计值之和(kN)；

　　　p_j——相应于荷载效应基本组合的地基土平均净反力设计值(kPa)；

　　　A_1、A_2——求 V_{ij} 时底板局部面积(m²)，按图 3.40(a)中阴影部分面积计算。

横墙截面剪力计算值按图 3.40(b) 中阴影部分面积与 p_j 的乘积。

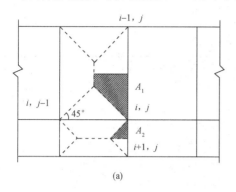 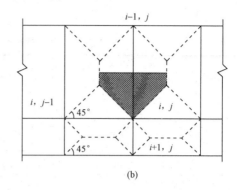

图 3.40 底板局部面积示意图(纵向)
(a)纵向；(b)横向

箱形基础的顶板、底板除满足正截面的抗弯要求外，还需要满足抗剪及抗冲切要求。箱形基础的外墙，在竖向荷载、土压力及水压力(地下水位于箱形基础底板以上时)的共同作用下，属于偏心受压构件，根据墙边界支撑条件的不同，先计算出横向力作用下的弯矩值，与作用在墙上的竖向荷载叠加后，按混凝土偏压构件计算。

3.15 减少不均匀沉降的措施

3.15.1 建筑设计措施

(1)建筑物体型力求简单。在满足使用和其他要求的前提下，建筑物的体型应力求简单，避免平面形状复杂和立面高低悬殊。应采用长高比较小、高度一致的"一"字形建筑。如果因建筑设计需要，其建筑体型比较复杂时，就应采取措施，避免不均匀沉降所产生的危害。

(2)控制建筑物的长高比。建筑物的长高比是决定结构整体刚度的主要因素之一。过长的建筑物，纵墙将会因较大挠曲出现开裂。根据长期积累的工程经验，当基础计算沉降量大于 120 mm 时，二三层以上的砖承重房屋的长高比不宜大于 2.5。对于体型简单，内外墙贯通，长高比可适当放宽，但一般不宜大于 3.0。

(3)合理布置纵横墙。合理布置纵横墙是增强建筑物刚度的另一重要措施，纵横墙构成了建筑物的空间刚度，而纵横墙开洞、转折、中断都会削弱建筑物的整体刚度，因此适当加密横墙和尽可能加强纵横墙之间的联接，都有利于提高建筑物的整体刚度，增强抵抗不均匀沉降的能力。

(4)控制相邻建筑的间距。由于相邻建筑物或地面堆载的作用，会使建筑物地基的附加应力叠加而产生附加沉降和差异沉降。在软弱地基上，相邻建筑物的影响尤为强烈，因此，建造在软弱地基上的建筑物，应隔开一定距离。

为减少相邻建筑物的影响,在软弱地基上建造的相邻建筑物,其基础间净距应按表 3.19 采用。

表 3.19 相邻建筑基础间的净距

影响建筑的预估平均沉降量 S/mm	被影响建筑的长高比	
	$2.0 \leqslant L/H_f < 3.0$	$3.0 \leqslant L/H_f < 5.0$
70~150	2~3	3~6
160~250	3~6	6~9
260~400	6~9	9~12
>400	9~12	≥12

注:1. 表中 L 为建筑物沉降缝分隔的单元长度(m); H_f 为自基础底面标高算起的建筑高度(m);
  2. 当被影响建筑的长高比为 $1.5 \leqslant L/H_f < 2.0$ 时,其净间距可适当减少。

(5)设置沉降缝。沉降缝将建筑物从屋面到基础分割成若干独立的沉降单元,使建筑物的平面变得简单,长高比减少,从而有效地减轻了地基不均匀沉降的影响。沉降缝应有足够的宽度,以不影响相邻单元各自的沉降为准。沉降缝应设置在建筑物的下列部位:

①建筑平面的转折部位。
②高度差异或荷载差异处。
③长高比过大的砌体承重结构或钢筋混凝土框架结构的适当部位。
④地基土的压缩性有显著差异处。
⑤建筑结构和基础类型不同处。
⑥分期修建的房屋交界处。为了建筑立面易于处理,沉降缝通常将伸缩缝及抗震缝结合起来设置。

(6)控制与调整建筑物各部分的标高。建筑物各组成部分的标高,应根据可能产生的不均匀沉降量采取如下相应措施:

①室内地坪和地下设施的标高,应根据预估沉降量予以提高。
②建筑物各部分(或设备之间)有联系时,可将沉降较大者标高提高。
③建筑物与设备之间应留有净空,当建筑有管道穿过时,管道上方应留有足够尺寸的孔洞,或采用柔性的管道接头。

3.15.2 结构措施

(1)减轻建筑物的自重。在基底压力中,建筑物的自重占很大比例。据估计,工业建筑占 50%左右;民用建筑占 60%左右。因此,软土地基上的建筑物,常采用下列一些措施减轻自重,以减小沉降量:

①采用轻质材料,如各种空心砌块、多孔砖以及其他轻质材料以减少墙重。
②选用轻型结构,如预应力钢筋混凝土结构、轻钢结构及各种轻型空间结构等。
③减少基础和回填的重量,可选用自重轻、回填少的基础形式;设置架空地板代替室内回填土。

(2)减少或调整基底附加压力。

①设置地下室或半地下室。利用挖出的土重去抵消(补偿)一部分甚至全部的建筑物重量,以达到减小沉降的目的。如果在建筑物的某一高、重部分设置地下室(或半地下室),便可减少与较轻部分的沉降差。

②改变基础底面尺寸。采用较大的基础底面积,减小基底附加压力,一般可以减小沉降量。荷载大的基础宜采用较大的底面尺寸,以减小基底附加压力,使沉降均匀。不过,应针对具体的情况,做到既有效又经济合理。

(3)设置圈梁。对于砌体承重结构,不均匀沉降的损害突出表现为墙体的开裂。因此,实践中常在墙内设置圈梁来增强其承受挠曲变形的能力。这是防止出现开裂及阻止裂缝开展的有效措施。

当墙体挠曲时,圈梁的作用如同钢筋混凝土梁内的受拉钢筋,主要承受拉应力,弥补了砌体抗拉强度不足的弱点。当墙体正向挠曲时,下方圈梁起作用,反向挠曲时,上方圈梁起作用。而墙体发生什么方式的挠曲变形往往不容易估计,故通常在上下方都设置圈梁。另外,圈梁必须与砌体结合为整体,否则便不能发挥应有的作用。

圈梁的布置,在多层房屋的基础和顶层处宜各设置一道圈梁,其他各层可隔层设置,必要时可层层设置。单层工业厂房、仓库,可结合基础梁、联系梁、过梁等酌情设置。圈梁应设置在外墙、内纵墙和主要内横墙上,并宜在平面内连成封闭系统。如在墙体转角及适当部位,设置现浇钢筋混凝土构造柱(用锚筋与墙体拉结),与圈梁共同作用,可更有效地提高房屋的整体刚度。另外,墙体上开洞时,也宜在开洞部位配筋或采用构造柱及圈梁加强。

(4)采用连续基础。对于建筑体型复杂、荷载差异较大的框架结构,可采用筏形基础、箱形基础、桩基础等加强基础整体刚度,减少不均匀沉降。

3.15.3 施工措施

在软弱地基上开挖基坑和修建基础时,合理安排施工顺序,采用合适的施工方法,以确保工程质量的同时减小不均匀沉降的危害。

对于高低、轻重悬殊的建筑部位或单体建筑,在施工进度和条件允许的情况下,一般应按照先重后轻、先高后低的顺序进行施工,或在高、重部位竣工并间歇一段时间后再修建轻、低部位。

带有地下室和裙房的高层建筑,为减小高层部位与裙房间的不均匀沉降,施工时可采用后浇带断开,待高层部分主体结构完成时再连接成整体。如采用桩基,可根据沉降情况,在高层部分主体结构未全部完成时连接成整体。

在软土地基上开挖基坑时,要尽量不扰动土的原状结构,通常可在基坑底保留大约200 mm厚的原土层,待施工垫层时才临时挖除。如发现坑底软土已被扰动,可挖除扰动部分土体,用砂石回填处理。

在新建基础、建筑物侧边不宜堆放大量的建筑材料或弃土等重物,以免地面堆载引起建筑物产生附加沉降。在进行降低地下水的场地,应密切注意降水对邻近建筑物可能产生的不利影响。

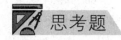

一、简答题

1. 什么是浅基础？浅基础有哪些类型？各有哪些特点？浅基础的材料有哪些？
2. 什么是基础的埋置深度？影响基础埋深的因素有哪些？
3. 确定地基承载力的方法有哪些？地基承载力如何进行深、宽修正？
4. 简述基础底面尺寸的确定方法。
5. 什么是无筋扩展基础？它在构造上有何要求？台阶允许宽高比的限值与哪些因素有关？
6. 钢筋混凝土柱下独立基础、墙下条件基础构造上有何要求？
7. 地基变形验算的要求有哪些？地基变形特征有哪些？
8. 如何进行地基的稳定性验算？
9. 减轻建筑物不均匀沉降的措施有哪些？
10. 柱下条形基础的构造要求有哪些？
11. 柱下十字交叉条形基础梁的荷载怎样分配？
12. 简述筏形基础的内力计算的要点。
13. 简述箱形基础内力计算的要点。

二、计算题

1. 某住宅楼为 5 层建筑，采用墙下条形基础，上部结构传来荷载 $N=210 \text{ kN/m}$，根据岩土工程勘察报告，地面下地基土层分布：杂填土，土层厚度 2.7 m，天然重度 $\gamma_1=15.2 \text{ kN/m}^3$；粉质黏土，土层厚度 1.5 m，天然重度 $\gamma_2=16.5 \text{ kN/m}^3$，$e=0.8$，$S_r=0.4$，$f_{ak}=120 \text{ kPa}$，试计算基础埋深为 3.0 m 时修正后的地基承载力特征值。

2. 已知某条形基础宽度 $b=2.0 \text{ m}$，埋深 $d=1.5 \text{ m}$，荷载合力的偏心距 $e=0.05$，地基土为粉质黏土，黏聚力 $c_k=10 \text{ kPa}$，内摩擦角 $\varphi=30°$，地下水位距地表为 1.0 m，地下水位以上土重度 $\gamma=18 \text{ kN/m}^3$，地下水位以下土的饱和重度 $\gamma_{sat}=19.5 \text{ kN/m}^3$，试确定该地基土的承载力特征值。

3. 某柱下方形独立基础埋深 $d=1.8 \text{ m}$，所受轴心荷载 $F_k=2400 \text{ kN}$，地基持力层为粉质黏土，$\gamma=18 \text{ kN/m}^3$，$f_{ak}=150 \text{ kPa}$，$e=0.75$，$S_r=0.3$，试确定该基础的底面边长。

4. 某框架柱传给基础的荷载标准值为 $F_k=1200 \text{ kN}$，$M_k=1300 \text{ kN·m}$（沿基础长边方向作用），基础埋深 $d=1.8 \text{ m}$，基础尺寸为 2.0 m×4.0 m，地基土为粉土，修正后的地基承载力为 $f_a=200 \text{ kPa}$，试验算基底尺寸是否满足要求。

5. 柱下独立基础的底面尺寸为 3.0 m×4.8 m，持力层为黏土，$f_{ak}=155 \text{ kPa}$，下卧层为淤泥，$f_{ak}=60 \text{ kPa}$，地下水位在天然地面下 1 m 深处，荷载标准值及其他有关数据如图 3.41 所示。试分别按持力层和软弱下卧层承载力验算该基础底面尺寸是否合适。

6. 墙下条形灰土基础受中心荷载 $F_k=230 \text{ kN/m}$，基础埋深 $d=1.5 \text{ m}$，地基承载力特征值 $f_a=187 \text{ kPa}$，墙体宽度 380 mm，灰土基础厚度 $H_0=450 \text{ mm}$，试确定灰土基础底面宽度 b 及墙体大放脚台阶数。

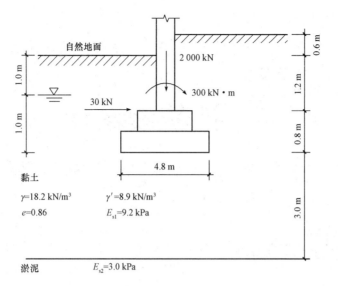

图 3.41 习题 5 图

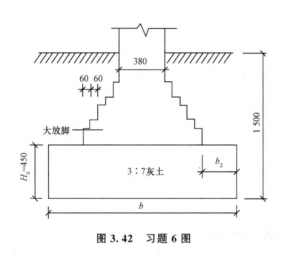

图 3.42 习题 6 图

7. 某承重砖墙厚 240 mm，作用于地面标高处的荷载 $F_k=180$ kN/m，拟采用砖基础，埋深 $d=1.2$ m。地基土为粉质黏土，$\gamma=18$ kN/m³，$e=0.9$，$f_{ak}=170$ kPa。试确定砖基础的底面宽度，并按二皮一收砌法画出基础剖面示意图。

4 桩基础设计

内容提要：本章在介绍桩基础基本概念、适用条件和基本类型的基础上，分析了单桩的工作性能，从桩基竖向承载力、水平承载力、桩基沉降及承台设计等方面对桩基础设计进行全面阐述。

学习目标：通过本章的学习，学生应能够了解桩基础的适用条件和桩的基本类型，熟悉桩基础设计方法，掌握竖向荷载作用下单桩的工作性能、单桩竖向承载力及水平承载力确定、桩基的竖向承载力验算、桩基承台设计，熟悉桩基沉降计算。

重点难点：本章的重点是竖向荷载作用下单桩的工作性能、单桩竖向承载力确定、桩基的竖向承载力验算、桩基设计计算。

本章的难点是桩基沉降计算、桩基承台的设计计算。

4.1 桩基础概述

4.1.1 桩基础的概念

天然地基上的浅基础一般造价较低，施工简单，应尽量优先采用。但当上部建筑物荷载较大，而适合于作为持力层的土层又埋藏较深，用天然浅基础或仅作简单的地基加固仍不能满足要求时，常采用深基础方案。深基础主要有桩基础、沉井和地下连续墙等几种类型，其中以桩基础的历史最为悠久，应用最为广泛。我国古代早已使用木桩作为桥梁和建筑物的基础，如秦代的渭桥、隋朝的郑州超化寺、南京的石头城和上海的龙华塔等。随着近代科学技术的进步，桩的种类、桩基形式、施工工艺和设备，以及桩基础理论和设计方法都有了极大的发展，桩基础已广泛应用于工业与民用建筑、桥梁、铁路、水利、港口及采油平台等各工程部门。

桩基础由桩和承台两部分组成（图 4.1）。桩是垂直或微斜埋置于土中的受力杆件，其作用是将上部结构的荷载传递给土层或岩层。承台将桩群在上部联结成一个整体，建筑物的荷载通过承台分配给各桩，桩群再把荷载传给地基。

根据承台与地面的相对位置，一般可分为高承台桩基和低承台桩基。当承台底面位于土中时，称为低承台桩基[图 4.1(a)]；当承台高于地面时，称为高承台桩基[图 4.1(b)]，高承台桩基常用于港口码头海洋工程及桥梁工程中。本章主要讨论低承台桩基设计问题。

桩基础一般承受竖直向下的荷载，但也可以承受一定的水平荷载和上拔力，如高压输电线塔[图 4.1(c)]等高耸结构物的基础。

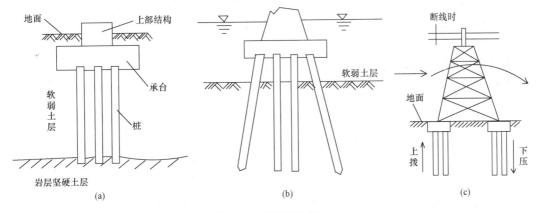

图 4.1 桩基础示意图

桩基础具有承载力高、沉降小且均匀的特点，而且便于机械化施工，适应于各种不良土质。但是，桩基础也存在以下缺点：桩基础的造价一般较高，桩基础的施工比一般浅基础复杂(但比深井、沉箱等深基础简单)，以打入等方式设桩存在振动及噪声等环境问题，而以成孔灌注方式设桩常对场地环境卫生带来影响。因此，在工程实践中对是否采用桩基础，需根据设计资料，从各方面作综合性的技术经济评价，再作定论。

4.1.2　桩基础的适用性

当建筑场地浅层的土质无法满足建筑物对地基变形和深度方面的要求，而又不宜进行地基处理时，就要利用下部坚实土层或岩层作为持力层，采用深基础方案。深基础主要有桩基础、墩基础、沉井和地下连续墙等几种类型，其中以桩基础应用最广泛。桩基已经成为土质不良地区修造建筑物，特别是高层建筑、重型厂房和各种具有特殊要求的构筑物广泛采用的一种基础形式。

桩基础一般由设置于土中的桩和承接上部结构的承台组成，桩顶埋入承台中。随着承台与地面的相对位置的不同，又有低承台桩基和高承台桩基之分。前者的承台底面位于地面以下，而后者则高出地面或水力冲刷线以上。在工业与民用建筑物中，几乎都使用低承台桩基，而且大量采用的是竖直桩，很少采用斜桩。桥梁和港口工程中常用高承台桩基，且较多采用斜桩，以承受水平荷载。

下列情况，可考虑选择桩基础方案：
(1)高层建筑或重要的和有纪念性的大型建筑，不允许地基有过大的沉降和不均匀沉降。
(2)重型工业厂房，如设有大吨位重级工作制吊车的车间和荷载过大的仓库、料仓等。
(3)高耸结构，如烟囱、输电塔或需要采用桩基来承受水平力的其他建筑。
(4)需要减弱振动影响的大型精密机械设备基础。
(5)以桩基作为抗震措施的地震区建筑。
(6)软弱地基或某些特殊性土上的永久性建筑物。

当地基上部软弱而下部不太深处有坚实地层时，最宜采用桩基。如果软弱土层很厚，桩端达不到良好土层，则应考虑桩基的沉降等问题。通过较好土层而达到软弱土层的桩，把建筑物荷载传到软弱土层，反而可能使基础的沉降增加。在工程实践中，由于设计方面或施工方面的原因，致使桩基础未能达到要求，甚至酿成重大事故者已非罕见。因此，桩基础也可能出现变形超过允许值和承载力破坏问题。

4.1.3 桩基础的设计规定

(1)桩基础应按下列两类极限状态设计：

①承载能力极限状态：桩基达到最大承载能力、整体失稳或发生不适于继续承载的变形。

②正常使用极限状态：桩基达到建筑物正常使用规定的变形限值或达到耐久性要求的某项限值。

(2)根据建筑规模、功能特征、对差异变形的适应性、场地地基和建筑物体形的复杂性以及由于桩基问题可能造成建筑破坏或影响正常使用的程度，应将桩基设计分为表4.1所列的三个设计等级，桩基设计时，应根据表4.1确定设计等级。

表4.1 建筑桩基设计等级

设计等级	建筑类型
甲级	(1)重要的建筑； (2)30层以上或高度超过100 m的高层建筑； (3)体形复杂且层数相差超过10层的高低层(含纯地下室)连体建筑； (4)20层以上框架-核心筒结构及其他对差异沉降有特殊要求的建筑； (5)场地和地基条件复杂的7层以上的一般建筑及坡地、岸边建筑； (6)对相邻既有工程影响较大的建筑
乙级	除甲级、丙级以外的建筑
丙级	场地和地基条件简单、荷载分布均匀的7层及7层以下的一般建筑

(3)桩基应根据具体条件分别进行下列承载能力计算和稳定性验算:

①应根据桩基的使用功能和受力特征分别进行桩基的竖向承载力计算和水平承载力计算。

②应对桩身和承台结构承载力进行计算;对于桩侧土不排水,抗剪强度小于 10 kPa 且长径比大于 50 的桩,应进行桩身压屈验算;对于混凝土预制桩,应按吊装、运输和锤击作用进行桩身承载力验算;对于钢管桩,应进行局部压屈验算。

③当桩端平面以下存在软弱下卧层时,应进行软弱下卧层承载力验算。

④对位于坡地、岸边的桩基,应进行整体稳定验算。

⑤对于抗浮、抗拔桩基,应进行基桩和群桩的抗拔承载力计算。

⑥对于抗震设防区的桩基,应进行抗震承载力验算。

4.2 桩基础的类型及质量检验

4.2.1 桩基础的类型

(1)按承载性状分类。作用在竖直桩顶的竖向外荷载由桩侧摩阻力和桩端阻力共同承担,摩阻力和端阻力的大小及外荷载的比例主要由桩侧和桩端地基土的物理力学性质、桩的几何尺寸、桩与土的刚度比及施工工艺等决定。根据摩阻力和端阻力占外荷载的比例大小将桩基分为摩擦型桩和端承型桩两大类(图 4.2)。

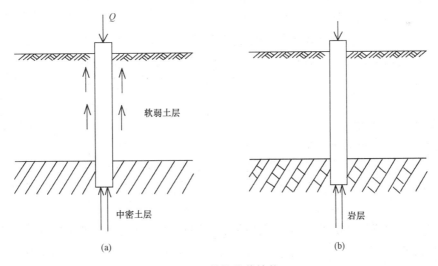

图 4.2 桩的承载性状
(a)摩擦型桩;(b)端承型桩

①摩擦型桩。

a. 摩擦型桩。在极限承载力状态下,桩顶荷载由桩侧阻力承受,即纯摩擦桩,桩端阻力忽略不计。例如，桩长径比很大，桩顶荷载只通过桩身压缩产生的桩侧阻力传递给桩周土，桩端土层分担荷载很小；桩端下无较坚实的持力层；桩底残留虚土或沉渣的灌注桩；桩端出现脱空的打入桩等。

b.端承摩擦桩。在极限承载力状态下，桩顶竖向荷载主要由桩侧阻力承受。例如，置于软塑状态黏性土中的长桩，桩端土为可塑状态黏性土，端阻力承受小部分荷载，属于端承摩擦桩。

②端承型桩。

a.端承桩。在极限承载力状态下，桩顶荷载由桩端阻力承受，桩端阻力占少量比例。当桩的长径比较小（一般小于10），桩端设置在密实砂类、碎石类土层中或位于中、微风化及新鲜基岩中时，桩侧阻力可忽略不计，属于端承桩。

b.摩擦端承桩。在极限承载力状态下，桩顶竖向荷载主要由桩端阻力承受。通常，桩端设置在中密以上的砂类、碎石类土层中或位于中、微风化及新鲜岩顶面。这类桩的侧阻力虽属次要，但不可忽略。

(2) 按桩的使用功能分类。

①竖向抗压桩。竖向抗压桩为主要承受竖向下压荷载（简称竖向荷载）的桩。大多数建筑桩基础为此种抗压桩。

②竖向抗拔桩。竖向抗拔桩为主要承受竖向上拔荷载的桩。抗拔桩在输电塔架、地下抗浮结构及码头结构物中应用较多。

③水平受荷桩。水平受荷桩为在桩顶或地面以上主要承受地震力、风力及波浪力等水平荷载的桩，常用于港口码头、输电塔架、基坑支护等结构物中。

④复合受荷桩。复合受荷桩为承受竖向、水平荷载均较大的桩。例如，各种桥梁的桩基础。

(3) 按桩身材料分类。

①木桩。以木材制桩常选用松木、杉木等硬质木材。木桩在古代及20世纪初有大量应用，随着建筑物向高、重、大方向发展，木桩因其长度较小、不易接桩、承载力较低以及在干、湿度交替变化环境下易腐烂等缺点而受到很大限制，只在少数工程中因地制宜地采用。

②混凝土桩。混凝土桩是工程中大量应用的一类桩型。混凝土桩还可分为素混凝土桩、钢筋混凝土桩及预应力钢筋混凝土桩三种。

a.素混凝土桩。素混凝土桩受到混凝土抗压强度高和抗拉强度低的局限，通过地基成孔、灌注方式成桩，一般只在桩承压条件下采用，不适于荷载条件复杂多变的情况，因而其应用已很少。

b.钢筋混凝土桩。钢筋混凝土桩应用最多。钢筋混凝土桩的长度主要受到设桩方法的限制，其断面形式可以是方形、圆形或三角形等；可以是实心的，也可以是空心的。这种桩一般做成等断面的，也有因土层性质变化而采用变断面的桩体。钢筋混凝土桩以桩体抗压、抗拉强度均较高的特点，可适应较复杂的荷载情况，因而得到广泛应用。

c.预应力钢筋混凝土桩。预应力钢筋混凝土桩通常在地表预制，其断面多为圆形或管状。由于在预制过程中对钢筋及混凝土体施加预应力，使得桩体在抗弯、抗拉及抗裂等方面比普通的钢筋混凝土桩有较大的优越性，尤其适用于冲击与振动荷载情况，在海港、码头等工程中已有普遍使用,在工业与民用建筑工程中也在逐渐推广。

③钢桩。钢桩在我国目前应用较少。对于建在软土地基上的高重结构物,近年来开始采用大直径开口钢管桩,宽翼缘工字钢及其他型钢桩也偶有采用。

钢桩的主要特点:桩身抗压强度高、抗弯强度也很大,特别适用于桩身自由度大的高桩码头结构;其次是其贯入性能好,能穿越相当厚度的硬土层,以提供很高的竖向承载力;另外,钢桩施工比较方便,易于裁接,工艺质量比较稳定,施工速度快。钢桩的最大缺点是价格昂贵,目前只在特别重大的或特殊的工程项目中应用。另外,钢桩还存在环境腐蚀等问题,在设计与施工中需做特殊考虑。

④组合材料桩。组合材料桩是指用两种不同材料组合的桩。例如,钢管桩内填充混凝土,或上部为钢管桩、下部为混凝土等形式的组合桩,主要用于特殊地质条件及施工技术等情况下。

(4)按施工方法分类。

①预制桩。预制桩是指在工厂或现场预先制作成型,再用各种机械设备沉入地基至设计标高的桩。材料与规格:除木桩、钢桩外,目前,大量应用的预制桩是钢筋混凝土桩。钢筋混凝土预制桩成桩质量比较稳定、可靠。其横截面有方、圆等多种形状。一般普通实心方桩的截面边长为 $300\sim500$ m,桩长 $25\sim30$ m,工厂预制时分节长度不大于 12 m,沉桩时在现场连接到所需桩长。预制桩的接头方式有钢板焊接法、法兰西法及硫黄胶泥浆锚等多种方法。通常,采用钢板焊接法,用钢板、角钢焊接,并涂以沥青以防止腐蚀。也可采用钢板垂直插头加水平销连接,其施工快捷,不影响桩的强度和承载力。分节接头应保证质量,以满足桩身承受轴力、弯矩和剪力的要求。沉桩方法:预制桩根据设桩方法还可分为打入桩、振沉桩、静压桩及旋入桩等。

a. 打入法。打入法是采用打桩机用桩锤把桩击入地基的沉桩方法,这种方法存在噪声大、振动强等缺点。

b. 振动法。振动法是在桩顶装上振动器,使预制桩随着振动下沉至设计标高。振动法的主要设备为振动器。振动器内置成对的偏心块,当偏心块同步反向旋转时,产生竖向振动力,使桩沉入土中。振动法适用于砂土地基,尤其在地下水位以下的砂土,受震动使砂土发生液化,桩易于下沉。振动法对于自重不大的钢桩的沉桩效果较好,不适合一般的黏土地基。

c. 静力压桩法。静力压桩法采用静力压桩机,将压制桩压入地基中,适宜于均质软土地基。静力压桩法的优点是:无噪声、无振动,对周围的邻近建筑物不产生不良影响。

d. 旋入法。旋入法是在桩端处设一螺旋板,利用外部机械的扭力将其逐渐旋入地基中,这种桩的桩身断面一般较小,而螺旋板相对较大,在旋入施工过程中对桩侧土体的扰动较大,因而主要靠桩端螺旋板承担桩体轴向的压力或拉力。

预制桩沉桩深度:沉桩的实际深度应根据桩位处桩端土层的深度而确定。由于桩端持力层面倾斜或起伏不平,沉桩的实际深度与设计桩长常不相同。

施工时以最后贯入度和桩尖设计标高两方面控制。最后贯入度是指沉至某标高时,每次锤击的沉入量,通常以最后每阵的平均贯入量表示。锤击法常以 10 次锤击为一阵,振动沉桩以 1 min 为一阵。最后贯入度指标根据计算或地区经验确定,一般可取最后两阵的平均贯入度为 $10\sim50$ mm/阵。压桩法的施工参数是不同深度的压桩力,它们包含着桩身穿过的土层的信息。

预制桩的优缺点：打入或振动式预制桩施工噪声大，污染环境，不宜在居民区周围使用；预制桩桩身需用高强度等级混凝土、高含筋率，主筋要求通长配置，用钢量大，造价高；由于桩的节长规格无法临时变动，当沉桩无法到达设计标高时，就不得不截桩，而设计桩长较长时，则需接桩，给施工造成困难；预制桩的接头常形成桩身的薄弱环节，易脱桩并影响桩身垂直度。但预制桩的桩身质量易于保证，单方混凝土承载力高于灌注桩。

②灌注桩。灌注桩是在所设计桩位处成孔，然后在孔内安放钢筋笼（也有直接插筋或省去钢筋的）再浇灌混凝土而成。其横截面呈圆形，可以做成大直径和扩底桩。保证灌注桩承载力的关键在于桩身的成型及混凝土质量。根据成孔方法灌注桩通常可分为以下几类：

a.沉管灌注桩。沉管灌注桩属于有套管护壁作业桩，其施工程序如图 4.3 所示。这种桩的直径一般为 300～500 mm，桩长不超过 25 m，分为振动沉管桩和锤击沉管桩两种，可打至硬塑黏土层或中、粗砂层。其优点是设备简单、打桩进度快、成本低。

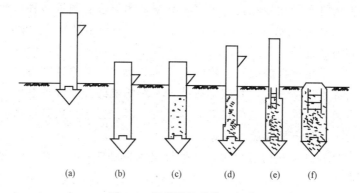

图 4.3　沉管灌注桩施工程序
(a)打桩机就位；(b)沉管；(c)浇灌混凝土；(d)边拔管边振动；
(e)安放钢筋笼继续浇灌混凝土；(f)成型

要求沉管灌注桩在拔管时，防止钢管内的混凝土被吸住上拉，因而产生缩颈质量事故。在饱和软黏土中，由于沉管的挤压作用产生的孔隙水压力，也可能使混凝土桩缩颈。尤其在软土与表层"硬壳层"交界处最容易产生缩颈现象。

灌注管内混凝土量充盈系数（混凝土实际用量与计算的桩身体积之比）一般应达 1.10～1.15。对于混凝土灌注充盈系数小于 1 的灌注桩，应采取全长复打桩。对于断桩及有缩颈的桩，可采用局部复打桩，其复打深度必须超过断桩或缩颈区 1 m 以下。复打施工必须在第一次灌注的混凝土初凝之前进行，要求在原位重新沉管，再灌注混凝土，前后两次沉管的轴线应重合。

b.钻(冲)孔灌注桩。钻(冲)孔灌注桩用钻机（如螺旋钻、振动钻、冲抓锥钻和旋转水冲砖等）钻土成孔，然后清除孔底残渣，安放钢筋笼，浇灌混凝土。其施工程序如图 4.4 所示。常用有的钻机成孔后，可撑开钻头的扩孔刀刃使之旋转切土扩大桩孔，浇灌混凝土后在底端形成扩大桩端，但扩底直径不宜大于 3 倍桩身直径。

钻(冲)孔灌注桩通常采用泥浆护壁,泥浆应选用膨润土或高塑性黏土在现场加水搅拌制成,一般要求其相对密度为1.1~1.15,黏度为10~25 s,含砂率小于6%,胶体率大于95%。施工时泥浆水面应高出地下水面1 m以上,清孔后在水下浇灌混凝土,直径可达0.3~2 m。其最大优点是入土深,桩长可达一二百米,能进入岩层,刚度大,承载力高,桩身变形小,并可方便地进行水下施工,而且施工过程中无挤土、无(少)振动、无(低)噪声,环境影响小,是各类灌注桩中应用最为广泛的一种。

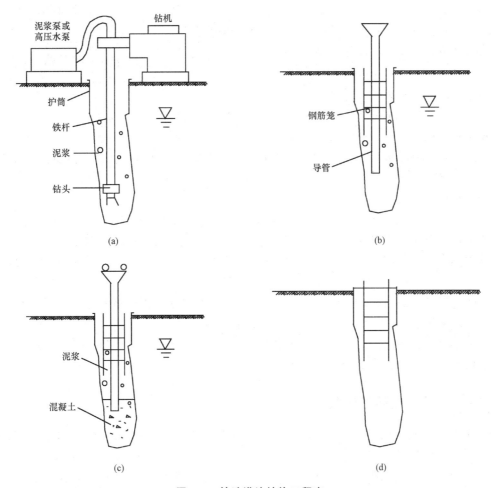

图 4.4 钻孔灌注桩施工程序
(a)成孔;(b)下导管和钢筋笼;(c)浇灌水下混凝土;(d)成型

c. 挖孔桩。挖孔桩可采用人工和机械挖掘成孔,逐段边开挖边支护,达到所需深度后再进行扩孔、安装钢筋笼及浇灌混凝土而成。

挖孔桩一般内径应不小于800 mm,开挖直径不小于1 000 mm,护壁厚度不小于100 mm,分节支护,每节高500~1 000 mm,可用混凝土浇筑或砖砌筑,桩身长度宜限制在30 m以内。如图4.5所示为某人工挖孔桩示例。

挖孔桩可直接观察地层情况,孔底易清除干净,设备简单,噪声小,场区内各桩可同时施工,且桩径大、适应性强,比较经济。但由于挖孔时可能存在塌方、缺氧、有害气体、触电等危险，易造成安全事故，因此应严格规定。

(5)按成桩方式分类。

①非挤土桩。干作业挖孔桩、泥浆护壁钻(冲)孔桩和套管护壁灌注桩，这类在成桩过程中基本上对桩相邻土不产生挤土效应的桩，称为非挤土桩。其设备噪声较挤土桩小，而废泥浆、弃土运输等可能会对周围环境造成影响。

②部分挤土桩。当挤土桩无法施工时，可采用预钻小孔后打较大直径预制或灌注桩的施工方法；或打入部分敞口桩，如冲孔灌注桩、钻孔挤扩灌注桩、搅拌劲芯桩、预钻孔打入(静压)预制桩等。

③挤土桩。打入式的预制桩或沉管灌注桩称为挤土桩。挤土桩除施工噪声外，不存在泥浆及弃土污染问题，当施工质量好，方法得当时，其单方混凝土材料所提供的承载力比非挤土桩及部分挤土桩高。

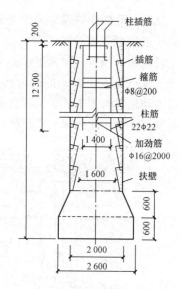

图 4.5 人工挖孔桩示例

(6)按桩径大小分类。

①小直径桩。桩径 $d \leqslant 250$ mm 的桩称为小直径桩。由于桩径小，施工机械、施工场地及施工方法一般较为简单。小桩多用于基础加固(树根桩或静压锚杆桩)及复合桩基础。

②中等直径桩。桩径 250 mm$<d<800$ mm 的桩称为中等直径桩。这类桩长期以来在工业与民用建筑物中大量使用，成桩方法和工艺繁杂。

③大直径桩。桩径 $d \geqslant 800$ mm 的桩称为大直径桩。近年来发展较快，范围逐渐增多。因为桩径大且桩端还可以扩大，因此，单桩承载力较高。此类桩除大直径钢管桩外，多数为钻、冲、挖孔灌注桩。通常，用于高重型建(构)筑物基础，并可实现柱下单桩的结构形式。正因为如此，也决定了大直径桩施工质量的重要性。

4.2.2 桩基础质量检验

桩基础属于地下隐蔽工程，尤其是灌注桩，很容易出现缩颈、夹泥、断桩或沉渣过厚等多种形态的质量缺陷，影响桩身结构完整性和单桩承载力，因此，必须进行施工监督、现场记录和质量检测，以保证质量、减少隐患。对于柱下单桩或大直径灌注桩工程，保证桩身质量就更为重要。目前，已有多种桩身结构完整性的检测技术，下列几种较为常用：

(1)开挖检查。只限于对所暴露的桩身进行观察检查。

(2)抽芯法。在灌注桩桩身内钻孔(直径 100～150 mm)，取混凝土芯样进行观察和单轴抗压试验，了解混凝土有无离析、空洞、桩底沉渣和夹泥等现象，也可检测桩长、桩身质量及判断桩身完整性类别等。有条件时也可采用钻孔电视直接观察孔壁孔底质量。

(3)声波透射法。可检测桩身缺陷程度及位置，判定桩身完整性类别。预先在桩中埋入 3～4 根金属管，利用超声波在不同强度(不同弹性模量)的混凝土中传播速度的变化来检测桩身质量。试验时在其中一根管内放入发射器，而在其他管中放入接收器，通过测读并记录不同深度处声波的传递时间来分析判断桩身质量。

(4)动测法。动测法是指在桩顶施加一动态力(动态力可以是瞬态冲击力或稳定激振力),桩-土系统在动态力的作用下产生动态响应,采用不同功能的传感器在桩顶量测动态响应信号(如位移、速度和加速度信号),通过对信号的时域分析、频域分析或传递函数分析,判断桩身结构完整性,推断单桩承载力。动测法又分为低应变动测法和高应变动测法。低应变动测法作用在桩顶的动荷载小于桩的使用荷载,其能量小,只能使桩土产生弹性变形,无法使桩土之间产生足够的相对位移或使土阻力充分发挥,主要用于检测桩身完整性。低应变动测法主要有球击频率分析法、共振法、机械阻抗法、水电效应法和动力参数法等;高应变动测法主要有波动方程法、锤贯法、波形拟合法、动力打桩公式法、CASE法和TNO法等。

4.3 竖向荷载作用下单桩的工作性能

4.3.1 竖向荷载的传递

桩的承载力是桩与土共同作用的结果,了解单桩在轴向荷载下桩土间的传力途径、单桩承载力的构成特点,以及单桩受力破坏形态等基本概念,对正确确定单桩承载力具有指导意义。

桩在轴向压力荷载作用下,桩顶发生轴向位移(沉降),其值为桩身弹性压缩和桩底以下土层压缩之和。置于土中的桩与其侧面土是紧密接触的,当桩相对于土向下位移时就产生土对桩向上作用的桩侧摩阻力。桩顶荷载沿桩身向下传递的过程中,必须不断地克服这种摩阻力,桩身轴向力就随深度逐渐减小,传至桩底的轴向力也即桩底支承反力,它等于桩顶荷载减去全部桩侧摩阻力。桩顶荷载是桩通过桩侧摩阻力和桩底阻力传递给土体的。

因此,可以认为土对桩的支承力由桩侧摩阻力和桩底阻力两部分组成。桩的极限荷载(或称极限承载力)等于桩侧极限摩阻力和桩底极限阻力之和。桩侧摩阻力和桩底阻力的发挥程度与桩土间的变形性有关,并且各自达到极限值时所需要的位移量是不相同的。试验表明:桩底阻力的充分发挥需要有较大的位移值,在黏性土中约为桩底直径的25%,在砂性土中为8%~10%;而桩侧摩阻力只要桩土间有不太大的相对位移就能得到充分的发挥,具体数量目前尚不能有一致的意见,但一般认为黏性土为4~6 mm,砂性土为6~10 mm。因此,在确定桩的承载力时,应考虑这一特点。柱桩由于桩底位移很小,桩侧摩阻力不易得到充分发挥。对于一般柱桩,桩底阻力占桩支承力的绝大部分,桩侧摩阻力很小,常忽略不计。但对较长的柱桩且覆盖层较厚时,由于桩身的弹性压缩较大,也足以使桩侧摩阻力得到发挥。对于这类柱桩,国内已有规范建议可计算桩侧摩阻力。置于一般土层上的摩擦桩,桩底土层支承反力发挥到极限值时需要比发生桩侧极限摩阻力大得多的位移值,这时总是桩侧摩阻力先充分发挥出来,然后桩底阻力才逐渐发挥,直至达到极限值。对于桩长很大的摩擦桩,也因桩身压缩变形,桩底反力尚未达到极限值,桩顶位移已超过使用要求所容许的范围,且传递到桩底的荷载也很微小,此时确定桩的承载力时桩底极限阻力不宜取值过大。

4.3.2 桩侧摩阻力和端阻力

(1)桩侧摩阻力的影响因素及其分布。桩侧摩阻力除与桩-土间的相对位移有关,还与土的性质、桩的刚度、时间因素和土中应力状态,以及桩的施工方法等因素有关。

桩侧摩阻力实质上是桩侧土的剪切问题。桩侧土极限阻力值与桩侧土的剪切强度有关,并随着土的抗剪强度的增大而增加。而土的抗剪强度又取决于其类别、性质、状态和剪切面上的法向应力。不同类别、性质、状态和深度处的桩侧土将具有不同的桩侧摩阻力。

从位移角度分析,桩的刚度对桩侧摩阻力也有影响。桩的刚度较小时,桩顶截面的位移较大而桩底较小,桩顶处的桩侧摩阻力常较大;当桩刚度较大时,桩身各截面位移较接近,由于桩下部侧面土的初始法向应力较大,土的抗剪强度也较大,致使桩下部桩侧摩阻力大于桩上部。

由于桩底地基土的压缩是逐渐完成的,因此桩侧摩阻力所承担荷载将随时间由桩身上部向桩下部转移。在桩基施工过程中及完成后,桩侧土的性质、状态在一定范围内会有变化,从而影响桩侧摩阻力,并且往往也有时间效应。

影响桩侧摩阻力的诸因素中,土的类别、性状是主要因素。在分析基桩承载力等问题时,各因素对桩侧摩阻力大小与分布的影响,应分情况予以注意。例如,在塑性状态黏性土中打桩,由于在桩侧造成对土的扰动,再加上打桩的挤压影响,会在打桩过程中使桩周围土内的孔隙水压力上升,土的抗剪强度降低,桩侧摩阻力变小。待打桩完成并经过一段时间后,超孔隙水压力逐渐消散,再加上黏土的触变性质,使桩周围一定范围内的抗剪强度不但能得到恢复,而且往往还可能超过其原来的强度,桩侧摩阻力得到提高。又例如,在砂性土中打桩时,桩侧摩阻力的变化与砂土的初始密度有关,如密实砂性土有剪胀性,会使摩阻力出现峰值后有所下降。

桩侧摩阻力的大小及其分布决定着桩身轴向力随深度的变化及数值,因此,掌握、了解桩侧摩阻力的分布规律,对研究和分析桩的工作状态有重要作用。由于影响桩侧摩阻力的因素即桩土间的相对位移、土中的侧向应力、土质分布及性状均随深度变化,因此要精确地用物理力学方程描述桩侧摩阻力沿深度的分布规律较复杂。现以图 4.6 所示两例来说明其分布变化,其中,图 4.6(a)所示为上海某工程钢管打入桩实测资料;图 4.6(b)所示为我国某工程钻孔灌注桩实测资料,图中各曲线上的数字为相应桩顶荷载。在黏性土中的打入桩的桩侧摩阻力沿深度分布的形状近乎抛物线,在桩顶处的摩阻力等于零,桩身中段处的摩阻力比桩的下段大。而钻孔灌注桩的施工方法与打入桩不同,其桩侧摩阻力具有某些不同于打入桩的特点。从图中可以看出,从地面起的桩侧摩阻力呈线性增加,其深度仅为桩径的 5~10 倍,而沿桩长的摩阻力分布则比较均匀。为简化起见,假设打入桩桩侧摩阻力在地面处为零,沿桩入土深度成线性分布;而对钻孔灌注桩则假设桩侧摩阻力沿桩身均匀分布。

(2)桩端阻力的影响因素及其深度效应。桩底阻力与土的性质、持力层上覆荷载(覆盖土层厚度)、桩径、桩底作用力、时间及桩底端进入持力层深度等因素有关,但其主要影响因素仍为桩底地基土的性质。桩底地基土的受压刚度和抗剪强度大,则桩底阻力也大。桩

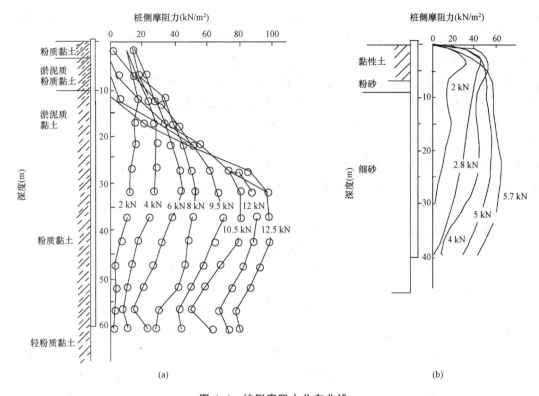

图 4.6 桩侧摩阻力分布曲线

(a)钢管打入桩实测侧摩阻力分布；(b)钻孔灌注桩实测侧摩阻力分布

底极限阻力取决于持力层土的抗剪强度和上覆荷载及桩径大小的影响。由于桩底地基土层受压固结作用是逐渐完成的，桩底阻力将随土层固结度的提高而增长。

模型和现场的试验研究表明，桩的承载力(主要是桩底阻力)随着桩的入土深度，特别是进入持力层的深度而变化，这种特性称为深度效应。

桩底端进入持力砂土层或硬黏土层时，桩的极限阻力随着进入持力层的深度呈线性增加。达到一定深度后，桩底阻力的极限值保持稳定。这一深度称为临界深度 h_c，它与持力层的上覆荷载和持力层土的密度有关。上覆荷载越小、持力层土的密度越大，则 h_c 越大。当持力层下为软弱土层时，也存在一个临界厚度 t_c。当桩底至下卧软弱层顶面的距离 $t<t_c$ 时，桩底阻力将随着 t 的减小而下降。持力层土的密度越高、桩径越大，则 t_c 越大。

由此可见，当以夹于软层中的硬层作桩底持力层时，应根据夹层厚度，综合考虑基桩进入持力层的深度和桩底下硬层的厚度。必须指出，群桩的深度效应概念与上述单桩不同。在均匀砂或有覆盖层的砂层中，群桩的承载力始终随着桩进入持力层的深度而增大，不存在临界深度；当有下卧软弱土层时，软弱土层对群桩承载力的影响比对单桩的影响更大。

4.3.3 桩侧负摩阻力

(1)负摩阻力的概念。在桩顶竖向荷载作用下，当桩相对于桩侧土体向下位移时，土对桩产生向上作用的摩阻力，构成了单桩承载力的一部分，称为正摩阻力。但是，当桩侧土体由于某种原因发生下沉，而且其下沉量大于相应深度处桩的下沉量，即桩侧土体相对于桩产生向下位移时，土对桩就会产生向下作用的摩阻力，称为负摩阻力。

桩身受到负摩阻力作用时，相当于在桩身上施加了一个竖直向下的荷载，而使桩身的轴力加大，桩身的沉降增加，桩的承载力降低。因此，负摩阻力的存在对桩的荷载传递是一种不利因素。当遇下列情况之一且桩周土层产生的沉降超过基桩的沉降时，应计入桩侧负摩阻力：桩穿越较厚松散填土、自重湿陷性黄土、欠固结土、液化土层进入相对较硬土层时；桩周存在软弱土层，邻近桩侧地面承受局部较大的长期荷载，或地面大面积堆载(包括填土)时；由于降低地下水位，使桩周土有效应力增大，并产生显著压缩沉降时。

(2)负摩阻力的分布特征。了解桩的负摩阻力的分布特征，必须首先明确土与桩之间的相对位移以及负摩阻力与相对位移之间的关系。

如图 4.7(a)所示，一根承受竖向荷载的单桩穿过正在固结中的土层而达到坚实土层。如图 4.7(b)所示的曲线 ab 为土层竖向位移，曲线 cd 为桩的截面位移，在 l_n 深度范围内，桩周土的沉降大于桩的压缩变形，桩侧摩阻力向下，为负摩擦区；在 l_n 深度以下，桩周土的沉降小于桩的压缩变形，桩侧摩阻力向上，为正摩擦区。曲线 ab 和 cd 的交点，桩土相对位移为零，既没有负摩阻力，也没有正摩阻力，称该点为中性点，l_n 称为中性点的深度。由图 4.7(c)、(d)可知，中性点上下桩侧摩阻力方向相反，在中性点位置，作用在桩上的摩擦力为零，而桩身轴力最大。

由于桩侧负摩阻力是由桩周土层的固结沉降引起的，土层的竖向位移和桩身截面位移都是时间的函数，因此，负摩阻力的产生和发展也要经历一定的时间过程。中性点的位置、摩阻力以及桩身轴力都将随时间而有所变化。当沉降趋于稳定时，中性点也将稳定在某一固定深度 l_n 处。另外，中性点深度 l_n 与桩周土的压缩和变形条件、桩和持力层土的刚度等因素有关。

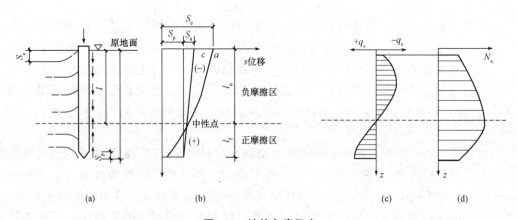

图 4.7　桩的负摩阻力

(3)中性点深度的确定。中性点深度 l_n 应按桩周土层沉降与桩沉降相等的条件计算确定，也可参照表 4.2 确定。

表 4.2 中性点深度

持力层性质	黏性土、粉土	中密以上砂	砾石、卵石	基岩
中性点深度比 l_n/l_0	0.5～0.6	0.7～0.8	0.9	1.0

注：1. l_n、l_0 分别为自桩顶算起的中性点深度和桩周软弱土层下限深度；
    2. 桩穿过自重湿陷性黄土层时，l_n 可按表列值增大 10%（持力层为基岩除外）；
    3. 当桩周土层固结与桩基固结沉降同时完成时，取 $l_n=0$；
    4. 当桩周土层计算沉降量小于 20 mm 时，l_n 应按表列值乘以 0.4～0.8 折减。

(4) 负摩阻力计算。桩侧负摩阻力当无实测资料时可按下列规定计算：

中性点以上单桩桩周第 i 层土负摩阻力标准值，可按下列公式计算：

$$q_{si}^n = \xi_{ni} \sigma_i' \tag{4-1}$$

当填土、自重湿陷性黄土湿陷、欠固结土层产生固结和地下水降低时：

$$\sigma_i' = \sigma_{\gamma i}' \tag{4-2}$$

当地面分布大面积荷载时：

$$\sigma_i' = p + \sigma_{\gamma i}' \tag{4-3}$$

$$\sigma_{\gamma i}' = \sum_{m=1}^{i-1} \gamma_m \Delta z_m + \frac{1}{2} \gamma_i \Delta z_i \tag{4-4}$$

式中 q_{si}^n——第 i 层土桩侧负摩阻力标准值；当式 (4-1) 计算值大于正摩阻力标准值时，取正摩阻力标准值进行设计；

      ξ_{ni}——桩周第 i 层土负摩阻力系数，可按表 4.3 取值；

      $\sigma_{\gamma i}'$——由土自重引起的桩周第 i 层土平均竖向有效应力；桩群外围桩自地面算起，桩群内部桩自承台底算起；

      σ_i'——桩周第 i 层土平均竖向有效应力；

  γ_i、γ_m——分别为第 i 计算土层和其上第 m 土层的重度，地下水位以下取浮重度；

  Δz_i、Δz_m——第 i 层土、第 m 层土的厚度；

      p——地面均布荷载。

表 4.3 负摩阻力系数 ξ_n

土类	ξ_n
饱和软土	0.15～0.25
黏性土、粉土	0.25～0.40
砂土	0.35～0.50
自重湿陷性黄土	0.20～0.35

注：1. 在同一类土中，对于挤土桩，取表中较大值，对于非挤土桩，取表中较小值；
    2. 填土按其组成取表中同类土的较大值。

(5) 下拉荷载计算。考虑群桩效应的基桩下拉荷载可按下式计算：

$$Q_g^n = \eta_n \cdot u \sum_{i=1}^n q_{si}^n l_i \tag{4-5}$$

$$\eta_n = s_{ax} \cdot s_{ay} / \left[\pi d \left(\frac{q_s^n}{\gamma_m} + \frac{d}{4} \right) \right] \tag{4-6}$$

式中　n——中性点以上土层数；

　　　l_i——中性点以上第 i 土层的厚度；

　　　η_n——负摩阻力群桩效应系数；

　　s_{ax}、s_{ay}——分别为纵、横向桩的中心距；

　　　q_s^n——中性点以上桩周土层厚度加权平均负摩阻力标准值；

　　　γ_m——中性点以上桩周土层厚度加权平均重度(地下水位以下取浮重度)。

对于单桩基础或按式(4-6)计算的群桩效应系数 $\eta_n > 1$ 时，取 $\eta_n = 1$。

(6)下拉荷载验算。桩周土沉降可能引起桩侧负摩阻力时，应根据工程具体情况考虑负摩阻力对桩基承载力和沉降的影响；当缺乏可参照的工程经验时，可按下列规定验算：

①对于摩擦型基桩可取桩身计算中性点以上侧阻力为零，并可按下式验算基桩承载力：

$$N_k \leqslant R_a \tag{4-7}$$

②对于端承型基桩除应满足式(4-7)要求外，还应考虑负摩阻力引起基桩的下拉荷载 Q_g^n，并可按下式验算基桩承载力：

$$N_k + Q_g^n \leqslant R_a \tag{4-8}$$

③当土层不均匀或建筑物对不均匀沉降较敏感时，还应将负摩阻力引起的下拉荷载计入附加荷载验算桩基沉降。本条中基桩的竖向承载力特征值 R_a 只计中性点以下部分侧阻值及端阻值。

【例 4-1】　已知钢筋混凝土预制方桩边长为 300 mm，桩长为 22 m，桩顶入土深度为 2 m，桩端入土深度为 24 m，桩端为中密粉砂，场地地层条件见表 4.4。不考虑群桩效应，对于单桩基础，负摩阻力群桩效应系数 $\eta_n = 1$，当地下水位由 0.5 m 降至 5 m 时，计算桩基础基桩由于负摩阻力引起的下拉荷载。

表 4.4　场地地层条件

层序	土层名称	层底深度 /m	厚度 /m	天然重度 γ /(kN·m^{-3})	极限桩侧阻力标准值 q_{sik} /kPa
①	填土	1.20	1.20	18.0	
②	粉质黏土	2.00	0.80	18.0	
③	淤泥质黏土	12.00	10.00	17.0	28.00
④	黏土	22.70	10.70	18.0	55.00

【解】　由地质条件可知，第④层土将产生固结沉降，从而引起桩侧摩阻力。

(1)确定中性点深度。桩长范围内压缩厚度 $l_0 = 20.7$ m，桩端为中密粉砂，查表 4.2 可得：

$$l_n = 0.7 l_0 = 0.7 \times 20.7 \approx 14.5 \text{(m)}$$

(2)计算单桩负摩阻力标准值。

由式(4-1)可得：

深度 5～12 m 处：

$$q_{s1}^n = 0.28 \times (2 \times 18 + 3 \times 17/2) = 17.2 (\text{kPa})$$
$$q_{s2}^n = 0.2 \times (2 \times 18 + 3 \times 17/2 + 7 \times 7/2) = 17.2 (\text{kPa}) < 28 \text{ kPa}$$
$$q_{s3}^n = 0.2 \times (2 \times 18 + 3 \times 17/2 + 7 \times 7 + 4.5 \times 8/2) = 25.7 (\text{kPa}) < 55 \text{ kPa}$$

(3) 计算基桩的下拉荷载。

由式(4-1)可得：
$$Q_g^n = 1 \times 1.2 \times (17.2 \times 3 + 17.2 \times 7 + 25.7 \times 5) = 360.6 (\text{kPa})$$

4.3.4 单桩的破坏模式

单桩在轴向受压荷载作用下，处于不同情况的不同破坏模式可按下述几种常遇的典型情况作一简略分析(图 4.8)。

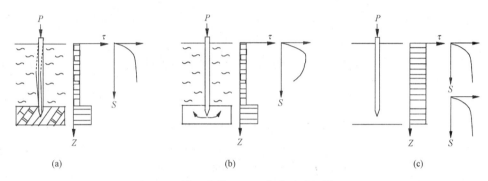

图 4.8 轴向荷载作用下的单桩破坏模式图

第一种情况，当桩底支承在很坚硬的地层上，桩侧土为软土层且其抗剪强度很低时，如图 4.8(a)所示，桩在轴向受压荷载作用下，如同一根压杆似地出现纵向挠曲破坏。此时在荷载－沉降 $p-s$ 曲线上呈现出明确的破坏荷载，桩的承载力取决于桩身的材料强度。

第二种情况，当具有足够强度的桩穿过抗剪强度较低的土层，而达到强度较高的土层时[图 4.8(b)]，桩在轴向受压荷载作用下，桩底土体能形成滑动面出现整体剪切破坏，这是因为桩底持力层以上的软弱土层不能阻止滑动土楔的形成。此时在 $p-s$ 曲线上可求得明确的破坏荷载，桩的承载力主要取于桩底土的支承力，桩侧摩阻力也起一部分作用。

第三种情况，当具有足够强度的桩入土深度较大或桩周土层抗剪强度较均匀时[图 4.8(c)]，桩在轴向受压荷载作用下，将会出现刺入式破坏。根据荷载的大小和土质的不同，试验中得到的 $p-s$ 曲线上可能没有明显的转折点，或有明显的转折点(表示破坏荷载)。此时桩所受荷载由桩侧摩阻力和桩底反力共同支承，即一般所称的摩擦桩，或几乎全由桩侧摩阻力支承，即纯摩擦桩。因此，桩的轴向受压承载力，取决于桩周土的强度或桩本身的材料强度。一般情况下桩的轴向承载力都是由土的支承能力控制的，对于柱桩和穿过土层土质较差的长摩擦桩，则两种因素均有可能是决定因素。

4.4 单桩竖向承载力确定

桩的承载力是桩基础设计的关键。单桩竖向承载力的确定取决于两个方面：一是桩本身的材料强度；二是地基土的承载力。我国主要依据《建筑地基基础设计规范》(GB 50007—2011)和《建筑桩基技术规范》(JGJ 94—2008)确定桩的承载力。

4.4.1 按材料强度确定

设计计算中桩身混凝土强度应满足桩的承载力设计要求。可将桩视为轴心受压杆件，根据《建筑桩基技术规范》(JGJ 94—2008)进行计算。

(1)当桩顶以下 $5d$(d 为桩径)范围内的桩体螺旋式箍筋间距不大于 100 mm 时，竖向抗压承载力值可按下式计算：

$$N \leqslant \psi_c f_c A_{ps} + 0.9 f'_y A'_s \tag{4-9}$$

(2)当桩体配筋不符合(1)中的条件时，竖向抗压承载力设计值可按下式计算：

$$N \leqslant \psi_c f_c A_{ps} \tag{4-10}$$

式中　N——荷载效应基本组合下的桩顶轴向压力设计值(kN)；

f_c——混凝土轴心抗压强度设计值(N/mm²)；

f'_y——纵向主筋抗压强度设计值(N/mm²)；

A'_s——纵向主筋截面面积(mm²)；

ψ_c——基桩成桩工艺系数，混凝土预制桩、预应力混凝土空心桩取 $\psi_c=0.85$，干作业非挤土灌注桩取 $\psi_c=0.90$，泥浆护壁和套管护壁非挤土灌注桩、部分挤土灌注桩、挤土灌注桩取 $\psi_c=0.7\sim0.8$，软土地区挤土灌注桩 $\psi_c=0.6$。

4.4.2 按静载荷试验确定

(1)试验目的。在建筑工程现场实际工程地质条件下，用与设计采用的工程桩规格尺寸完全相同的试桩进行静载荷试验，加载至破坏。确定单桩竖向极限承载力，并进一步计算出单桩竖向承载力特征值。

(2)试验准备。

①在工地选择有代表性的桩位，将与设计工程桩截面、长度完全相同的试桩，沉至设计标高。

②根据工程规模、试桩尺寸、地质情况，设计采用的单桩竖向承载力及经费情况，确定加载装置。

③筹备荷载与沉降量测仪表。

④确定从成桩到试桩需间歇的时间。在桩身强度达到设计要求的前提下，间歇时间对于砂类土不应少于 10 d，对于粉土和一般性黏土不应少于 15 d，对于淤泥或淤泥质土中的桩不应少于 25 d。其用以消除沉桩时产生的空隙水压力和触变等影响，只有这样才能反映

桩端承载力与桩侧阻力的真实大小。

(3)试验加载装置。一般采用油压千斤顶加载。千斤顶反力装置常用下列形式:

①锚桩横梁反力装置,如图4.9(a)所示。试桩与两端锚桩的中心距不应小于桩径。如果采用工程桩作为锚桩,则锚桩数量不得少于4根,并应检测试验过程中锚桩的上拔量。

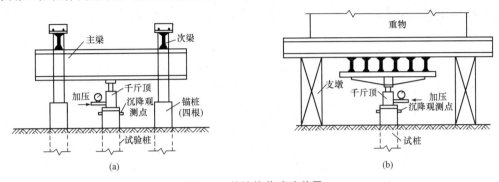

图 4.9 单桩静载试验装置
(a)锚桩横梁反力装置;(b)压重平台反力装置

②压重平台反力装置,如图 4.9(b)所示。压重平台支墩边到试桩的净距不应小于 3 倍桩径,并应大于 1.5 m,压重不得小于预计试桩荷载的 1.2 倍。压重在试验开始时加上,均匀稳定放置。

③锚桩压重联合反力装置。当试桩最大加载量超过锚桩的抗拔能力时,可在横梁上放置一定的重物,由锚桩和重物共同承担反力。

④千斤顶应放在试桩中心。两个以上千斤顶加载时,应使千斤顶并列同步工作,使千斤顶合力通过试桩中心。

(4)荷载与沉降的测量。桩顶荷载测量有以下两种方法:

①在千斤顶上安置应力环和应变式压力传感器直接测定桩顶荷载,或采用连于千斤顶上的压力表测定油压,根据千斤顶率定曲线换算荷载。

②试桩沉降量测一般采用百分表或电子位移计。对于大直径桩,应在其两个正交直径方向对称安装 4 个百分表;对于中小直径桩,可安装 2~3 个百分表。

(5)静载试验要点。

①加载采用慢速维持荷载法,即逐级加载。每级荷载相对稳定后再加下一级荷载,直到试桩破坏,然后分级卸荷到零。

②加载分级。分级荷载 $\Delta p = (1/8 \sim 1/5)K$。

③测读桩沉降量的间隔时间:每级加载后,分别间隔 5 min、10 min、15 min、15 min 时各测读一次,以后每隔 15 min 读一次,累计 1 h 后每隔 30 min 测读一次。

④沉降相对稳定的标准:在每级荷载下,连续 2 次每小时桩的沉降量小于 0.1 mm 时可视为稳定。

⑤终止加载条件。符合下列条件之一时可终止加载:

a. 荷载-沉降($Q-s$)曲线上有可判定极限承载力的陡降段,且桩顶总沉降量超过 40 mm 时,如图 4.10(a)所示。

b. $\dfrac{\Delta S_{n+1}}{\Delta S_n} \geqslant 2$,且经 24 h 尚未达到稳定时,如图 4.10(b)所示,ΔS_n 指第 n 级荷载的沉

降增量，ΔS_{n+1} 指第 $n+1$ 级荷载的沉降增量。

c. 对于 25 m 以上的嵌岩桩，曲线呈缓变形，桩顶总沉降量为 60～80 mm，如图 4.10(c) 所示。

d. 在特殊条件下，可根据具体要求加载至桩顶总沉降量大于 100 mm。

e. 桩底支承在坚硬岩(土)层上，桩的沉降量很小时，最大加载量不应小于设计荷载的 2 倍。

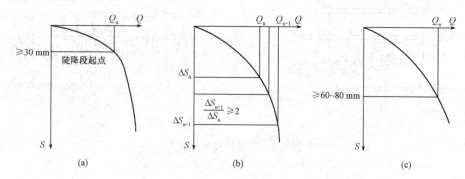

图 4.10　由 $Q-s$ 曲线确定极限荷载 Q
(a)明显转折点法；(b)沉降－荷载增量比法；(c)按沉降量取值法

（6）单桩竖向极限承载力的确定。单桩竖向极限承载力可按下列方法确定：

①作荷载-沉降($Q-s$)曲线和其他辅助分析所需的曲线。

②当陡降段明显时，取陡降段起点对应的荷载值。

③$\dfrac{\Delta S_{n+1}}{\Delta S_n} \geqslant 2$，且经 24 h 尚未达到稳定时，取前一级荷载值。

④荷载-沉降($Q-s$)曲线呈缓变形时，取桩顶总沉降量 $s=5\sim40$ mm 所对应的荷载值。当桩长大于 40 m 时，宜考虑桩体的弹性压缩。

⑤当按上述方法判断有困难时，可结合其他辅助分析方法综合判定。对桩基沉降有特殊要求者，应根据具体情况选取。

a. 对于参加统计的试桩，当其荷载极差不超过平均值的 30% 时，可取其平均值作为单桩竖向极限承载力。极差超过平均值的 30% 时，宜增加试桩数量并分析极差过大的原因，结合工程具体情况确定极限承载力。

b. 对桩数为 3 根及 3 根以下的柱下桩基础，取最小值作为单桩竖向极限承载力值。

⑥单桩竖向承载力特征值的确定。将单桩竖向极限承载力除以安全系数 2，即为单桩竖向承载特征值 R_a。

4.4.3　按静力触探确定

当根据单桥探头静力触探资料确定混凝土预制桩单桩竖向极限承载力标准值时，如无当地经验，可按下式计算：

$$Q_{uk} = Q_{sk} + Q_{pk} = u \sum q_{sik} l_i + \alpha p_{sk} A_p \tag{4-11}$$

当 $p_{sk1} \leqslant p_{sk2}$ 时：

$$p_{sk}=\frac{1}{2}(p_{sk1}+\beta \cdot p_{sk2}) \qquad (4-12)$$

当 $p_{sk1} \geqslant p_{sk2}$ 时：

$$p_{sk}=p_{sk2} \qquad (4-13)$$

式中 Q_{sk}、Q_{pk}——分别为总极限侧阻力标准值和总极限端阻力标准值；

u——桩身周长；

q_{sik}——用静力触探比贯入阻力值估算的桩周第 i 层土的极限侧阻力，如图 4.11 所示；

l_i——桩周第 i 层土的厚度；

α——桩端阻力修正系数，可按表 4.5 取值；

p_{sk}——撞断附近的静力触探比贯入阻力标准值（平均值）；

A_p——桩端面积；

p_{sk1}——桩端全截面以上 8 倍桩径范围内的比贯入阻力平均值；

p_{sk2}——桩端全截面以下 4 倍桩径范围内的比贯入阻力平均值，如桩端持力层为密实的砂土层，其比贯入阻力平均值 p_s 超过 20 MPa 时，则需乘以表 4.6 中系数 C 予以折减后，再计算 p_{sk1} 及 p_{sk2} 值；

β——折减系数，按表 4.7 选用。

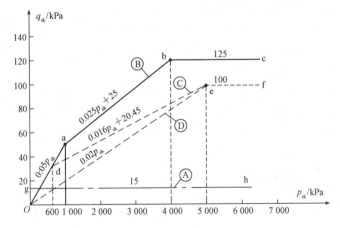

图 4.11 $q_{sk}-p_s$ 曲线

注：1. q_{sik} 值应结合土工试验资料，依据土的类别、埋藏深度、排列次序，按图折线取值；图中，直线Ⓐ（线段 gh）适用于地表下 6 m 范围内的土层；折线Ⓑ（线段 $oabc$）适用于粉土及砂土土层以上（或无粉土及砂土土层地区）的黏性土；折线Ⓒ（线段 $odef$）适用于粉土及砂土土层以下的黏性土；折线Ⓓ（线段 oef）适用于粉土、粉砂、细砂及中砂；

2. p_s 为桩端穿过的中密～密实砂土、粉土的比贯入阻力平均值；p_{sL} 为砂土、粉土的下卧软土层的比贯入阻力平均值；

3. 采用的单桥探头，圆锥底面积为 15 cm²，底部带 7 cm 高滑套，锥角 60°；

4. 当桩端穿过粉土、粉砂、细砂及中砂层底面时，折线Ⓓ估算的 q_{sik} 值需乘以表 4.8 中系数 η_s 值。

表 4.5 桩端阻力修正系数 α 值

桩长/m	$l<15$	$15 \leqslant l \leqslant 30$	$30<l \leqslant 60$
α	0.75	0.75～0.90	0.90

注：桩长 $15 \leqslant l \leqslant 30$ m，α 值按 l 值直线内插；l 为桩长（不包括桩尖高度）

表 4.6 系数 C

p_{sk}/MPa	20~30	35	>40
系数 C	5/6	2/3	1/2

表 4.7 折减系数 β

p_{sk2}/p_{sk1}	≤5	7.5	12.5	≥15
β	1	5/6	2/3	1/2

表 4.8 系数 η_s 值

p_{sk}/p_{sl}	≤5	7.5	≥10
η_s	1.00	0.50	0.33

当根据双桥探头静力触探资料确定混凝土预制桩单桩竖向极限承载力标准值时，对于黏性土、粉土和砂土，如无当地经验时可按下式计算：

$$Q_{uk} = Q_{sk} + Q_{pk} = u\sum l_i\beta_i f_{si} + \alpha \cdot q_c \cdot A_p \tag{4-14}$$

式中 f_{si}——第 i 层土的探头平均侧阻力(kPa)；

q_c——桩端平面上、下探头阻力，取桩端平面以上 $4d$（d 为桩的直径或边长）范围内按土层厚度的探头阻力加权平均值(kPa)，然后再和桩端平面以下 $1d$ 范围内的探头阻力进行平均；

α——桩端阻力修正系数，对于黏性土、粉土取 2/3，饱和砂土取 1/2；

β_i——第 i 层土桩侧阻力综合修正系数，黏性土、粉土：$\beta_i = 10.04(f_{si})^{-0.55}$；砂土：$\beta_i = 5.05(f_{si})^{-0.45}$。

4.4.4 按经验公式确定

经验公式方法是根据桩侧阻力、桩端阻力与土层的物理、力学状态指标的经验关系来确定单桩竖向承载力特征值。这种方法可用于初估单桩竖向承载力特征值及桩数，在各地区、各部门均有应用。

(1)中小直径桩。根据土的物理指标与承载力参数之间的经验关系，可建立如下单桩竖向极限承载力标准值的计算公式。

$$Q_{uk} = Q_{sk} + Q_{pk} = u\sum q_{sik}l_i + q_{pk}A_p \tag{4-15}$$

式中 q_{sik}——桩侧第 i 层土的单桩极限侧阻力标准值，当无当地经验值时，按表 4.9 取值；

q_{pk}——单桩极限端阻力标准值，当无当地经验时，按表 4.10 取值；

A_p——桩端截面面积(m²)；

u——桩身周长(m)；

l_i——按土层划分的各段桩长(m)。

表 4.9 桩的极限侧阻力标准值 q_{sik} kPa

土的名称	土的状态		混凝土预制桩	泥浆护壁钻（冲）孔桩	干作业钻孔桩
填土			22～30	20～28	20～28
淤泥			14～20	12～18	12～18
淤泥质土			22～30	20～28	20～28
黏性土	流塑	$I_L>1$	24～40	21～38	21～38
	软塑	$0.75<I_L\leq 1$	40～55	38～53	38～53
	可塑	$0.50<I_L\leq 0.75$	55～70	53～68	53～66
	硬可塑	$0.25<I_L\leq 0.50$	70～86	68～84	66～82
	硬塑	$0<I_L\leq 0.25$	86～98	84～96	82～94
	坚硬	$I_L\leq 0$	98～105	96～102	94～104
红黏土		$0.7<a_w\leq 1$	13～32	12～30	12～30
		$0.5<a_w\leq 0.7$	32～74	30～70	30～70
粉土	稍密	$e>0.9$	26～46	24～42	24～42
	中密	$0.75\leq e\leq 0.9$	46～66	42～62	42～62
	密实	$e<0.75$	66～88	62～82	62～82
粉细砂	稍密	$10<N\leq 15$	24～48	22～46	22～46
	中密	$15<N\leq 30$	48～66	46～64	46～64
	密实	$N>30$	66～88	64～86	64～86
中砂	中密	$15<N\leq 30$	54～74	53～72	53～72
	密实	$N>30$	74～95	72～94	72～94
粗砂	中密	$15<N\leq 30$	74～95	74～95	76～98
	密实	$N>30$	95～116	95～116	98～120
砾砂	稍密	$5<N_{63.5}\leq 15$	70～110	50～90	60～100
	中密（密实）	$N_{63.5}>15$	116～138	116～130	112～130
圆砾、角砾	中密、密实	$N_{63.5}>10$	160～200	135～150	135～150
碎石、卵石	中密、密实	$N_{63.5}>10$	200～300	140～170	150～170
全风化软质岩		$30<N\leq 50$	100～120	80～100	80～100
全风化硬质岩		$30<N\leq 50$	140～160	120～140	120～150
强风化软质岩		$N_{63.5}>10$	160～240	140～200	140～220
强风化硬质岩		$N_{63.5}>10$	220～300	160～240	160～260

注：1. 对于尚未完成自重固结的填土和以生活垃圾为主的杂填土，不计算其侧阻力；
  2. a_w 为含水比，$a_w=w/w_L$，w 为土的天然含水量，w_L 为土的液限；
  3. N 为标准贯入击数；$N_{63.5}$ 为重型圆锥动力触探击数；
  4. 全风化、强风化软质岩和全风化、强风化硬质岩是指其母岩分别为 $f_{rk}\leq 15$ MPa、$f_{rk}>30$ MPa 的岩石。

表 4.10 桩的极限端阻力标准值 q_{pk} kPa

土名称	桩型 土的状态	混凝土预制桩桩长 l/m				泥浆护壁钻(冲)孔桩桩长 l/m				干作业钻孔桩桩长 l/m			
		$l \leq 9$	$9 < l \leq 16$	$16 < l \leq 30$	$l > 30$	$5 \leq l < 10$	$10 \leq l < 15$	$15 \leq l < 30$	$30 \leq l$	$5 \leq l \leq 10$	$10 \leq l < 15$	$15 \leq l$	
黏性土	软塑 $0.75 < I_L \leq 1$	210~850	650~1 400	1 200~1 800	1 300~1 900	150~250	250~300	300~450	300~450	200~400	400~700	700~950	
	可塑 $0.50 < I_L \leq 0.75$	850~1 700	1 400~2 200	1 900~2 800	2 300~3 600	350~450	450~600	600~750	750~800	500~700	800~1 100	1 000~1 600	
	硬可塑 $0.25 < I_L \leq 0.50$	1 500~2 300	2 300~3 300	2 700~3 600	3 600~4 400	800~900	900~1 000	1 000~1 200	1 200~1 400	850~1 100	1 500~1 700	1 700~1 900	
	硬塑 $0 < I_L \leq 0.25$	2 500~3 800	3 800~5 500	5 500~6 000	6 000~6 800	1 100~1 200	1 200~1 400	1 400~1 600	1 600~1 800	1 600~1 800	2 200~2 400	2 600~2 800	
粉土	中密 $0.75 \leq e < 0.9$	950~1 700	1 400~2 100	1 900~2 700	2 500~3 400	300~500	500~650	650~750	750~850	800~1 200	1 200~1 400	1 400~1 600	
	密实 $e < 0.75$	1 500~2 600	2 100~3 000	2 700~3 600	3 600~4 400	650~900	750~950	900~1 100	1 100~1 200	1 200~1 700	1 400~1 900	1 600~2 100	
粉砂	稍密 $10 \leq N \leq 15$	1 000~1 600	1 500~2 300	1 900~2 700	2 100~3 000	350~500	450~600	600~700	650~750	500~950	1 300~1 600	1 500~1 700	
	中密、密实 $N > 15$	1 400~2 200	2 100~3 000	3 000~4 500	3 800~5 500	600~750	750~900	900~1 100	1 100~1 200	900~1 000	1 700~1 900	1 700~1 900	
细砂		2 500~4 000	3 600~5 000	4 400~6 000	5 300~7 000	650~850	900~1 200	1 200~1 500	1 500~1 800	1 200~1 600	2 000~2 400	2 400~2 700	
中砂	中密、密实 $N > 15$	4 000~6 000	5 500~7 000	6 500~8 000	7 500~9 000	850~1 050	1 100~1 500	1 500~1 900	1 900~2 100	1 800~2 400	2 800~3 800	3 600~4 400	
粗砂		5 700~7 500	7 500~8 500	8 500~10 000	9 500~11 000	1 500~1 800	2 100~2 400	2 400~2 600	2 600~2 800	2 900~3 600	4 000~4 600	4 600~5 200	
砾砂	$N > 15$	6 000~9 500		9 000~10 500		1 400~2 000		2 000~3 200		3 500~5 000			
角砾、圆砾	中密、密实 $N_{63.5} > 10$	7 000~10 000		9 500~11 500		1 800~2 200		2 200~3 600		4 000~5 500			
碎石、卵石		8 000~11 000		10 500~13 000		2 000~3 000		3 000~4 000		4 500~6 500			
全风化软质岩	$30 < N \leq 50$	4 000~6 000				1 000~1 600				1 200~2 000			
全风化硬质岩	$30 < N \leq 50$	5 000~8 000				1 200~2 000				1 400~2 400			
强风化软质岩	$N_{63.5} > 10$	6 000~9 000				1 400~2 200				1 600~2 600			
强风化硬质岩	$N_{63.5} > 10$	7 000~11 000				1 800~2 800				2 000~3 000			

注: 1. 砂土和碎石类土中桩的极限端阻力取值, 宜综合考虑土的密实度, 桩端进入持力层的深径比 h_b/d, 土愈密实, h_b/d 愈大, 取值愈高;
2. 预制桩的岩石极限端阻力指桩端支承于中、微风化及新鲜岩石表面或进入强风化岩、软质岩一定深度条件下极限端阻力;
3. 全风化、强风化软质岩和全风化、强风化硬质岩指其母岩分别为 $f_{rk} \leq 15$ MPa, $f_{rk} > 30$ MPa 的岩石。

(2)大直径桩。

$$Q_{uk} = Q_{sk} + Q_{pk} = u\sum \psi_{si} q_{sik} l_i + \psi_p q_{pk} A_P \tag{4-16}$$

式中 ψ_{si}、ψ_p——大直径桩侧阻、端阻尺寸效应系数,按表 4.11 取值;

q_{pk}——桩径为 800 mm 的极限端阻力标准值,对于干作业挖孔(清底干净)可采用深层载荷板试验确定;当不能进行深层载荷试验时,可按表 4.12 采用。

表 4.11 大直径灌注桩侧阻尺寸效应系数 ψ_{si}、端阻尺寸效应系数 ψ_p

土类型	黏性土、粉土	砂土、碎石类土
ψ_{si}	$(0.8/d)^{1/5}$	$(0.8/d)^{1/3}$
ψ_p	$(0.8/D)^{1/4}$	$(0.8/D)^{1/3}$

注:当为等直径桩时,表中 $D=d$。

表 4.12 干作业桩(清底干净,$d_b = 0.8$ m)极限端阻力标准值 q_{pk}　　　　kPa

土的名称		状　态		
黏性土		$0.25 < I_L \leq 0.75$	$0 < I_L \leq 0.25$	$I_L \leq 0$
		800~1 800	1 800~2 400	2 400~3 000
粉土		—	$0.75 < e \leq 0.9$	$e \leq 0.75$
		—	100~1 500	1 500~2 000
砂土、碎石类土		稍密	中密	密实
	粉砂	500~700	800~1 100	1 200~2 000
	细砂	700~1 000	1 200~1 800	2 000~2 500
	中砂	1 000~2 000	2 200~3 200	3 500~5 000
	粗砂	1 200~2 200	2 500~3 500	4 000~5 500
	砾砂	1 400~2 400	2 600~4 000	5 000~7 000
	圆砾、角砾	1 600~3 000	3 200~5 000	6 000~9 000
	卵石、碎石	2 000~3 000	3 300~5 000	7 000~11 000

注:1. q_{pk} 取值宜考虑桩端持力层的状态及桩进入持力层的深度效应,当进入持力层深度 h_b 分别为:$h_b \leq d_b$,$d_b < h_b \leq 4d_b$,$h_b \geq 4d_b$ 时,q_{pk} 可分别取较低值、中值、较高值,d_b 为桩端直径;
　　2. 砂土密实可根据标准贯入锤击数 N 判定,$N \leq 10$ 为松散,$10 < N \leq 15$ 为稍密,$15 < N \leq 30$ 为中密,$N > 30$ 为密实;
　　3. 当对沉降要求不严时,可适当提高 q_{pk} 值。

(3)嵌岩桩。桩端置于完整、较完整基岩的嵌岩桩单桩竖向极限承载力,由桩周土总极限侧阻力和嵌岩段总极限阻力组成。当根据岩石单轴抗压强度确定单桩竖向极限承载力标准值时,可按下式计算:

$$Q_{uk} = Q_{sk} + Q_{rk} \tag{4-17}$$

$$Q_{sk} = u\sum q_{sik} l_i \tag{4-18}$$

$$Q_{rk} = \zeta_r f_{rk} A_p \tag{4-19}$$

式中 Q_{sk}、Q_{rk}——分别为土的总极限侧阻力标准值、嵌岩段总极限阻力标准值；

q_{sik}——桩周第 i 层土的极限侧阻力标准值，无当地经验时，可根据成桩工艺按表 4.9 取值；

f_{rk}——岩石饱和单轴抗压强度标准值，黏土岩取天然湿度单轴抗压强度标准值；

ζ_r——嵌岩段侧阻和端阻综合系数，与嵌岩深径比 h_r/d、岩石软硬程度和成桩工艺有关，按表 4.13 采用，表中数值适用于泥浆护壁成桩，对于干作业成桩(清底干净)和泥浆护壁成桩后注浆，ζ_r 应取表列数值的 1.2 倍。

表 4.13 嵌岩段侧阻和端阻综合系数 ζ_r

嵌岩深径比 h_r/d	0	0.5	1.0	2.0	3.0	4.0	5.0	6.0	7.0	8.0
极软岩、软岩	0.60	0.80	0.95	1.18	1.35	1.48	1.57	1.63	1.66	1.70
较硬岩、坚硬岩	0.45	0.65	0.81	0.90	1.00	1.04				

注：1. 极软岩、软岩指 $f_{rk} \leq 15$ MPa，较硬岩、坚硬岩指 $f_{rk} > 30$ MPa，介于二者之间可内插取值；
2. h_r 为桩身嵌岩深度，当岩面倾斜时，以坡下方嵌岩深度为准；当 h_r/d 为非表列值时，ζ_r 可内差取值。

【例 4-2】 某工程地质土如图 4.12 所示，第一层土厚 2 m；第二层土厚 7 m；第三层为中密的中砂，桩深入该层 1 m。若是混凝土预制桩分别穿过这些土层，求各土层的极限桩侧阻力标准值 q_{sik}。

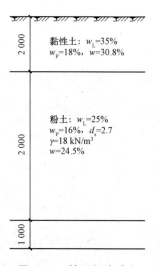

图 4.12 某工程地质土

【解】 (1)求第一层土的极限桩侧阻力标准值 q_{s1k}。

先判断该图层的类型：由 $I_P = w_L - w_P = 35\% - 18\% = 17\%$，可知该土为粉质黏土。

再由公式 $I_P = \dfrac{w - w_P}{w_L - w_P} = \dfrac{w - w_P}{I_P} = \dfrac{30.8\% - 18\%}{17\%} = 0.75$

由 $0.5 I_L < 0.75$ 查表 4.9 可知 q_{sik} 为 $50 \sim 66$ kPa。因为是黏性土，$I_L = 0.75$，直接取两端极限值，故取 $q_{s1k} = 50$ kPa。

(2)求第二层土的极限桩侧阻力标准值 q_{s2k}。

该土层为粉土，粉土孔隙比为

$$e = \dfrac{d_s \gamma_w (1+w)}{\gamma} - 1 = \dfrac{2.7 \times 10 \times (1+0.245)}{18} - 1 = 0.87$$

因为 $0.75 I_L < 0.9$，查表 4.9 可知 q_{s2k} 为 $42 \sim 62$ kPa，内插可得 $q_{s2k} = 46.4$ kPa。

(3)求第二层土的极限桩侧阻力标准值 q_{s3k}。

第三层土为中砂土，查表 4.9 可知 q_{s3k} 为 $54 \sim 74$ kPa，在没有经验值或没有当地有关资料的前提下，为偏于安全，取 $q_{s3k} = 54$ kPa。

【例 4-3】 如图 4.13 所示，已知桩基础承台埋深 2 m，桩长 10 m(从承台底面算起，不包括桩尖)，桩的入土深度为桩长。采用截面 400 mm×400 mm 的方形钢筋混凝土预制桩。求：极限桩端阻力标准值 q_{pk}；单桩竖向极限承载力标准值 q_{uk}。

【解】 (1)查表 4.9 求各层土的极限桩侧阻力标准值 q_{s1k}。该桩穿越黏性土层及粉质黏土层，查表 4.9 可得：

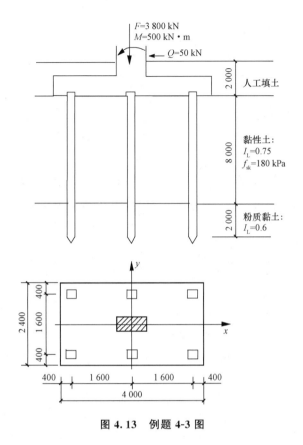

图 4.13 例题 4-3 图

①对于黏性土层：$I_L=0.75$，在 $0.5\sim0.75$ 范围内，取 $q_{s1k}=50$ kPa。
②对于粉质黏土层：$I_L=0.6$，在 $0.5\sim0.75$ 范围内，由内插法可得 $q_{s2k}=59.6$ kPa。
（2）求桩的极限桩端阻力标准值 q_{pk}。桩端位于粉质黏土中，$I_L=0.6$，由桩的入土深度为 $9\sim16$ m 查表 4.10，得桩的极限桩端阻力标准值 q_{pk} 为 $1\,500\sim2\,100$ kPa，由内插法取 $q_{pk}=1\,860$ kPa。
（3）求单桩竖向极限承载力标准值 q_{uk}。

$$Q_{uk} = Q_{sk} + Q_{pk} = u\sum\psi_{si}q_{sik}l_i + \psi_p q_{pk} A_P$$
$$= 0.4\times4\times(50\times8+59.6\times2)+1\,860\times0.4^2$$
$$= 1\,128.32(\text{kN})$$

4.5 桩基竖向承载力

4.5.1 桩顶作用效应

（1）桩顶作用效应。对于一般建筑物和受水平力（包括力矩与水平剪力）较小的高层建筑群桩基础，当桩基中桩径相同时，应按下列公式计算群桩中基桩的桩顶作用效应（图 4.14）：

轴心竖向力作用下，有

$$N_k = \frac{F_k + G_k}{n} \quad (4-20)$$

偏心竖向力作用下，有

$$N_{ik} = \frac{F_k + G_k}{n} \pm \frac{M_{xk} y_i}{\sum y_j^2} \pm \frac{M_{yk} x_i}{\sum x_j^2} \quad (4-21)$$

水平力作用下，有

$$H_{ik} = \frac{H_k}{n} \quad (4-22)$$

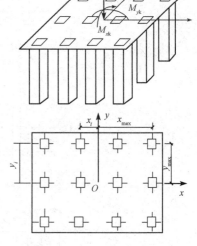

图 4.14 桩顶荷载计算简图

式中 F_k——荷载效应标准组合下，作用于承台顶面的竖向力；

   G_k——桩基承台和承台上土的自重标准值，对稳定地下水位以下部分应扣除水的浮力；

   N_k——荷载效应标准组合轴心竖向力作用下，基桩或复合基桩的平均竖向力；

   M_{xk}、M_{yk}——荷载效应标准组合下，作用于承台底面，绕过桩群形心的 x、y 主轴的力矩；

   x_i、y_i、x_j、y_j——第 i、j 基桩或复合基桩至 y 轴、x 轴的距离；

   H_k——荷载效应标准组合下，作用于桩基承台底面的水平力；

   H_{ik}——荷载效应标准组合下，作用于第 i 基桩或复合基桩的水平力；

   n——桩基中的桩数。

式(4-21)是以下列假设为前提的：

①承台是刚性的。

②各桩刚度 K_i（$K_i = N_i / S_i$，S_i 为 N_i 作用下的桩顶沉降）相同。

③x、y 是桩顶平面的惯性主轴。

当基桩承受较大的水平力，或为高承台基桩时，桩顶作用效应的计算应考虑承台与基桩协调工作和土的弹性抗力。对烟囱、水塔、电视塔等高耸结构物桩基常采用圆形或环形刚性承台，其基桩宜布置在直径不等的同心圆周上，同一圆周上的桩基相等。对这类桩基，只要取对称轴为坐标轴，则式(4-21)依然适用。

(2)对于抗震设防区主要承受竖向荷载的低承台桩基，当同时满足下列要求时，桩顶作用效应计算可不考虑地震作用：

①按《建筑抗震设计规范》(GB 50011—2010)可不进行天然地基和基础抗震承载力计算的建筑物。

②不位于斜坡地带或地震可能导致滑移、地裂地段的建筑物。

③桩端及桩身周围无液化土层。

④承台周围无液化土、淤泥、淤泥质土。

4.5.2 桩基竖向承载力计算

(1)桩基竖向承载力计算要求。桩基中基桩的竖向承载力计算，应符合荷载效应标准组合和地震效应组合极限状态计算表达式。

①荷载效应标准组合。承受轴心竖向荷载的桩基，其基桩承载力设计值 R 应符合下式的要求：

$$N_k \leqslant R \tag{4-23}$$

承受偏心荷载的桩基，除应满足(4-23)的要求外，尚应满足下式要求：

$$N_{kmax} \leqslant 1.2R \tag{4-24}$$

式中　N_k——荷载效应标准组合轴心竖向力作用下，基桩或复合基桩的平均竖向力；

　　　N_{kmax}——荷载效应标准组合偏心竖向力作用下，桩顶最大竖向力。

②地震作用效用组合。从地震震害调查结果得知，不论桩周土的类别如何，基础的竖向受震承载力均可提高 25%。因此，对于抗震设防区必须进行抗震验算的桩基，可按下列公式验算基础的竖向承载力。

轴心竖向力作用下，应满足下式：

$$N_{Ek} \leqslant 1.25R \tag{4-25}$$

偏心竖向力作用下，除应满足式(4-25)的要求外，还应满足下式：

$$N_{Ekmax} \leqslant 1.5R \tag{4-26}$$

式中　N_{kE}——地震作用效应和荷载效应标准组合下，基桩或复合基桩的平均竖向力；

　　　N_{Ekmax}——地震作用效应和荷载效应标准组合下，基桩或复合基桩的最大竖向力；

　　　R——基桩或复合基桩竖向承载力特征值。

(2)基桩或复合基桩竖向承载力特征值 R_a 的确定。

①单桩竖向承载力特征值的确定。

$$R_a = \frac{1}{K} Q_{uk} \tag{4-27}$$

式中　Q_{uk}——单桩竖向极限承载力标准值；

　　　K——安全系数，取 $K=2$。

②承台效应的概念。摩擦型群桩在竖向荷载作用下，由于桩土相对位移，桩间土对承台产生一定竖向抗力，成为桩基竖向承载力的一部分而分担荷载，这种效应称为承台效应。承台底地基土承载力特征值发挥率称为承台效应系数。承台效应和承台效应系数随下列因素影响而变化：

a. 桩距大小的影响。桩顶受荷载下沉时，桩周土受桩侧剪应力作用而产生竖向位移为 ω_r，即

$$\omega_r = \frac{1+\mu_s}{E_0} q_s d \ln \frac{nd}{r} \tag{4-28}$$

由式(4-28)可以看出，桩周土竖向位移随桩侧剪应力 q_s 和桩径 d 增大而线性增加，随与桩中心距离 r 增大，呈自然对数关系减小，当距离 r 达到 nd 时，位移为零；而 nd 根据实测结果为 $(6\sim 10)d$，随土的变形模量减小而减小。显然，土竖向位移越小，土反力越大，对于群桩，桩距越大，土反力越大。

b. 承台土抗力随承台宽度与桩长之比 B_c/L 减小而减小。现场原型试验表明，当承台宽度与桩长之比较大时，承台土反力形成的压力泡包围整个桩群，由此导致桩侧阻力、端阻力发挥值降低，承台底地基土抗力随之加大。由图 4.15 看出，在相同桩数、桩距条件

下，承台分担荷载比随 B_c/L 增大而增大。

c. 承台土抗力随区位和桩的排列而变化。承台内区（桩群包络线以内）由于桩土相互影响明显，土的竖向位移加大，导致内区土反力明显小于外区（承台悬挑部分），即呈马鞍形分布。从图 4.16(a) 还可看出，桩数由 2^2 增至 3^2、4^2，承台分担荷载比 P_c/P 递减，这也反映出承台内、外区面积比随桩数增多而增大导致承台土抗力随之降低。对于单排桩条基，由于承台外区面积比大，故其土抗力显著大于多排桩桩基。如图 4.16 所示，多排桩和单排桩基承台分担荷载比明显不同证实了这一点。

d. 承台土抗力随荷载的变化。由图 4.15、图 4.16 可以看出，桩基受荷后承台底产生一定土抗力，随荷载增加，土抗力及其荷载分担比的变化分两种模式。一种模式是，到达工作荷载 $(P_u/2)$ 时，荷载分担比 P_c/P 趋于稳值，也就是说土抗力和荷载增速是同步的。这种变化模式出现于 $B_c/L\leqslant 1$ 和多排桩。对于 $B_c/L\leqslant 1$ 和单排桩桩基则属于第二种变化模式，即 $P_c/L\leqslant 1$ 在荷载达到 $P_c/L>2$ 后仍随荷载水平增大而持续增长。这种变化模式说明这两种类型桩基承台土抗力的增速持续大于荷载增速。

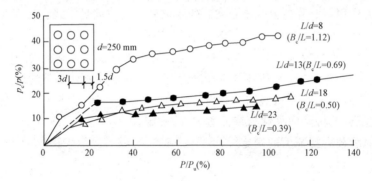

图 4.15 粉土中承台分担荷载比随承台宽度与桩长比的变化

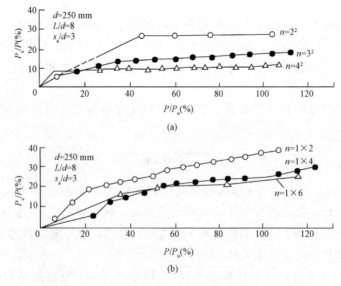

图 4.16 粉土中多排群桩和单排群桩承台分担荷载比
(a) 多排桩；(b) 单排桩

考虑承台效应的前提条件是承台底面必须与土保持接触，因此，一般摩擦型桩基承台下的桩间土参与承担部分外荷载。需要注意的是，桩基承台下地基土与天然地基是不同的，由于桩的存在，桩间土的承载力往往不能全部发挥出来。

③基桩或复合基桩竖向承载力特征值。对于端承型桩基、桩数少于4根的摩擦型柱下独立桩基，或由于地层土性、使用条件等因素不宜考虑承台效应时，基桩竖向承载力特征值应取单桩竖向承载力特征值，即 $R=R_a$。

对于符合下列条件之一的摩擦型桩基，宜考虑承台效应确定其复合基桩的竖向承载力特征值：上部结构整体刚度较好、体型简单的建（构）筑物；对差异沉降适应性强的排架结构和柔性构筑物（如钢板罐体）；按变刚度调平原则设计的桩基刚度相对弱化区；软土地基减沉复合疏桩基础。

考虑承台效应的复合基桩竖向承载力特征值可按下列公式确定：

不考虑地震作用时：
$$R=R_a+\eta_c f_{ak} A_c \quad (4\text{-}29)$$

考虑地震作用时：
$$R=R_a+\frac{\zeta_a}{1.25}\eta_c f_{ak} A_c \quad (4\text{-}30)$$

$$A_c=(A-nA_{ps})/n \quad (4\text{-}31)$$

式中 η_c——承台效应系数，可按表4.14取值；

f_{ak}——承台下1/2承台宽度且不超过5 m深度范围内各层土的地基承载力特征值按厚度加权的平均值；

A_c——计算基桩所对应的承台底净面积；

A_{ps}——为桩身截面面积；

A——为承台计算域面积，对于柱下独立桩基，A为承台总面积；对于桩筏基础，A为柱、墙筏板的1/2跨距和悬臂边2.5倍筏板厚度所围成的面积；桩集中布置于单片墙下的桩筏基础，取墙两边各1/2跨距围成的面积，按条形承台计算 η_c；

ζ_a——地基抗震承载力调整系数，按照表8.6采用。

表4.14 承台效应系数 η_c

B_c/l \ s_a/d	3	4	5	6	>6
≤0.4	0.06~0.08	0.14~0.17	0.22~0.26	0.32~0.38	0.50~0.80
0.4~0.8	0.08~0.10	0.17~0.20	0.26~0.30	0.38~0.44	
>0.8	0.10~0.12	0.20~0.22	0.30~0.34	0.44~0.50	
单排桩条形承台	0.15~0.18	0.25~0.30	0.38~0.45	0.50~0.60	

注：1. 表中 s_a/d 为桩中心距与桩径之比；B_c/l 为承台宽度与桩长之比。当计算基桩为非正方形排列时，$s_a=\sqrt{A/n}$，A为承台计算域面积，n为总桩数；
2. 对于桩布置于墙下的箱、筏承台，η_c 可按单排桩条形承台取值；
3. 对于单排桩条形承台，当承台宽度小于1.5d时，η_c 按非条形承台取值；
4. 对于采用后注浆灌注桩的承台，η_c 宜取低值；
5. 对于饱和黏性土中的挤土桩基、软土地基上的桩基承台，η_c 宜取低值的0.8倍。

当承台底为可液化土、湿陷性土、高灵敏度软土、欠固结土、新填土,沉桩引起超孔隙水压力和土体隆起时,不考虑承台效应,取 $\eta_c=0$。

4.5.3 软弱下卧层验算

当桩端平面以下受力层范围内存在软弱下卧层时(图 4.17),应按下列规定验算软弱下卧层的承载力:对于桩距 $S_a \leqslant 6d$ 时的群桩基础,当桩端平面以下软弱下卧层承载力与桩端持力层相差过大(低于持力层的 1/3)且荷载引起的局部压力超出其承载力过多时,将软弱下卧层侧向挤出,桩基偏沉,严重者引起失稳。其承载力可按下列公式计算:

$$\sigma_z + \gamma_m z \leqslant f_{az} \tag{4-32}$$

$$\sigma_z = \frac{(F_k + G_k) - 3/2(A_0 + B_0)\sum q_{sik} l_i}{(A_0 + 2t\tan\theta)(B_0 + 2t\tan\theta)} \tag{4-33}$$

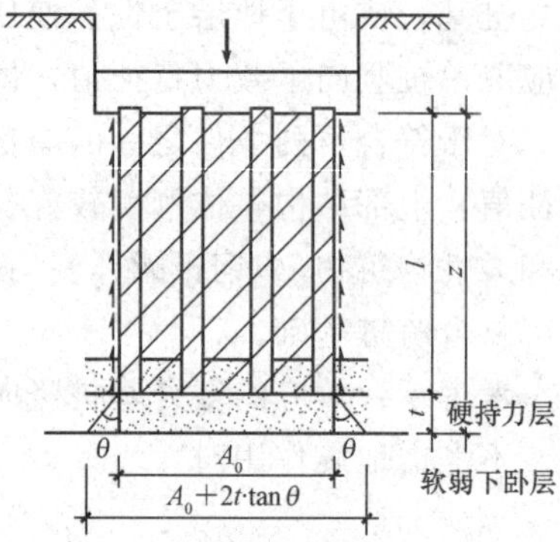

图 4.17 软弱下卧层承载力验算

式中 σ_z——作用于软弱下卧层顶面的附加应力;
γ_m——软弱层顶面以上各土层重度(地下水位以下取浮重度)按厚度加权平均值;
t——硬持力层厚度;
f_{az}——软弱下卧层经深度 z 修正的地基承载力特征值;
$A_0 \, , B_0$——桩群外缘矩形底面的长、短边边长;
q_{sik}——桩周第 i 层土的极限侧阻准值;
θ——桩端硬持力层压力扩散角,按表 4.15 取值。

表 4.15 桩端硬持力层压力扩散角

E_{s1}/E_{s2}	$t=0.25B_0$	$t \geqslant 0.50B_0$
1	4°	12°
3	6°	23°
5	10°	25°
10	20°	30°

注:1. E_{s1}/E_{s2} 为硬持力层、软弱下卧层的压缩模量;
  2. 当 $t<0.25B_0$ 时,取 $\theta=0°$,必要时,宜通过试验确定;当 $0.25B_0<t<0.50B_0$ 时,可内插取值。

4.6 桩的水平承载力计算

根据桩的入土深度、桩土相对软硬程度以及桩的受力分析方法,桩可分为长桩、中长桩与短桩三种类型。其中,短桩为刚性桩,长桩及中长桩属于弹性桩。

作用于桩基上的水平荷载有推力、厂房吊车制动力、风力及水平地震惯性力等。在水平荷载作用下,桩体的水平位移按刚性桩与弹性桩考虑有较大差别。当地基土比较松软而桩长较小时,桩的相对抗弯刚度大,故桩体会如刚性体一样绕桩体或土体某一点转动。当桩前方土体受到桩侧水平挤压应力作用而屈服破坏时,桩体的侧向变形会迅速增大甚至倾覆,失去承载作用。桩的入土深度较大而桩周土比较硬时,桩体会产生弹性挠曲变形。随着水平荷载的增加,桩侧土的屈服由上向下发展,但不会出现全范围内的屈服。当水平位移过大时,可因桩体开裂而造成破坏。

4.6.1 水平荷载作用下桩的工作性状

桩在水平荷载(垂直于桩轴线的横向力和弯矩)作用下,桩体会产生水平位移或挠曲,并与桩侧土协调变形。桩体对桩周土体会产生侧向压力,同时,桩侧土会反作用于桩,产生侧向土抗力,桩、土共同作用,相互影响。随着水平荷载的加大,桩的水平位移与土的变形增大,会发生土体明显开裂、隆起;当桩基水平位移超过容许值时,桩体产生裂缝以致断裂或拔出,桩基失效或破坏。实践证明,桩的水平承载力比竖向承载力低得多。影响桩侧水平承载力的因素主要有桩身截面刚度、入土深度、桩侧土质条件、桩顶位移允许值、桩顶嵌固情况等。

4.6.2 单桩水平静载试验

单桩水平静载试验是在现场条件下对桩施加水平荷载,然后量测桩的水平位移及钢筋应力等项目,以确定其水平承载力,如图 4.18 所示。

(1)试验装置。试验装置包括加载系统和位移观测系统,采用水平施加荷载的千斤顶同

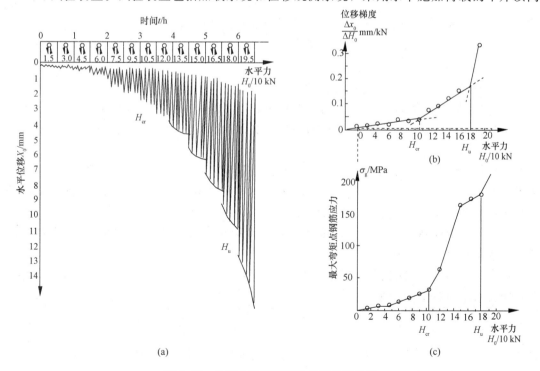

图 4.18 单桩水平静载试验成果分析曲线

时对两根桩施加对顶荷载，力的作用线应通过工程桩基承台标高处。千斤顶与试桩接触处宜设置一球形铰座，以保证作用力能水平通过桩体轴线。桩的水平位移宜用大量程百分表量测，若需测定地面以上桩体转角，则在水平力作用线以上 500 mm 左右处安装 1~2 只百分表。固定百分表的基准桩与试桩净距不应小于一倍试桩直径。

(2)试验方法。对于承受反复作用水平荷载(风力、波浪冲击力、汽车制动力、地震力等)的桩基，宜采用单项多循环加卸载法加荷；对于个别承受长期水平荷载的桩基(或测量桩体应力及应变的试桩)，也可采用慢速维持加载法进行试验。

单项多循环加卸载法的操作要点如下：

①荷载分级。取预估水平极限承载力的 1/15~1/10 作为每级荷载的加荷增量；根据桩径大小并适当考虑土层软硬，对于直径为 300~1 000 mm 的桩，每级荷载增量可取为 2.5~20 kN。

②加载程序与位移观测。每级荷载施加后，恒载 4 min 测读水平位移，然后卸载至 0，停 2 min 测读残余水平位移，至此完成一个加卸载循环。如此循环 5 次便完成一级荷载的试验观测，随后进行下一级的加荷试验与观测。每级加载时间应尽量缩短，测量位移的间隔时间应严格准确，试验不得中途停歇。

③终止试验的条件。当桩体出现折断，水平位移超过 30~40 mm(软土或大直径桩时取高值)，或桩侧地表出现明显裂缝，或隆起时即可终止试验。

4.6.3 单桩水平荷载特征值确定

受水平荷载的一般建筑物和水平荷载较小的高大建筑物，单桩基础和群桩中基桩应满足下式要求：

$$H_{ik} \leqslant R_h \tag{4-34}$$

式中　H_{ik}——在荷载效应标准组合下，作用于基桩 i 桩顶处的水平力；

　　　R_h——单桩基础或群桩中基桩的水平承载力特征值，对于单桩基础，可取单桩的水平承载力特征值 R_{ha}。

单桩的水平承载力特征值的确定应符合下列规定：

(1)对于受水平荷载较大的设计等级为甲级、乙级的建筑桩基，单桩水平承载力特征值应通过单桩水平静载试验确定，试验方法可按现行行业标准《建筑基桩检测技术规范》(JGJ 106—2014)执行。

(2)对于钢筋混凝土预制桩、钢桩、桩身正截面配筋率不小于 0.65% 的灌注桩，可根据静载试验结果取地面处水平位移为 10 mm(对于水平位移敏感的建筑物取水平位移 6 mm)所对应的荷载的 75% 为单桩水平承载力特征值。

(3)对于桩身配筋率小于 0.65% 的灌注桩，可取单桩水平静载试验的临界荷载的 75% 为单桩水平承载力特征值。

(4)当缺少单桩水平静载试验资料时，可按下列公式估算桩身配筋率小于 0.65% 的灌注桩的单桩水平承载力特征值。

$$R_{ha} = \frac{0.75\alpha\gamma_m f_t W_0}{\nu_M}(1.25 + 22\rho_g)\left(1 \pm \frac{\zeta_N \cdot N}{\gamma_m f_t A_n}\right) \tag{4-35}$$

式中　R_{ha}——单桩水平承载力特征值，±号根据桩顶竖向力性质确定，压力取"+"，拉力取"−"；

γ_m——桩截面模量塑性系数，圆形截面 $\gamma_m=2$，矩形截面 $\gamma_m=1.75$；

f_t——桩身混凝土抗拉强度设计值；

W_0——桩身换算截面受拉边缘的截面模量，圆形截面为：$W_0=\dfrac{\pi d}{32}[d^2+2(\alpha_E-1)\rho_g d_0^2]$；方形截面为：$W_0=\dfrac{b}{6}[b^2+2(\alpha_E-1)\rho_g b_0^2]$，其中 d 为桩直径，d_0 为扣除保护层厚度的桩直径；b 为方形截面边长，b_0 为扣除保护层厚度的桩截面宽度；α_E 为钢筋弹性模量与混凝土弹性模量的比值；

ν_M——桩身最大弯矩系数，按表 4.16 取值，当单桩基础和单排桩基纵向轴线与水平力方向相垂直时，按桩顶铰接考虑；

ρ_g——桩身配筋率；

A_n——桩身换算截面面积，圆形截面为：$A_n=\dfrac{\pi d^2}{4}[1+(\alpha_E-1)\rho_g]$；方形截面为：$A_n=b^2[1+(\alpha_E-1)\rho_g]$；

ζ_N——桩顶竖向力影响系数，竖向压力取 0.5，竖向拉力取 1.0；

N——在荷载效应标准组合下桩顶的竖向力（kN）；

α——桩的水平变形系数，$\alpha=\sqrt[5]{\dfrac{mb_0}{EI}}$，其中 m 为桩侧土水平抗力系数的比例系数；b_0 为桩身的计算宽度，对于圆形桩，当直径 $d\leqslant 1$ m 时，$b_0=0.9(1.5d+0.5)$；当直径 $d>1$ m 时，$b_0=0.9(1.5d+0.5)$。对于方形桩，当边宽 $d\leqslant 1$ m 时，$b_0=0.9(d+1)$；当边宽 $d>1$ m 时，$d_0=b+1$；EI 桩身抗弯刚度，对于钢筋混凝土桩，$EI=0.85E_c I_0$，其中 E_c 为混凝土弹性模量，I_0 为桩身换算截面惯性矩；圆形截面为 $I_0=W_0 d_0/2$；矩形截面为 $I_0=W_0 b_0/2$。

表 4.16 桩顶(身)最大弯矩系数 ν_m 和桩顶水平位移系数 ν_x

桩顶约束情况	桩的换算埋深 αh	ν_M	ν_x
铰接、自由	4.0	0.768	2.441
	3.5	0.750	2.502
	3.0	0.703	2.727
	2.8	0.675	2.905
	2.6	0.639	3.163
	2.4	0.601	3.526
固　接	4.0	0.926	0.940
	3.5	0.934	0.970
	3.0	0.967	1.028
	2.8	0.990	1.055
	2.6	1.018	1.079
	2.4	1.045	1.095

注：1. 铰接(自由)的 ν_M 是桩身的最大弯矩系数，固接的 ν_M 是桩顶的最大弯矩系数；
　　2. 当 $\alpha h>4$ 时取 $\alpha h=4.0$。

⑤对于混凝土护壁的挖孔桩，计算单桩水平承载力时，其设计桩径取护壁内直径。

⑥当桩的水平承载力由水平位移控制,且缺少单桩水平静载试验资料时,可按下式估算预制桩、钢桩、桩身配筋率不小于0.65%的灌注桩单桩水平承载力特征值:

$$R_{ha} = 0.75 \frac{\alpha^3 EI}{\nu_x} x_{0a} \tag{4-36}$$

式中 x_{0a}——桩顶允许水平位移;
ν_x——桩顶水平位移系数,按表4.16取值,取值方法同ν_M。

⑦验算永久荷载控制的桩基的水平承载力时,应将上述②~⑤方法确定的单桩水平承载力特征值乘以调整系数0.80;验算地震作用桩基的水平承载力时,宜将按上述②~⑤方法确定的单桩水平承载力特征值乘以调整系数1.25。

【例4-4】 某受压灌注桩桩径为1.2 m,桩端入土深度为20 m,桩体配筋率0.6%,桩顶铰接桩顶竖向压力标准值$N_k = 5\ 000$ kN,桩的水平变形系数$\alpha = 0.301$ m^{-1},桩体换算截面积$A_n = 1.2$ m^2,换算截面受拉边缘的截面模量$W_0 = 0.2$ m^3,桩体混凝土抗拉强度设计值$f_t = 1.5$ N/mm^2,计算单桩水平承载力特征值。

【解】 对于圆形截面,取桩截面模量塑性系数$\gamma_m = 2$,桩的换算埋深$\alpha h = 0.301 \times 20 = 6.02 > 4.0$,查表4.16得桩体最大弯矩系数$\nu_M = 0.768$,则

$$R_{ha} = \frac{0.75\alpha\gamma_m f_t W_0}{\nu_M}(1.25 + 22\rho_g)\left(1 \pm \frac{\zeta_N \cdot N}{\gamma_m f_t A_n}\right)$$

$$= 0.75 \times \frac{0.301 \times 2 \times 1.5 \times 10^3 \times 0.2}{0.768} \times (1.25 + 22 \times 0.006) \times \left(1 + \frac{0.5 \times 5\ 000}{2 \times 1.5 \times 10^3 \times 1.2}\right)$$

$$= 411.9 (\text{kN})$$

4.7 桩基沉降验算

4.7.1 桩基沉降变形指标

(1)桩基沉降变形可用下列指标表示:
①沉降量。
②沉降差。
③整体倾斜:建筑物桩基础倾斜方向两端点的沉降差与其距离之比值。
④局部倾斜:墙下条形承台沿纵向某一长度范围内桩基础两点的沉降差与其距离的比值。

(2)计算桩基沉降变形时,桩基变形指标应按下列规定选用:
①由于土层厚度与性质不均匀、荷载差异、体型复杂、相互影响等因素引起的地基沉降变形,对于砌体承重结构应由局部倾斜控制。
②对于多层或高层建筑和高耸结构应由整体倾斜值控制。
③当其结构为框架、框架-剪力墙、框架-核心筒结构时,还应控制柱(墙)之间的差异沉降。

4.7.2 桩基沉降变形允许值

建筑桩基沉降变形允许值，应按表 4.17 的规定采用。

表 4.17 建筑桩基沉降变形允许值

变形特征		允许值
砌体承重结构基础的局部倾斜		0.002
各类建筑相邻柱(墙)基的沉降差： (1)框架、框架-剪力墙、框架-核心筒结构 (2)砌体墙填充的边排柱 (3)当基础不均匀沉降时不产生附加应力的结构		$0.002l_0$ $0.0007l_0$ $0.005l_0$
单层排架结构(柱距为 6 m)桩基的沉降量/mm		120
桥式吊车轨面的倾斜(按不调整轨道考虑) 纵向 横向		0.004 0.003
多层和高层建筑的整体倾斜	$H_g \leqslant 24$ $24 < H_g \leqslant 60$ $60 < H_g \leqslant 100$ $H_g > 100$	0.004 0.003 0.0025 0.002
高耸结构桩基的整体倾斜	$H_g \leqslant 20$ $20 < H_g \leqslant 50$ $50 < H_g \leqslant 100$ $100 < H_g \leqslant 150$ $150 < H_g \leqslant 200$ $200 < H_g \leqslant 250$	0.008 0.006 0.005 0.004 0.003 0.002
高耸结构基础的沉降量/mm	$H_g \leqslant 100$ $100 < H_g \leqslant 200$ $200 < H_g \leqslant 250$	350 250 150
体型简单的剪力墙结构 高层建筑桩基最大沉降量/mm	—	200

注：l_0 为相邻柱(墙)二测点间距离，H_g 为自室外地面算起的建筑物高度(m)。

4.7.3 桩基沉降计算

（1）桩中心距不大于 6 倍桩径的桩基。对于桩中心距不大于 6 倍桩径的桩基，其最终沉降量计算可采用等效作用分层总和法。等效作用面位于桩端平面，等效作用面积为桩承台投影面积，等效作用附加压力近似取承台底平均附加压力。等效作用面以下的应力分布采

用各向同性均质直线变形体理论。计算模式如图 4.19 所示,桩基任一点最终沉降量可用角点法按下式计算:

$$s = \psi \cdot \psi_e \cdot s'$$
$$= \psi \cdot \psi_e \cdot \sum_{j=1}^{m} p_{0j} \sum_{i=1}^{n} \frac{z_{ij}\bar{\alpha}_{ij} - z_{(i-1)j}\bar{\alpha}_{(i-1)j}}{E_{si}}$$
(4-37)

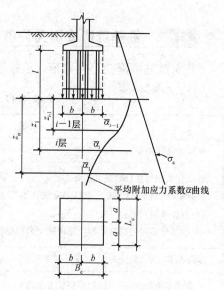

图 4.19 桩基沉降计算示意图

式中 s——桩基最终沉降量(mm);
s'——采用布辛奈斯克解,按实体深基础分层总和法计算出的桩基沉降量(mm);
ψ——桩基沉降计算经验系数,当无当地可靠经验时可按表 4.18 采用,对于采用后注浆施工工艺的灌注桩,桩基沉降计算经验系数应根据桩端持力土层类别,乘以 0.7(砂、砾、卵石)~0.8(黏性土、粉土)折减系数;饱和土中采用预制桩(不含复打、复压、引孔沉桩)时,应根据桩距、土质、沉桩速率和顺序等因素,乘以 1.3~1.8(挤土效应系数),土的渗透性低,桩距小,桩数多,沉降速率快时取大值;
ψ_e——桩基等效沉降系数,可由式(4-41)、式(4-42)确定;
m——角点法计算点对应的矩形荷载分块数;
p_{0j}——第 j 块矩形底面在荷载效应准永久组合下的附加压力(kPa);
n——桩基沉降计算深度范围内所划分的土层数;
E_{si}——等效作用面以下第 i 层土的压缩模量(MPa),采用地基土在自重压力至自重压力加附加压力作用时的压缩模量;
z_{ij}、$z_{(i-1)j}$——桩端平面第 j 块荷载作用面至第 i 层土、第 $(i-1)$ 层土底面的距离(m);
$\bar{\alpha}_{ij}$、$\bar{\alpha}_{(i-1)j}$——桩端平面第 j 块荷载计算点至第 i 层土、第 $(i-1)$ 层土底面深度范围内平均附加应力系数,可按附录 2 选用。

表 4.18 桩基沉降计算经验系数 ψ

$\bar{E}_s$/MPa	≤10	15	20	35	≥50
ψ	1.2	0.9	0.65	0.50	0.40

注:1. $\bar{E}_s$ 为沉降计算深度范围内压缩模量的当量值,可按下式计算:$\bar{E}_{si} = \sum A_i / \sum \frac{A_i}{E_{si}}$,式中 A_i 为第 i 层土附加压力系数沿土层厚度的积分值,可近似按分块面积计算;
2. ψ 可根据 $\bar{E}_s$ 内插取值。

计算矩形桩基中点沉降时,桩基沉降量可按下式简化计算:

$$s = \psi \cdot \psi_e \cdot s' = 4 \cdot \psi \cdot \psi_e \cdot p_0 \sum_{i=1}^{n} \frac{z_i \bar{\alpha}_i - z_{i-1}\bar{\alpha}_{i-1}}{E_{si}}$$
(4-38)

式中 p_0——在荷载效应准永久组合下承台底的平均附加压力；

$\bar{\alpha}_i$、$\bar{\alpha}_{i-1}$——平均附加应力系数，根据矩形长宽比 a/b 及深宽比 $\dfrac{z_i}{b}=\dfrac{2z_i}{B_c}$，$\dfrac{z_{i-1}}{b}=\dfrac{2z_{i-1}}{B_c}$，可按附录 2 选用。

桩基沉降计算深度 z_n 应按应力比法确定，即计算深度处的附加应力 σ_z 与土的自重应力 σ_c 应符合下列公式要求：

$$\sigma_z \leqslant 0.2\sigma_c \tag{4-39}$$

$$\sigma_z = \sum_{j=1}^{m} \alpha_j p_{0j} \tag{4-40}$$

式中 α_j——附加应力系数，可根据角点法划分的矩形长宽比及深宽比按附录 1 选用。

桩基等效沉降系数 ψ_e 可按下列公式简化计算：

$$\psi_e = C_0 + \dfrac{n_b - 1}{C_1(n_b - 1) + C_2} \tag{4-41}$$

$$n_b = \sqrt{n \cdot B_c / L_c} \tag{4-42}$$

式中 n_b——矩形布桩时的短边布桩数，当布桩不规则时可按式(4-43)近似计算，$n_b > 1$；$n_b = 1$ 时，可式(4-45)~式(4-49)计算；

C_0、C_1、C_2——根据群桩距径比 s_a/d、长径比 l/d 及基础长宽比 L_c/B_c 确定；

L_c、B_c、n——分别为矩形承台的长、宽及总桩数。

当布桩不规则时，等效距径比可按下列公式近似计算：

圆形桩 $\qquad s_a/d = \sqrt{A}/(\sqrt{n} \cdot d) \tag{4-43}$

方形桩 $\qquad s_a/d = 0.886\sqrt{A}/(\sqrt{n} \cdot b) \tag{4-44}$

式中 A——桩基承台总面积；

b——方形桩截面边长。

计算桩基沉降时，应考虑相邻基础的影响，采用叠加原理计算；桩基等效沉降系数可按独立基础计算。当桩基形状不规则时，可采用等效矩形面积计算桩基等效沉降系数，等效矩形的长宽比可根据承台实际尺寸和形状确定。

(2)单桩、单排桩、疏桩基础。对于单桩、单排桩、桩中心距大于 6 倍桩径的疏桩基础的沉降计算应符合下列规定：

①承台底地基土不分担荷载的桩基。桩端平面以下地基中由基桩引起的附加应力，按考虑桩径影响的明德林解附录 F 计算确定。将沉降计算点水平面影响范围内各基桩对应力计算点产生的附加应力叠加，采用单向压缩分层总和法计算土层的沉降，并计入桩身压缩 s_e。桩基的最终沉降量可按下列公式计算：

$$s = \psi \sum_{i=1}^{n} \dfrac{\sigma_{zi}}{E_{si}} \Delta z_i + s_e \tag{4-45}$$

$$\sigma_{zi} = \sum_{j=1}^{m} \dfrac{Q_j}{l_j^2} [\alpha_j I_{p,ij} + (1-\alpha_j) I_{s,ij}] \tag{4-46}$$

$$s_e = \xi_e \dfrac{Q_j l_j}{E_c A_{ps}} \tag{4-47}$$

②承台底地基土分担荷载的复合桩基。将承台底土压力对地基中某点产生的附加应力按布辛奈斯克解计算，与基桩产生的附加应力叠加，采用与①相同方法计算沉降。其最终沉降量可按下列公式计算：

$$s = \psi \sum_{i=1}^{n} \frac{\sigma_{zi} + \sigma_{zci}}{E_{si}} \Delta z_i + s_e \quad (4-48)$$

$$\sigma_{zci} = \sum_{k=1}^{u} \alpha_{ki} \cdot p_{c,k} \quad (4-49)$$

式中 m——以沉降计算点为圆心，0.6倍桩长为半径的水平面影响范围内的基桩数；

n——沉降计算深度范围内土层的计算分层数。分层数应结合土层性质，分层厚度不应超过计算深度的0.3倍；

σ_{zi}——水平面影响范围内各基桩对应力计算点桩端平面以下第i层土1/2厚度处产生的附加竖向应力之和。应力计算点应取与沉降计算点最近的桩中心点；

σ_{zci}——承台压力对应力计算点桩端平面以下第i计算土层1/2厚度处产生的应力。可将承台板划分为u个矩形块，可按附录1采用角点法计算；

Δz_i——第i计算土层厚度（m）；

E_{si}——第j计算土层的压缩模量（MPa），采用土的自重压力至土的自重压力加附加压力作用时的压缩模量；

Q_j——第j桩在荷载效应准永久组合作用下，桩顶的附加荷载（kN）；当地下室埋深超过5m时，取荷载效应准永久组合作用下的总荷载为考虑回弹再压缩的等代附加荷载；

l_j——第j桩桩长（m）；

A_{ps}——桩身截面面积；

α_j——第j桩总桩端阻力与桩顶荷载之比，近似取极限总端阻力与单桩极限承载力之比；

$I_{p,ij}$、$I_{s,ij}$——分别为第j桩的桩端阻力和桩侧阻力对计算轴线第i计算土层1/2厚度处的应力影响系数；

E_c——桩身混凝土的弹性模量；

$p_{c,k}$——第k块承台底均布压力，可按$p_{c,k} = \eta_{c,k} \cdot f_{ak}$取值，其中$\eta_{c,k}$为第$k$块承台底板的承台效应系数，按表4.14确定；$f_{ak}$为承台底地基承载力特征值；

α_{ki}——第k块承台底角点处，桩端平面以下第i计算土层1/2厚度处的附加应力系数，可按附录1确定；

s_e——计算桩身压缩；

ξ_e——桩身压缩系数。端承型桩，取$\xi_e = 1.0$；摩擦型桩，当$l/d \leqslant 30$时，取$\xi_e = 2/3$；$l/d \geqslant 50$时，取$\xi_e = 1/2$；介于两者之间可线性插值；

ψ——沉降计算经验系数，无当地经验时，可取1.0。

对于单桩、单排桩、疏桩复合桩基础的最终沉降计算深度z_n，可按应力比法确定，即z_n处由桩引起的附加应力σ_z、由承台土压力引起的附加应力σ_{zc}与土的自重应力σ_c应符合下式要求：

$$\sigma_z + \sigma_{zc} = 0.2\sigma_c \quad (4-50)$$

4.8 桩基础与承台设计

与浅基础一样，桩基础的设计也应符合安全、合理、经济的要求。对桩和承台来说，应具有足够的强度、刚度和耐久性；对地基来说，要有足够的承载力和不产生过量的变形。考虑到桩基相应于地基破坏的极限承载力甚高，大多数桩基的首要问题在于控制沉降量。

4.8.1 设计步骤

(1)收集设计资料，包括建筑物类型、规模、使用要求、结构系和荷载情况，建筑场地的岩土工程勘察报告等。

(2)选择桩型，并确定桩的断面形状及尺寸、桩端持力层及桩长等基本参数和承台埋深。

(3)确定单桩承载力，包括竖向抗压、抗拔和水平承载力等。

(4)确定群桩的桩数及布桩，并按布桩、建筑平面及场地条件确定承台类型及尺寸。

(5)桩基承载力及变形验算，包括竖向及水平承载力、沉降或水平位移等，对有软弱下卧层的桩基，尚需验算软弱下卧层的承载力。

(6)桩基中各桩受力与结构设计，包括各桩桩顶荷载分析、内力分析以及桩身结构构造设计等。

(7)承台结构设计，包括承台的抗剪、抗弯、抗冲切和抗裂等强度设计及结构构造等。

桩基础设计需要满足上述两种极限状态的要求，若上述设计步骤中不满足这些要求，应修改设计参数甚至方案，直至全部满足各项要求方可停止设计工作。

4.8.2 设计资料收集

设计桩基之前必须具备以下资料：建筑物类型及规模、岩土工程勘察报告、施工机具和技术条件、环境条件及当地桩基工程经验。勘查任务书和勘察报告应符合勘查规范的一般规定和桩基工程的专门勘察要求。其中，关于详细勘察阶段的勘探点布置，应按下列要求考虑：

(1)勘探点的间距。对于承载桩和嵌岩桩，主要根据桩端持力层顶面坡度决定，点距一般为12~24 m。当相邻两勘探点揭露出的层面坡度大于10%时，应根据具体工程条件适当加密勘探点。对于摩擦型桩，点距一般为20~30 m，但遇到土层的性质或状态在水平向的分布变化比较大，或存在可能对成桩不利的土层时，应适当加密勘探点。复杂地质条件的柱下单桩基础应按桩列线布置勘探点，并宜逐桩设点。

(2)勘探深度。取1/3~1/2的勘探孔为控制性孔，且对安全等级为一级的建筑场地至少有三个，安全等级为二级的建筑桩基至少有两个。控制性孔应穿透桩端平面以下3~5 m。嵌岩桩钻孔应深入持力层至少3~5倍桩径。当持力岩层较薄时，部分钻应钻穿持力岩层。岩溶地区应查明岩洞、溶沟、溶槽和石笋等的分布情况。在勘探深度范围内的每一地层，均应进行室内试验或原位测试,以提供设计所需的参数。

4.8.3 桩型、桩长和截面的选择

桩基设计的第一步就是根据结构类型及层数、荷载情况、地层条件和施工能力,选桩型(预制桩或灌注桩)、桩的截面尺寸和长度、桩端持力层。

桩型的选择是桩基设计的最基本环节之一,应综合考虑建筑物对桩基的功能要求、土层分布及物理性质、桩施工工艺以及环境等方面因素,充分利用各桩型的特点来适应建筑物在安全、经济及工期等方面的要求。

根据土层竖向分布特征,结合建筑物的荷载和上部结构类型等条件,选择桩端持力层,应尽可能使桩支承在承载力相对较高的坚实土层上,采用嵌岩桩或端承桩。当坚硬土层埋藏很深时,则宜采用摩擦桩基,桩端应尽量达到低压缩性、中等强度的土层上。

由桩端持力层深度可初步确定桩长,为提高桩的承载力和减小沉降,桩端全断面必须进入持力层一定的深度,对黏性土、粉土,进入的深度不宜小于2倍桩径;对砂类土不宜小于1.5倍桩径;对碎石类土不宜小于1倍的桩径。当存在软弱下卧层时,桩端以下硬持力层厚度不宜小于$3d$。对于嵌岩桩,嵌岩深度应综合荷载、上覆土层、基岩、桩径、桩长诸因素确定;对于嵌入倾斜的完整和较完整岩的全断面深度不宜小于$0.4d$且不小于0.5 m,倾斜度大于30%的中风化岩,宜根据倾斜度及岩石完整性适当加大嵌岩深度;对于嵌入平整、完整的坚硬岩和较硬岩的深度不宜小于$0.2d$,且不应小于0.2 m。

此外,同一建筑物应避免同时采用不同类型的桩,否则应用沉降缝分开。同一基础相邻的桩低标高差,对于非嵌岩端承桩不宜超过相邻桩的中心距,对于摩擦型桩,在相同土层中不宜超过桩长的1/10。

在确定桩的类型和桩端持力层后,可相应决定桩的断面尺寸,并初步确定承台底面标高,以便计算单桩承载力。一般情况下,主要从结构要求和方便施工的角度来选择承台深度。季节性冻土上的承台埋深,应根据地基土的冻胀性考虑,并应考虑是否需要采取相应的防冻害的措施,膨胀土的承台,其埋深选择与此类似。

4.8.4 桩的数量和桩位布置

(1)桩的根数。根数主要受到荷载量级、单桩承载力及承台结构强度等方面的影响。桩数确定的基本要求是满足单桩及群桩的承载力。确定单桩承载力设计值 R 之后,可估算桩数。

当桩基为轴心受压时,桩数 n 应满足下式要求:

$$n \geqslant \frac{F+G}{R} \tag{4-51}$$

式中 F——作用于桩基承台顶面的竖向力设计值(kN);

G——承台及承台上土的自重设计值(kN)。

当桩基偏心受压时,一般先按轴心受压估出桩数,然后按偏心荷载大小将桩数增加10%~20%。这样定出的桩数也是初步的,最终要依据总承载力与变形、单桩受力,以及承台结构强度等要求决定。承受水平荷载的桩基在确定桩数时,还应满足对桩的水平承载力的要求。此时,可以取各单桩水平承载力之和作为桩基的水平承载力设计值。这样做通

常是偏于安全的。

(2)桩的中心距。桩的间距(中心距)一般采用 3~4 倍桩径。桩的间距过大,承台体积增加,造价提高;间距过小,桩的承载力不能充分发挥,且给施工造成困难。桩的最小中心距应符合表 4.19 的规定。对于大面积桩群,尤其是挤土桩,桩的最小中心距宜按表 4.19 列值适当加大。

表 4.19 桩的最小中心距

土类与成桩工艺		排数不少于 3 排且桩数不少于 9 根的摩擦型桩桩基	其他情况
非挤土灌注桩		3.0d	3.0d
部分挤土桩		3.5d	3.0d
挤土桩	非饱和土	4.0d	3.5d
	饱和黏性土	4.5d	4.0d
钻、挖孔扩底桩		2D 或 $D+2.0$ m(当 $D>2$ m)	1.5D 或 $D+1.5$ m(当 $D>2$ m)
沉管夯扩、钻孔挤扩桩	非饱和土	2.2D 且 4.0d	2.0D 且 3.5d
	饱和黏性土	2.5D 且 4.5d	2.2D 且 4.0d

注:1. d 为圆桩直径或方桩边长,D 为扩大端设计直径;
2. 当纵横向桩距不相等时,其最小中心距应满足"其他情况"一栏的规定;
3. 当为端承型桩时,非挤土灌注桩的"其他情况"一栏可减小至 2.5d。

(3)桩在平面上的布置。桩在平面上布置成方形(或矩形)网格或三角网格形式[图 4.20(a)]的条形基础下的桩,可采用单排或双排布置[图 4.20(b)]也可采用不等距的排列。

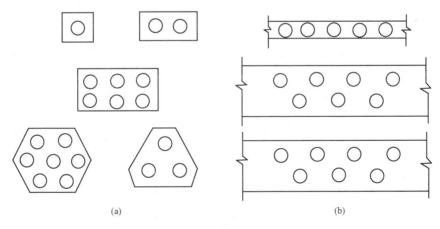

图 4.20 桩的平面布置图
(a)桩下基础;(b)墙下基础

为了使桩基中各桩受力比较均匀,群桩横截面的中心应与荷载合力的作用点重合或接近。当作用在承台底面的弯矩较大时,应增加桩基横截面的惯性矩。对柱下单独桩基和整片式桩基,宜采用外密内疏的布置方式;对横墙下桩基,可在外纵墙之外布设 1~2 根"探头"桩,如图 4.21 所示。

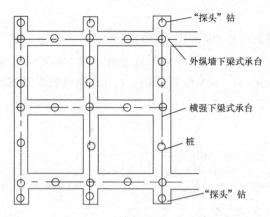

图 4.21　横墙下"探头"桩的布置

在有门洞的墙下布桩时，应将桩设置在门洞的两侧。梁式或板式承台下的群桩，布置桩时应注意使梁、板中的弯矩尽量减小，即多布设在柱、墙下使上部荷载尽快传递给桩基。

为了节省承台用料和减少承台施工的工作量，在可能的情况下，墙下应尽量采用单排桩基，柱下的桩数也应尽量减小。一般来说，桩数较少而桩长较大的摩擦桩，无论在承台的设计和施工方面，还是在提高群桩的承载力以及减小桩基沉降量方面，都比桩数多而桩长小的桩基优越。

4.8.5　承台设计计算

桩基承台可分为柱下独立承台、柱下墙下承台，以及筏形承台和箱形承台。承台设计包括选择承台的材料及强度等级、形状及尺寸、进行承台结构承载力计算，并使其满足一定要求。

(1)构造要求。承台的平面尺寸一般由上部结构、桩数及布桩形式决定的。通常，墙下桩基做成条形承台梁；柱下桩基宜采用板式承台(矩形或三角形)，如图 4.22 所示。其剖面形状可做成锥形、台阶形或平板形。

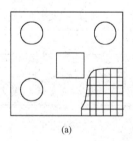 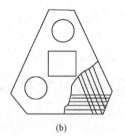

(a)　　　　　　　　　　(b)

图 4.22　柱下独立桩基承台配筋示意图
(a)矩形承台；(b)三桩承台

承台的最小宽度不应小于 500 mm，承台边缘至桩中心的距离不宜小于桩的直径或边长，且边缘挑出部分不应小于 150 mm，这主要是为了满足桩顶嵌固及冲切要求。对于条形承台梁边缘挑出部分不应小于 75 mm，这主要是考虑墙体与条形承台的相互作用可增强结构的整体刚度，并不会产生桩体对承台的冲切破坏。

为满足承台的基本刚度、桩与承台的链接等构造需要,条形承台和柱下独立承台的最小厚度为 300 mm。筏形和箱形承台的厚度应满足整体刚度、施工条件及防水要求。对于桩布置于墙下或基础梁下的情况,承台板厚度不宜小于 250 mm,且板厚度与计算区最小跨度之比不宜小于 1/20。

承台混凝土强度等级不宜小于 C20,纵向钢筋的混凝土保护层厚度不宜小于 70 mm,当有混凝土垫层时不应小于 40 mm。

承台的配筋除满足计算要求外,还应符合下列规定:柱下独立桩基承台的受力钢筋应通长配置,矩形承台板宜双向均匀配置[图 4.22(a)],钢筋直径不宜小于 $\phi10$,间距应满足 100~200 mm,对于三桩承台,钢筋应均匀配置,最里面三根钢筋相交围成的三角形,应位于柱截面范围以内[图 4.22(b)];承台梁的纵向主筋不宜小于 $\phi12$,架立筋直径不宜小于 $\phi10$,箍筋直径不宜小于 $\phi6$;承台板的分布构造钢筋可采用 $\phi12$,间距 150~200 mm,考虑到整体弯矩的影响,纵横两方向的支座钢筋应有 1/3~1/2,且配筋率不小于 0.15%,贯通全跨配置,跨中钢筋应按计算配筋率全部连通。

(2)承台结构承载力计算。各种承台均应按《混凝土结构设计规范》(GB 50010—2010)进行受弯、受冲切、受剪切和局部受压承载力计算。下面主要介绍柱下多桩承台的计算。

1)受弯计算。桩基承台应进行正截面受弯承载力计算。柱下独立桩基承台的正截面弯矩设计值可按下列规定计算:

①两桩条形承台和多桩矩形承台弯矩计算截面取在柱边和承台变阶处[图 4.23(a)],可按下列公式计算:

$$M_x = \sum N_i y_i \tag{4-52}$$

$$M_y = \sum N_i x_i \tag{4-53}$$

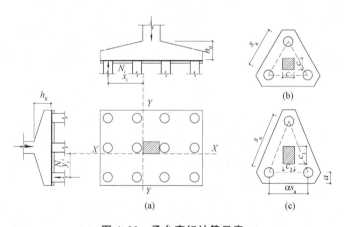

图 4.23 承台弯矩计算示意
(a)矩形多桩承台;(b)等边三桩承台;(c)等腰三桩承台

式中 M_x、M_y——分别为绕 X 轴和绕 Y 轴方向计算截面处的弯矩设计值;
x_i、y_i——垂直 Y 轴和 X 轴方向自桩轴线到相应计算截面的距离;
N_i——不计承台及其上土重,在荷载效应基本组合下的第 i 基桩或复合基桩竖向反力设计值。

②三桩承台的正截面弯矩值应符合下列要求：
a. 等边三桩承台如图 4.23(b)所示，其弯矩计算如下：

$$M = \frac{N_{max}}{3}\left(s_a - \frac{\sqrt{3}}{4}c\right) \tag{4-54}$$

式中　M——通过承台形心至各边边缘正交截面范围内板带的弯矩设计值；
　　　N_{max}——不计承台及其上土重，在荷载效应基本组合下三桩中最大基桩或复合基桩竖向反力设计值；
　　　s_a——桩中心距；
　　　c——方柱边长，圆柱时 $c=0.8d$（d 为圆柱直径）。

b. 等腰三桩承台如图 4.23(c)所示，其弯矩计算如下：

$$M_1 = \frac{N_{max}}{3}\left(s_a - \frac{0.75}{\sqrt{4-\alpha^2}}c_1\right) \tag{4-55}$$

$$M_2 = \frac{N_{max}}{3}\left(\alpha s_a - \frac{0.75}{\sqrt{4-\alpha^2}}c_2\right) \tag{4-56}$$

式中　M_1、M_2——分别为通过承台形心至两腰边缘和底边边缘正交截面范围内板带的弯矩设计值；
　　　s_a——长向桩中心距；
　　　α——短向桩中心距与长向桩中心距之比，当 α 小于 0.5 时，应按变截面的二桩承台设计；
　　　c_1、c_2——分别为垂直于、平行于承台底边的柱截面边长。

箱形承台和筏形承台的弯矩宜考虑地基土层性质、基桩分布、承台和上部结构类型和刚度，按地基—桩—承台—上部结构共同作用原理分析计算。对于箱形承台，当桩端持力层为基岩、密实的碎石类土、砂土且深厚均匀时，或当上部结构为剪力墙，或为框架-核心筒结构且按变刚度调平原则布桩时，箱形承台底板可仅按局部弯矩作用进行计算。对于筏形承台，当桩端持力层深厚坚硬、上部结构刚度较好，且柱荷载及柱间距的变化不超过 20% 时，或当上部结构为框架-核心筒结构且按变刚度调平原则布桩时，可仅按局部弯矩作用进行计算。

柱下条形承台梁的弯矩可按弹性地基梁（地基计算模型应根据地基土层特性选取）进行分析计算。当桩端持力层深厚坚硬且桩柱轴线不重合时，可视桩为不动铰支座，按连续梁计算。砌体墙下条形承台梁，可按倒置弹性地基梁计算弯矩和剪力。对于承台上的砌体墙，尚应验算桩顶部位砌体的局部承压强度。

2) 受冲切计算。桩基承台厚度应满足柱(墙)对承台的冲切和基桩对承台的冲切承载力要求。冲切破坏锥体应采用自柱(墙)边或承台变阶处至相应桩顶边缘连线所构成的锥体，锥体斜面与承台底面的夹角不应小于 45°（图 4.24）。

①桩基承台受柱(墙)冲切。桩基承台受柱(墙)冲切承载力可按下列公式计算：

$$F_l \leqslant \beta_{hp}\beta_0 u_m f_t h_0 \tag{4-57}$$

$$F_l = F - \sum Q_i \tag{4-58}$$

$$\beta_0 = \frac{0.84}{\lambda + 0.2} \tag{4-59}$$

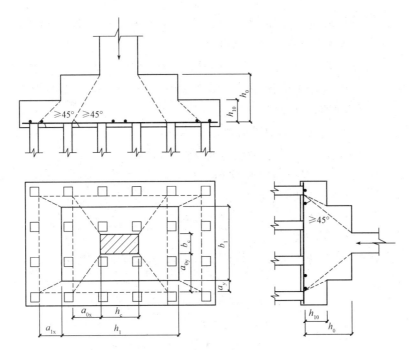

图 4.24 柱对承台的冲切计算示意

式中 F_l——不计承台及其上土重,在荷载效应基本组合下作用于冲切破坏锥体上的冲切力设计值;

f_t——承台混凝土抗拉强度设计值;

β_{hp}——承台受冲切承载力截面高度影响系数,当 $h \leq 800$ mm 时,β_{hp} 取 1.0;$h \geq 2\,000$ mm 时,β_{hp} 取 0.9,其间按线性内插法取值;

u_m——承台冲切破坏锥体一半有效高度处的周长;

h_0——承台冲切破坏锥体的有效高度;

β_0——柱(墙)冲切系数;

λ——冲跨比,$\lambda = a_0/h_0$,a_0 为柱(墙)边或承台变阶处到桩边水平距离;当 $\lambda < 0.25$ 时,取 $\lambda = 0.25$;当 $\lambda > 1.0$ 时,取 $\lambda = 1.0$;

F——不计承台及其上土重,在荷载效应基本组合作用下柱(墙)底的竖向荷载设计值;

$\sum Q_i$——不计承台及其上土重,在荷载效应基本组合下冲切破坏锥体内各基桩或复合基桩的反力设计值之和。

②柱下矩形独立承台受柱冲切。对于柱下矩形独立承台受柱冲切如图 4.24 所示,其冲切承载力可按下列公式计算:

$$F_l \leq 2\,[\beta_{0x}(b_c + a_{0y}) + \beta_{0y}(h_c + a_{0x})]\beta_{hp} f_t h_0 \tag{4-60}$$

式中 β_{0x}、β_{0y}——由式(4-59)求得,$\lambda_{0x} = a_{0x}/h_0$,$\lambda_{0y} = a_{0y}/h_0$;$\lambda_{0x}$、$\lambda_{0y}$ 均应满足 0.25~1.0 的要求;

h_c、b_c——分别为 x、y 方向的柱截面的边长;

a_{0x}、a_{0y}——分别为 x、y 方向柱边离最近桩边的水平距离。

③柱下矩形独立阶形承台受上阶冲切。对于柱下矩形独立阶形承台受上阶冲切如图 4.24 所示,其冲切承载力可按下列公式计算:

$$F_l \leqslant 2[\beta_{1x}(b_1+a_{1y})+\beta_{1y}(h_1+a_{1x})]\beta_{hp}f_th_{10} \tag{4-61}$$

式中 β_{1x}、β_{1y}——由式(4-59)求得,$\lambda_{1x}=a_{1x}/h_{10}$,$\lambda_{1y}=a_{1y}/h_{10}$;$\lambda_{1x}$、$\lambda_{1y}$均应满足 $0.25\sim1.0$ 的要求;

h_1、b_1——分别为 x、y 方向承台上阶的边长;

a_{1x}、a_{1y}——分别为 x、y 方向承台上阶边离最近桩边的水平距离。

对于圆柱及圆桩,计算时应将其截面换算成方柱及方桩,即取换算柱截面边长 $b_c=0.8d_c$(d_c 为圆柱直径),换算桩截面边长 $b_p=0.8d$(d 为圆桩直径)。

对于柱下两桩承台,宜按受弯构件($l_0/h<5.0$,$l_0=1.15l_n$,l_n 为两桩净距)计算受弯、受剪承载力,不需要进行受冲切承载力计算。

④冲切破坏锥体以外的基桩冲切。对位于柱(墙)冲切破坏锥体以外的基桩,需计算承台受基桩冲切的承载力。

a. 四桩以上(含四桩)承台受角桩冲切如图 4.25 所示,其冲切承载力可按下列公式计算:

$$N_l \leqslant [\beta_{1x}(c_2+a_{1y}/2)+\beta_{1y}(c_1+a_{1x}/2)]\beta_{hp}f_th_0 \tag{4-62}$$

$$\beta_{1x}=\frac{0.56}{\lambda_{1x}+0.2} \tag{4-63}$$

$$\beta_{1y}=\frac{0.56}{\lambda_{1y}+0.2} \tag{4-64}$$

式中 N_l——不计承台及其上土重,在荷载效应基本组合作用下角桩(含复合基桩)反力设计值;

β_{1x}、β_{1y}——角桩冲切系数;

a_{1x}、a_{1y}——从承台底角桩顶内边缘引 $45°$ 冲切线与承台顶面相交点至角桩内边缘的水平距离;当柱(墙)边或承台变阶处位于该 $45°$ 线以内时,则取由柱(墙)边或承台变阶处与桩内边缘连线为冲切锥体的锥线(图 4.25);

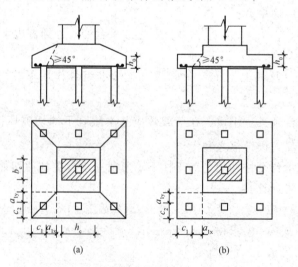

图 4.25 四桩以上(含四桩)承台受角桩冲切计算示意
(a)锥形承台;(b)阶形承台

h_0——承台外边缘的有效高度；

λ_{1x}、λ_{1y}——角桩冲跨比，$\lambda_{1x}=a_{1x}/h_0$，$\lambda_{1y}=a_{1y}/h_0$，其值均应满足 0.25～1.0 的要求。

b. 三桩三角形承台受角桩冲切如图 4.26 所示，其冲切承载力可按下列公式计算：

底部角桩：

$$N_l \leqslant \beta_{11}(2c_1+a_{11})\beta_{hp}\tan\frac{\theta_1}{2}f_t h_0 \quad (4-65)$$

$$\beta_{11}=\frac{0.56}{\lambda_{11}+0.2} \quad (4-66)$$

顶部角桩：

$$N_l \leqslant \beta_{12}(2c_2+a_{12})\beta_{hp}\tan\frac{\theta_2}{2}f_t h_0 \quad (4-67)$$

$$\beta_{12}=\frac{0.56}{\lambda_{12}+0.2} \quad (4-68)$$

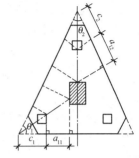

图 4.26 三桩三角形承台受角桩冲切计算示意

式中 λ_{11}、λ_{12}——角桩冲跨比，$\lambda_{11}=a_{11}/h_0$，$\lambda_{12}=a_{12}/h_0$，其值均应满足 0.25～1.0 的要求；

a_{11}、a_{12}——从承台底角桩顶内边缘引 45°冲切线与承台顶面相交点至角桩内边缘的水平距离；当柱（墙）边或承台变阶处位于该 45°线以内时，则取由柱（墙）边或承台变阶处与桩内边缘连线为冲切锥体的锥线。

c. 箱形、筏形承台受内部基桩冲切如图 4.27 所示，冲切包括受基桩的冲切及受桩群的冲切两部分。

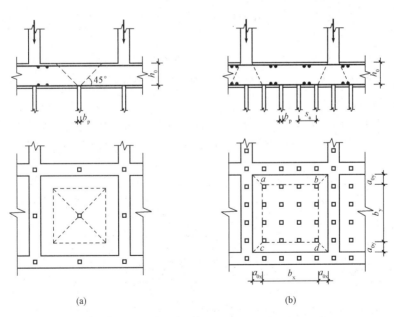

图 4.27 箱形、筏形承台受内部基桩冲切计算示意

(a)受基桩的冲切；(b)受桩群的冲切

受基桩的冲切承载力如图 4.27(a)所示，可按下列公式计算：

$$N_l \leqslant 2.8(b_p+h_0)\beta_{hp}f_t h_0 \quad (4-69)$$

受桩群的冲切承载力如图 4.27(b)所示,可按下列公式计算:

$$\sum N_{li} \leqslant 2\left[\beta_{0x}(b_y + a_{0y}) + \beta_{0y}(b_x + a_{0x})\right]\beta_{hp}f_t h_0 \tag{4-70}$$

式中 β_{0x}、β_{0y}——由式(4-59)求得,其中 $\lambda_{0x} = a_{0x}/h_0$,$\lambda_{0y} = a_{0y}/h_0$,$\lambda_{0x}$、$\lambda_{0y}$ 均应满足 $0.25 \sim 1.0$ 的要求;

N_l、$\sum N_{li}$——不计承台和其上土重,在荷载效应基本组合下,基桩或复合基桩的净反力设计值、冲切锥体内各基桩或复合基桩反力设计值之和。

3)受剪计算。柱(墙)下桩基承台,应分别对柱(墙)边、变阶处和桩边连线形成的贯通承台的斜截面的受剪承载力进行验算。当承台悬挑边有多排基桩形成多个斜截面时,应对每个斜截面的受剪承载力进行验算。

①承台斜截面受剪承载力。承台斜截面受剪如图 4.28 所示,受剪承载力可按下列公式计算:

$$V \leqslant \beta_{hs} \alpha f_t b_0 h_0 \tag{4-71}$$

$$\alpha = \frac{1.75}{\lambda + 1} \tag{4-72}$$

$$\beta_{hs} = \left(\frac{800}{h_0}\right)^{1/4} \tag{4-73}$$

式中 V——不计承台及其上土自重,在荷载效应基本组合下,斜截面的最大剪力设计值;

f_t——混凝土轴心抗拉强度设计值;

b_0——承台计算截面处的计算宽度;

h_0——承台计算截面处的有效高度;

α——承台剪切系数,按式(4-72)确定;

λ——计算截面的剪跨比,$\lambda_x = a_x/h_0$,$\lambda_y = a_y/h_0$,此处,a_x、a_y 为柱边(墙边)或承台变阶处至 y、x 方向计算一排桩的桩边的水平距离,当 $\lambda < 0.25$ 时,取 $\lambda = 0.25$;当 $\lambda > 3$ 时,取 $\lambda = 3$;

β_{hs}——受剪切承载力截面高度影响系数;当 $h_0 < 800 \text{ mm}$ 时,取 $h_0 = 800 \text{ mm}$;当 $h_0 > 2\,000 \text{ mm}$ 时,取 $h_0 = 2\,000 \text{ mm}$;其间按线性内插法取值。

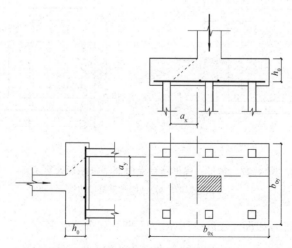

图 4.28 承台斜截面受剪计算示意

②阶梯形承台变阶处。对于阶梯形承台，应分别在变阶处（A_1—A_1，B_1—B_1）及柱边处（A_2—A_2，B_2—B_2）进行斜截面受剪承载力计算，如图 4.29 所示。计算变阶处截面（A_1—A_1，B_1—B_1）的斜截面受剪承载力时，其截面有效高度均为 h_{10}，截面计算宽度分别为 b_{y1} 和 b_{x1}。计算柱边截面（A_2—A_2，B_2—B_2）的斜截面受剪承载力时，其截面有效高度均为 $h_{10}+h_{20}$，截面计算宽度分别为

截面 A_2—A_2 $$b_{y0}=\frac{b_{y1} \cdot h_{10}+b_{y2} \cdot h_{20}}{h_{10}+h_{20}} \tag{4-74}$$

截面 B_2—B_2 $$b_{x0}=\frac{b_{x1} \cdot h_{10}+b_{x2} \cdot h_{20}}{h_{10}+h_{20}} \tag{4-75}$$

③锥形承台变阶处。对于锥形承台，应对变阶处及柱边处（A—A 及 B—B）两个截面进行受剪承载力计算如图 4.30 所示，截面有效高度均为 h_0，截面的计算宽度分别为

截面 A—A $$b_{y0}=\left[1-0.5\frac{h_{20}}{h_0}\left(1-\frac{b_{y2}}{b_{y1}}\right)\right]b_{y1} \tag{4-76}$$

截面 B—B $$b_{x0}=\left[1-0.5\frac{h_{20}}{h_0}\left(1-\frac{b_{x2}}{b_{x1}}\right)\right]b_{x1} \tag{4-77}$$

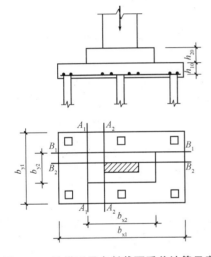

图 4.29 阶梯形承台斜截面受剪计算示意

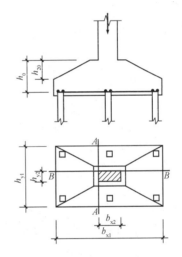

图 4.30 锥形承台斜截面受剪计算示意

④砌体墙下条形承台梁。砌体墙下条形承台梁配有箍筋，但未配弯起钢筋时，斜截面的受剪承载力可按下式计算：

$$V\leqslant 0.7f_t bh_0+1.25f_{yv}\frac{A_{sv}}{s}h_0 \tag{4-78}$$

式中 V——不计承台及其上土自重，在荷载效应基本组合下，计算截面处的剪力设计值；

A_{sv}——配置在同一截面内箍筋各肢的全部截面面积；

s——沿计算斜截面方向箍筋的间距；

f_{yv}——箍筋抗拉强度设计值；

b——承台梁计算截面处的计算宽度；

h_0——承台梁计算截面处的有效高度。

砌体墙下承台梁配有箍筋和弯起钢筋时，斜截面的受剪承载力可按下式计算：

$$V \leqslant 0.7 f_t b h_0 + 1.25 f_y \frac{A_{sv}}{s} h_0 + 0.8 f_y A_{sb} \sin\alpha_s \tag{4-79}$$

式中 A_{sb}——同一截面弯起钢筋的截面面积；

f_y——弯起钢筋的抗拉强度设计值；

α_s——斜截面上弯起钢筋与承台底面的夹角。

⑤柱下条形承台梁。柱下条形承台梁当配有箍筋但未配弯起钢筋时，其斜截面的受剪承载力可按下式计算：

$$V \leqslant \frac{1.75}{\lambda+1} f_t b h_0 + f_y \frac{A_{sv}}{s} h_0 \tag{4-80}$$

式中 λ——计算截面的剪跨比，$\lambda = a/h_0$，a 为柱边至桩边的水平距离；当 $\lambda < 1.5$ 时，取 $\lambda = 1.5$；当 $\lambda > 3$ 时，取 $\lambda = 3$。

4)局部受压计算。对于柱下桩基，当承台混凝土强度等级低于柱或桩的混凝土强度等级时，应验算柱下或桩上承台的局部受压承载力。

4.9 桩基础设计实例

某框架结构办公楼柱下拟采用预制钢筋混凝土桩基础。框架柱的矩形截面边长为 $b_c = 450$ mm，$h_c = 600$ mm。预制桩的方形截面边长为 $b_p = 400$ mm，桩长 15 m。相应于荷载效应标准组合时，作用于柱底(标高为 -0.50 m)的荷载为：$F_k = 3\,040$ kN，$M_k = 160$ kN·m (作用于长边方向)，$H_k = 140$ kN。已确定单桩竖向承载力特征值 $R_a = 540$ kN。承台混凝土强度等级取 C25($f_t = 1\,270$ kPa)，配置 HRB335 级钢筋($f_y = 300$ N/mm²)，试设计该桩基础。

【解】 桩的类型和尺寸已选定，桩身结构设计从略。

(1)初步确定桩数。暂不考虑承台及回填土重，按照试算法计算偏心受压时所需桩数 n：

$n > 1.1 \dfrac{F_k}{R_a} = 1.1 \times \dfrac{3\,040}{540} = 6.2$(根)，暂取 6 根。

(2)桩位的布置及初选承台尺寸。查表 4.19，桩距 $s = 3.0 b_p = 3 \times 400 = 1\,200$(mm)。

根据承台的构造要求：边桩中心至承台边缘的距离不应小于桩的直径或边长，且桩的外边缘至承台边缘的距离不应小于 150 mm。取边桩中心至承台边缘的距离为 400 mm。布桩形式如图 4.31 所示。

承台长边：$a = 2 \times (400 + 1\,200) = 3\,200$(mm)

承台短边：$b = 2 \times (400 + 600) = 2\,000$(mm)

暂取承台埋深为 1.4 m，承台高度 0.9 m，桩顶伸入承台 50 mm，钢筋保护层取 70 mm，则承台有效高度为：$h_0 = 900 - 70 = 830$(mm)。

(3)计算桩顶荷载。取承台及其上回填土的平均重度 $\gamma_G = 20$ kN/m³

$$G_K = \gamma_G A d = 20 \times 3.2 \times 2.0 \times 1.4 = 179.2 \text{(kN)}$$

桩顶平均竖向力

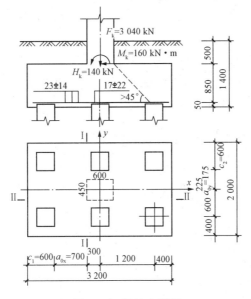

图 4.31 设计实例图

$$N_k = \frac{F_k + G_k}{n} = \frac{3\,040 + 179.2}{6} = 536.5(\text{kN}) < R_a = 540 \text{ kN}$$

$$N_{kmin}^{kmax} = N_k \pm \frac{(M_k + H_k)x_{max}}{\sum x_i^2} = 536.5 \pm \frac{(160 + 140 \times 0.9) \times 1.2}{4 \times 1.2^2}$$

$$= 536.5 \pm 59.6$$

$$= \begin{cases} 596.1(\text{kN}) < 1.2R_a = 648(\text{kN}) \\ 476.9(\text{kN}) > 0 \end{cases}$$

竖向承载力满足要求。

桩顶平均水平力

$$H_{ik} = \frac{H_k}{n} = \frac{140}{6} = 23.3(\text{kN})$$

其值远小于按照公式估算的单桩水平承载力特征值($R_{Ha} \approx 60$ kN),可以。

相应于荷载效应基本组合时,作用于柱底的荷载设计值为

$$F = 1.35F_k = 1.35 \times 3\,040 = 4\,104(\text{kN})$$
$$M = 1.35M_k = 1.35 \times 160 = 216(\text{kN} \cdot \text{m})$$
$$H = 1.35H_k = 1.35 \times 140 = 189(\text{kN})$$

扣除承台和其上填土自重后的桩顶竖向力设计值:

$$N = \frac{F}{n} = \frac{4\,104}{6} = 684(\text{kN})$$

$$N_{kmin}^{kmax} = N_k \pm \frac{(M_k + H_k)x_{max}}{\sum x_i^2} = 684 \pm \frac{(216 + 189 \times 0.9) \times 1.2}{4 \times 1.2^2}$$

$$= 684 \pm 80.4$$

$$= \begin{cases} 764.4(\text{kN}) \\ 603.6(\text{kN}) \end{cases}$$

(4)承台计算。

1)承台冲切承载力验算。

①柱对承台的冲切验算：

冲切力 $\qquad F_l = F - \sum N_i = 4\,104 \text{ kN}$

受冲切承载力截面高度影响系数 β_{hp} 的计算：

$$\beta_{hp} = 1 - \frac{1-0.9}{2\,000-800} \times (900-800) = 0.992$$

冲跨比 λ 与系数 β_0 的计算：

$$\lambda_{0x} = \frac{a_{0x}}{h_0} = \frac{700}{830} = 0.843 (<1.0)$$

$$\lambda_{0y} = \frac{a_{0y}}{h_0} = \frac{175}{830} = 0.211 (<0.25)，取 0.25$$

$$\beta_{0x} = \frac{0.84}{\lambda_{0x}+0.2} = \frac{0.84}{0.843+0.2} = 0.805$$

$$\beta_{0y} = \frac{0.84}{\lambda_{0y}+0.2} = \frac{0.84}{0.25+0.2} = 1.867$$

$$2[\beta_{0x}(b_c+a_{0y})+\beta_{0y}(h_c+a_{0x})]\beta_{hp}f_t h_0$$
$$= 2\times[0.805\times(0.45+0.175)+1.867\times(0.6+0.7)]\times 0.992\times 1\,270\times 0.83$$
$$= 6\,134 (\text{kN}) > F_l = 4\,104 \text{ kN}（满足）$$

②角桩对承台的冲切验算：

$c_1 = c_2 = 0.6 \text{ m}, a_{1x} = a_{0x} = 0.7 \text{ m}, \lambda_{1x} = \lambda_{0x}, a_{1y} = a_{0y} = 0.175 \text{ m}, \lambda_{1y} = \lambda_{0y}$

$$\beta_{1x} = \frac{0.56}{\lambda_{1x}+0.2} = \frac{0.56}{0.843+0.2} = 0.537$$

$$\beta_{1y} = \frac{0.56}{\lambda_{1y}+0.2} = \frac{0.56}{0.25+0.2} = 1.244$$

$$[\beta_{1x}(c_2+a_{1y}/2)+\beta_{1y}(c_1+a_{1x}/2)]\beta_{hp}f_t h_0$$
$$= [0.537\times(0.6+0.175/2)+1.244\times(0.6+0.7/2)]\times 0.992\times 1\,270\times 0.83$$
$$= 1\,621 \text{ kN}（满足）$$

2)承台受剪切承载力计算。受剪切承载力截面高度影响系数 β_{hs} 的计算：

$$\beta_{hs} = \left(\frac{800}{h_0}\right)^{1/4} = \left(\frac{800}{830}\right)^{1/4} = 0.991$$

对于 Ⅰ—Ⅰ 斜截面 $\qquad \lambda_x = \lambda_{0x} = 0.843$（介于 0.25~0.3）

剪切系数 $\qquad \alpha = \frac{1.75}{\lambda_x+1.0} = \frac{1.75}{0.843+1.0} = 0.950$

$$\beta_{hs}\alpha f_t b_0 h_0 = 0.991\times 0.95\times 1\,270\times 2.0\times 0.83$$
$$= 1\,985 (\text{kN}) > 2N_{max} = 2\times 764.4 = 1\,528.8 (\text{kN})（满足）$$

对于 Ⅱ—Ⅱ 斜截面 $\qquad \lambda_y = \lambda_{0y} = 0.211 (<0.25)$，取 $\lambda_y = 0.25$

剪切系数 $\qquad \alpha = \frac{1.75}{\lambda_y+1.0} = \frac{1.75}{0.25+1.0} = 1.4$

$$\beta_{hs}\alpha f_t b_0 h_0 = 0.991\times 1.4\times 1\,270\times 3.2\times 0.83$$
$$= 4\,680 \text{ kN} > 3N_{max} = 3\times 684 = 2\,052 (\text{kN})（满足）$$

3)承台受弯承载力计算。

$$M_x = \sum N_i y_i = 3 \times 684 \times (0.6 - 0.6/2) = 615.6(\text{kN} \cdot \text{m})$$

$$A_s = \frac{M_x}{0.9 f_y h_0} = \frac{769.5 \times 10^6}{0.9 \times 300 \times 830} = 3\,433.7(\text{mm}^2)$$

选用 23Φ14，$A_s = 3\,540 \text{ mm}^2$，沿平行于 y 轴方向均匀布置。

$$M_y = \sum N_i y_i = 2 \times 764.4 \times (1.2 - 0.6/2) = 1\,375.9(\text{kN} \cdot \text{m})$$

$$A_s = \frac{M_y}{0.9 f_y h_0} = \frac{1\,375.9 \times 10^6}{0.9 \times 300 \times 830} = 6\,139.7(\text{mm}^2)$$

选用 17Φ22，$A_s = 6\,462 \text{ mm}^2$，沿平行于 x 轴方向均匀布置。

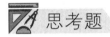

思考题

一、简答题

1. 什么是桩基础？桩基础的适用条件是什么？
2. 桩的类型有哪些？
3. 桩的质量如何检测？
4. 桩顶作用效应如何计算？
5. 桩的竖向承载力如何验算？
6. 桩身强度如何验算？
7. 桩基软弱下卧层承载力如何验算？
8. 什么是桩的负摩阻力？如何验算？
9. 桩的水平承载力如何确定？
10. 桩基承台验算的内容有哪些？如何验算？
11. 桩基沉降如何计算？
12. 简述桩基础设计遵循的步骤。

二、计算题

1. 某建筑工程混凝土预制桩截面尺寸为 350 mm×350 mm，桩长 12.5 m，桩长范围内有两种土：第一层为淤泥层，厚 5 m；第二层为黏土层，厚 7.5 m，液性指数 $I_L = 0.275$。拟采用三桩承台。试确定该预制桩的基桩竖向承载力特征值。

2. 某框架柱采用桩基础，承台下有 5 根直径 600 mm 的钻孔灌注桩，桩长 $L = 15$ m，如图 4.32 所示。承台顶面处柱竖向轴力 $F_k = 4\,100$ kN，$M_{yk} = 180$ kN·m，承台及其上覆土自重标准值 $G_k = 447$ kN，求基桩最大竖向力 $N_{k\max}$。

3. 如图 4.33 所示，已知承台混凝土轴心抗拉强度设计值 $f_t = 1.27$ MPa，柱截面尺寸为 600 mm×400 mm，桩为 400 mm×400 mm 方桩，$h_{10} = 600$ mm，$h_0 = 1\,200$ mm。试计算承台柱边 A—A 截面的受剪承载力。

4. 多桩矩形承台条件如图 4.34 所示，试求沿柱边处承台正截面上所受最大弯矩。

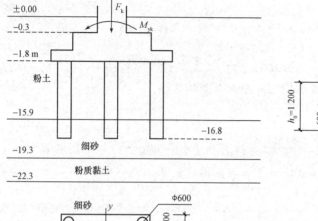
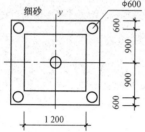

图 4.32 计算题第 2 题图

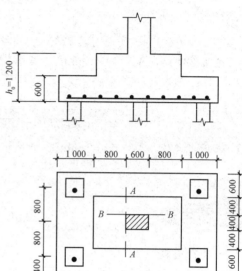

图 4.33 计算题第 3 题图

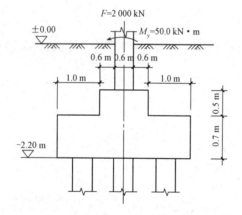

图 4.34 计算题第 4 题图

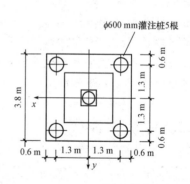

5 沉井基础

内容提要　本章在介绍沉井基础的类型和构造的基础上，主要阐述了沉井基础的施工和设计计算。

学习目标　通过本章的学习，学生应能够独立设计沉井基础，进行设计计算，并可拟定施工方案。

重点难点　本章的重点是沉井基础的基本构造、理论设计计算、施工方法等。
本章的难点是沉井基础在使用阶段和施工阶段的设计计算。

5.1 沉井基础概述

沉井是一柱体形井筒状的结构物。它利用人工或机械方法清除井孔内的土石，依靠自身质量或主要依靠自身质量克服井壁摩阻力后逐节下沉至设计标高，再浇筑混凝土封底并填塞井孔，成为一个整体基础(图 5.1)。1968 年 12 月竣工的南京长江大桥，1999 年竣工的江阴长江大桥就采用了沉井基础。

沉井的特点是埋置深度可以很大(如日本采用壁外喷射高压空气施工，井深超过 200 m)，没有理论上的限制；整体性强，稳定性好，具有较大的承载面积，能承受较大的垂直和水平荷载。另外，沉井既可作为基础，又可作为施工时的挡土和挡水围堰构造物，施工工艺简便，技术稳妥可靠，无须特殊专业设备，并可作为补偿性基础，避免过大沉降，保证基

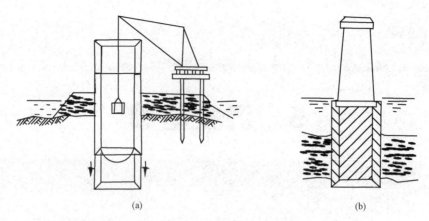

图 5.1 沉井下沉及沉井基础示意图
(a)沉井下沉示意图；(b)沉井基础示意图

础稳定性。因此，沉井在深基础或地下结构中应用较为广泛，如可作为桥梁墩台基础、地下泵房、水池、油库、矿用竖井、大型设备基础，高层和超高层建筑物基础等。

沉井基础的缺点是施工工期较长；对于粉、细砂类土，在井内抽水时易发生流沙现象，造成沉井倾斜；沉井下沉过程中遇到大孤石、树干或井底岩层表面时会造成倾斜过大，也会增加施工的难度，使得沉井基础的稳定性不好。上述情况应尽量避免采用沉井基础。是否选用沉井基础，要对地质条件进行详细勘察，并根据经济合理、施工可行的原则进行分析比较后确定。一般在下列情况可以采用沉井基础：

(1)上部荷载较大，稳定性要求高。而且表层地基土的容许承载力不足。一定深度下有较好的持力层，不宜采用扩展基础；沉井基础和其他深基础相比在经济上较为合理(如南京长江大桥)。

(2)在深水大河或山区河流中，土层虽然好，但河流冲刷作用大或土层内卵石较大，不利于桩基施工，此时可采用沉井基础。

(3)岩层表面较平坦且覆盖层较薄，但河水较深，采用扩展基础围堰有困难时，可采用浮运沉井。

5.2 沉井类型及基本构造

5.2.1 沉井类型

5.2.1.1 按沉井施工方法分类

(1)一般沉井。其为在工程基础设计位置上直接现浇制作的沉井。当强度达到设计要求时，在井孔内挖土使其下沉。当基础位于浅水中时，可先在水中筑岛，后在岛上筑井下沉。

(2)浮运沉井。其为先在岸边制成可以漂浮于水上的底节空壁沉井，待浮运就位后，上面接高井壁，灌水下沉的沉井。当水深较深、水流速度较大或有碍通航、人工筑岛有困难时可采用浮运沉井。

5.2.1.2 按沉井平面形状分类

沉井常用的平面形状有圆形、矩形和圆端形等。对于平面尺寸较大的沉井，为改善结构受力条件，便于均匀取土下沉，可在沉井中设置纵向或横向隔墙，使沉井由单孔变成双孔或多孔(图 5.2)。

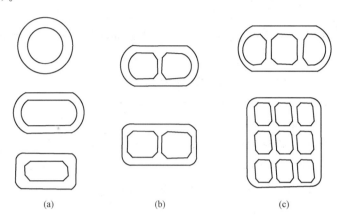

图 5.2 沉井平面形状
(a)单孔沉井；(b)双孔沉井；(c)多孔沉井

(1)圆形沉井。圆形沉井在下沉过程中易控制方向。其在使用抓泥斗挖土时要比其他类型的沉井更能使刃脚均匀地支承在土层上。在均匀侧压力的作用下，井壁只受轴向力作用。当侧压力不均匀时，弯曲应力较小。其与上部结构连接难度大，与水流方向正交或斜交均有利。

(2)矩形沉井。矩形沉井制造简单，基础受力有利，能配合墩台(或其他结构物)底面的平面形状，可充分利用地基承载力，便于与上部结构连接。其四角一般做成圆角，以减小井壁摩阻力和取土清孔的困难。矩形沉井在侧压力的作用下井壁会受到较大的挠曲力矩；在流水中阻水系数较大，冲刷较严重。

(3)圆端形沉井。圆端形沉井控制下沉、受力条件、阻水冲刷情况均较矩形沉井有利，但制造较复杂。

5.2.1.3 按沉井立面形状分类

按沉井立面形状(图 5.3)有竖直式、倾斜式、台阶式等。

(1)竖直式沉井。竖直式沉井又称为柱形沉井，在下沉过程中，井壁受周围土体约束较均衡，下沉过程中不易发生倾斜，井壁接长较简单，施工方便，模板重复利用率高，但井壁侧阻力较大，当土体密实、下沉深度较大时，下部易出现悬空现象，从而造成井壁拉裂，故一般用于入土不深、土质较松软或自重较大的情况。

(2)倾斜式及台阶式沉井。沉井外壁做成倾斜式或台阶式，可以减小土与井壁的摩阻力，抵抗侧压力性能好，但下沉时易发生倾斜，施工较复杂，消耗模板多，多用于沉井下沉深度大、土质较密实且要求沉井自重不太大的情况。通常，倾斜式沉井井壁坡度为 1/50～1/20，台阶式沉井井壁的台阶宽度为 100～200 mm。

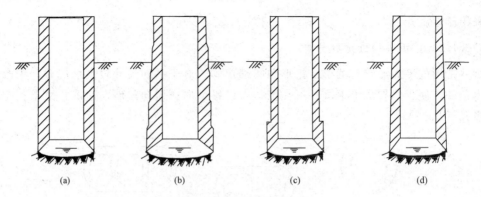

图 5.3 沉井立面形状
(a)竖直式;(b)、(c)台阶式;(d)倾斜式

5.2.1.4 按沉井制作材料分类

(1)混凝土沉井。混凝土抗压强度高而抗拉强度低,宜做成小尺寸的圆形沉井,井壁厚度足够时也可制作成圆端形或矩形沉井。其适用于覆盖层较松软的地质条件,下沉深度不大(4~7 m)的软土层。

(2)钢筋混凝土沉井。钢筋混凝土沉井的抗压强度高,抗拉强度较高,可以制作大型沉井。其下沉深度可以很大(达数十米以上),当下沉深度不大时,可将底节沉井或刃脚部分做成钢筋混凝土结构,上部井壁用混凝土。浮运沉井用钢筋混凝土制作时,采用薄壁结构。这些都在桥梁工程中得到了广泛的应用。

(3)竹筋混凝土沉井。沉井在下沉过程中受力较大因而需配置钢筋,一旦完工后就不会承受太大的拉力。因此,在我国南方产竹地区可以采用耐久性差但抗拉性能好的竹筋代替部分钢筋。我国南昌赣江大桥等曾采用这种沉井,在沉井分节接头处及刃脚内仍用钢筋。

(4)钢沉井。钢沉井具有强度高、刚度大、质量轻、易拼装、施工速度快等优点,一般用于制作浮运沉井,但用钢量大,成本高,国内较少采用。

5.2.2 沉井基本构造

5.2.2.1 沉井的轮廓尺寸

沉井的平面形状及尺寸常取决于墩(台)底面尺寸、地基土的承载力及施工要求。采用矩形沉井时,为保证下沉的稳定性,沉井的长宽比不宜大于3。若上部结构的长宽比较为接近,可采用方形或圆形沉井。沉井棱角处宜做成圆角或钝角;顶面襟边宽度应根据沉井施工容许偏差而定,不应小于沉井全高的1/50,且不应小于0.2 m,浮运沉井不小于0.4 m。如沉井顶面需设置围堰,其襟边宽度根据围堰构造还需加大,以满足安装墩台身模板的需要。建筑物边缘应尽可能支承于井壁或顶板支承面上。对井孔内不以混凝土填实的空心沉井,不允许结构物边缘全部置于井孔位置。

沉井的高度必须根据上部结构、水文地质条件及各土层的承载力等定出墩底标高和沉井基础底面的埋置深度后确定。高沉井应分节制造和下沉,每节高度不宜大于5 m。当底节沉井在松软土层中下沉,每节高度还不应大于沉井宽度的80%。若底节沉井高度过高,沉井过重,将会给制模、筑岛时的岛面处理、抽除垫木下沉带来困难。

5.2.2.2 沉井的一般构造

沉井一般由井壁、刃脚、隔墙、井孔、凹槽、封底混凝土和顶盖板等部分组成(图5.4)。如采用助沉措施，还应在井壁中预埋一些助沉所需的管组。

(1)井壁。井壁是沉井的主要结构，形成沉井的外形尺寸，在下沉过程中，起挡土、挡水及利用自重克服土与井壁间摩阻力下沉的作用。当沉井施工完毕后，井壁就成为传递上部荷载的基础或基础的一部分。沉井接高时，可根据沉井整体构造和施工要求分节预制下沉，节高一般不宜大于5 m，底节沉井可适当加长。

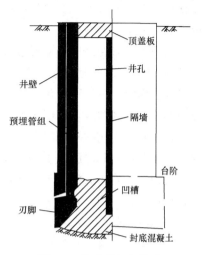

图5.4 沉井的一般构造

井壁厚度根据强度，下沉需要的重力和便于取土、清基而定，一般为800~1 500 mm，最薄不宜小于400 mm。钢筋混凝土薄壁沉井及钢制薄壁浮运沉井的井壁厚度不受此限制。井壁的混凝土等级不应低于C20。

(2)刃脚。刃脚是井壁下端形如楔状的部分，其作用是利于沉井自重切土下沉。刃脚受力复杂、集中，要有足够的强度和刚度，混凝土强度等级不应低于C25。当地质构造简单、下沉过程中无障碍物时，采用普通刃脚；当下沉深度较大，需穿过坚硬的土层或岩层时，用型钢制成刃脚钢尖；当沉井穿过密实土层时，可采用钢筋加固并包以型钢的刃脚。

刃脚底面(踏面)的宽度一般不大于200 mm，软土可适当放宽。若下沉深度大，土质较硬，刃脚底面应用型钢(角钢或槽钢)加强(图5.5)，以防刃脚损坏。刃脚内侧斜面与水平面夹角不宜小于45°。刃脚高度视井壁厚度、便于抽除垫木而定，一般不小于1.0 m。当沉井需要下沉至稍有倾斜的岩石上时，在掌握岩层高低差的情况下，可将刃脚制成与岩石倾斜度相适应的高低刃脚。

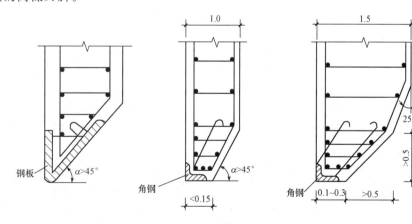

图5.5 刃脚构造示意图

(3)隔墙。沉井平面尺寸较大时，应在沉井内设置隔墙。其作用是加强沉井的刚度，缩小井壁跨度，减小井壁的挠曲应力，同时，可把沉井分成若干个取土井，便于掌握挖图位置和速度，以控制下沉的方向。隔墙间距一般要求不大于5 m，厚度一般比井壁小200~400 mm。

为增强隔墙与刃脚的连接，一般在隔墙与刃脚连接处设置垂直埂肋。隔墙底面距离刃脚踏面的高度既应考虑支承刃脚悬臂，使其与水平方向上的封闭框架共同起作用，又不会使隔墙底面下的土搁住沉井，妨碍下沉。此高度一般不小于 0.5 m。对于排水下沉的沉井，为方便施工，宜在隔墙下部设过人孔。

(4) 井孔。井孔是挖土、取土的工作场所和通道，其平面尺寸的大小应根据取土方法、施工要求而定。采用抓泥斗挖土时，井孔最小直径（或边长）不宜小于 3 m。井孔在布置上必须对称于沉井轴线，以便对称均匀挖土和取土，保证沉井的安全下沉。

(5) 凹槽。一般在沉井外壁内侧距离刃脚踏面一定高度（一般为 2 m）处做一水平槽状结构，称为凹槽。其深度为 150~250 mm，高度约为 1.0 m。其作用是使封底混凝土与井壁较好地结合，将封底混凝土底面反力更好地传递给井壁。当井孔准备用混凝土或圬工填实时，也可不设凹槽。

(6) 封底混凝土。当沉井下沉到设计标高清基后，便在刃脚踏面以上至凹槽处浇筑混凝土形成封底。封底可防止地下水涌入井内，其底面承受地基土和水的反力。封底混凝土顶面应高出刃脚根部不小于 0.5 m，并浇筑到凹槽上端，其厚度可由应力验算确定，根据经验也可取为不小于井孔最小边长的 1.5 倍。封底混凝土强度等级不宜低于 C25，对于岩石地基可降为 C20。

(7) 顶盖板。沉井井孔内是否需要填实、填什么材料应根据沉井受力和稳定性的要求来确定。在严寒地区，低于冻结线 0.25 m 以上部分必须用混凝土或圬工填实。有时为节省混凝土、圬工数量或为减轻基础自重，在井孔内可不填充任何材料，做成空心沉井，或仅填以砂砾，并在井顶设置钢筋混凝土顶盖板。其上修筑墩台身，用以承托上部结构传递下来的荷载。顶盖板厚度一般为 1.5~2.0 m。钢筋配置由计算确定。

(8) 预埋管组。当预估沉井下沉阻力较大无法正常下沉时，可采用如泥浆润滑套、射水法和空气幕法等助力下沉措施。此时应按助沉设计要求在井壁内预埋管组，并在井壁外侧设置射水嘴或气龛。

5.2.2.3 浮运沉井的构造

浮运沉井可分为不带气筒和带气筒两种。不带气筒的浮运沉井多用钢、木、钢丝网水泥等材料制作，薄壁空心，具有构造简单、施工方便、节省钢材等优点，适用于水不太深、流速不大、河床较平、冲刷较小的自然条件。为增加在水中的自浮能力，还可做成带临时性井底的浮运沉井，浮运就位后灌水下沉，同时接筑井壁，当到达河床后打开临时性井底，再按一般沉井施工。

当水深流急、沉井较大时，通常可采用带气筒的浮运沉井。其主要由双壁钢沉井底节、单壁钢壳、钢气筒等组成。双壁钢沉井底节是一个可自浮于水中的壳体结构，底节以上的井壁采用单壁钢壳，既可防水，又可作为接高时灌注沉井外圈混凝土模板的一部分。钢气筒为沉井提供所需浮力，同时，在悬浮过程中可通过充气、放气调节使沉井上浮、下沉或校正偏斜等。当沉井落至河床后，切除气筒即为取土井孔。

5.2.3 组合式沉井

当采用低桩承台时围水挖基浇筑承台困难，而采用沉井又因岩层倾斜较大、沉井范围内地基土软硬不均且水深较大不能实现时,可采用沉井-桩基的混合式基础,即组合式沉井。施工时,先将沉井下沉至预定标高,浇筑封底混凝土和承台,再在井内预留孔位处钻孔灌注成桩。该组合式沉井结构即可围水挡土,又可作为钻孔桩的护筒和桩基的承台。

5.3 沉井施工

沉井基础施工之前,除要掌握基础所在位置处的地质层,查明其地质构造、土质层次、深度特性外,还要了解水文气象资料,以便制定切实可行的沉井下沉方案,对附近构造物采取有效的防护措施。

5.3.1 旱地上沉井施工

旱地沉井施工相对来说比较容易,施工工序,如图 5.6 所示。当工程所在地是旱地或岸滩,施工期间无地表水且土质较好时,可采用此方法。

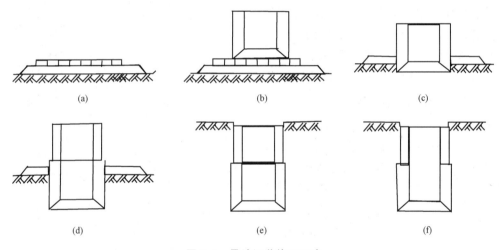

图 5.6 旱地沉井施工工序

5.3.1.1 平整场地,铺设垫木

施工前,要求施工场地平整、干净。若天然地面土质较硬,则只需将地表杂物清除并整平,就可在其上制造沉井,否则应换土或铺填不小于 0.5 m 后夯实的砂或砂砾垫层,以防止沉井在混凝土浇筑之处因地面沉降不均产生裂缝。若地下水位较低,为减小下沉深度,可开挖基坑制作沉井,但坑底应高出地下水位 0.5~1.0 m。

沉井自重较大,刃脚与地基土接触面积小,会产生应力集中现象,故应在刃脚踏面处对称铺设垫木以加大支撑面积,使沉井质量在垫木下产生的压应力不大于 100 kPa,以此确定垫木尺寸。布置时应考虑抽垫方便。垫木一般为枕木或方木(200 mm×200 mm),其下垫一层厚约 0.3 m 的砂,垫木间间隙用砂填实(填到半高既可),如图 5.7 所示。

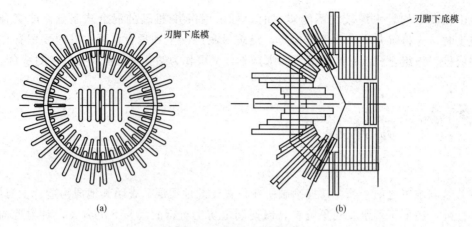

图 5.7　垫木布置实例
(a)圆形沉井垫木；(b)矩形沉井垫木

5.3.1.2　制作第一节沉井

首先应支立模板，要求模板和支撑具有足够的强度和较好的刚度。内隔墙与井壁连接处的垫木应连成整体，底模应支撑在垫木上，以防产生不均匀沉降而导致开裂(图 5.8)。在刃脚位置处放上刃脚角钢，竖立内模，绑扎钢筋，再立外模浇筑第一节沉井。混凝土浇筑时应对称、均匀地一次性连续浇筑完毕。

5.3.1.3　拆模及抽除垫木

当沉井混凝土强度等级达到设计强度的 70% 时可拆除模板，达到设计强度后方可抽除垫木。抽除时，应分区、依次、对称、同步地将垫木向沉井外抽出。其顺序为：先内隔墙，再短边，最后长边。长边下垫木隔一根抽一根，以固定垫木为中心，由远而近地对

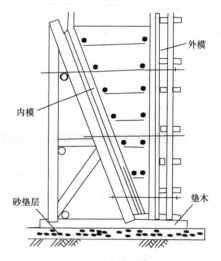

图 5.8　沉井刃脚立模

称抽除，最后抽除固定垫木，并随抽随用砂土回填捣实，以免沉井开裂、移动或偏斜。

5.3.1.4　挖土下沉

沉井下沉施工可分为排水下沉与不排水下沉两种。当沉井穿过的土层较稳定，不会因排水而产生大量流沙时，可采用排水下沉。排水下沉常采用人工挖土，适用于土层渗水量不大且排水时不会产生涌土或流沙的情况。人工挖土可使沉井均匀下沉，易于清除井内障碍物，但应有安全措施。不排水下沉时，可使用空气吸泥机、抓泥斗、水力吸石筒、水力吸泥机等除土。通过黏土、胶结层除土困难时，可采用高压射水破坏土层。由于吸泥机是连泥带水一起吸出井外，故需要经常向井内加水以维持井内水位高出井外水位 1～2 m，以避免产生流沙现象。

沉井正常下沉时，应自中间向刃脚处均匀、对称除土；排水下沉时，应严格控制设计支承点处土的清除，并随时注意沉井正位，保持竖直下沉，无特殊情况时不宜采用爆破施工。

5.3.1.5 接高沉井

当第一节沉井下沉至一定深度(井顶露出地面不小于 0.5 m 或露出水面不小于 1.5 m)时，应停止挖土下沉，接筑下一节沉井。接筑前刃脚不得掏空，并应尽量纠正第一节沉井的倾斜，以保持井位正确，使第二节沉井竖向轴线与第一节轴线相重合，然后凿毛顶面、立模，最后对称、均匀浇筑混凝土，待强度达到设计要求后再拆模继续下沉。两节沉井混凝土施工接缝处应清洗凿毛，按设计要求布置接缝处锚固钢筋。

5.3.1.6 基底检验和处理

沉井沉至设计标高后，应检验基底地质情况是否与设计相符。排水下沉时，可直接检验、处理；不排水下沉时，应进行水下检查、处理，必要时取样鉴定。同时，进行沉降观测，直到满足设计要求为止。

进行基底检验时，要求整平且无浮泥。基底为岩层时，岩面残留物应清除干净，清理后有效面积不得小于设计要求；基底遇到倾斜岩层时，应将表面松软岩层或风化岩层凿去，并尽量整平，将沉井刃脚的 2/3 以上嵌搁在岩层上，嵌入深度最小处不宜小于 0.25 m，其余未到岩层的刃脚部分可用袋装混凝土等填塞缺口。刃脚以内井底岩层的倾斜面应凿成台阶或榫槽，井壁、隔墙及刃脚与封底混凝土接触处的泥污应予以清除。

5.3.1.7 沉井封底

基底检验合格后应及时封底。对于排水下沉的沉井，在清基时如渗水量上升速度不大于 6 mm/min，可采用普通混凝土封底；若渗水量大于上述规定时，宜采用水下混凝土的刚性导管法进行封底。

在灌注封底混凝土过程中如发生故障或对封底施工质量有疑虑时，应进行相关检查鉴定(如钻孔取芯)。

5.3.1.8 井孔填充和顶板浇筑

封底混凝土达到设计强度后，按设计规定进行井孔填充。如井孔中不填料或仅填砾石，则沉井顶部需要浇筑钢筋混凝土顶板，且应保持无水施工。

5.3.2 水中沉井施工

水中沉井施工主要有两种方法，一是沉井位于浅水或可能被水淹没的岸滩处时，其水流速度不大，水深较浅，可用水中筑岛的方法；二是对位于深水中的沉井，当人工筑岛有困难时，可采用浮运沉井施工。

5.3.2.1 水中筑岛

当水深小于 3 m，流速不大于 1.5 m/s 时，可采用砂或砾石在水中筑岛[图 5.9(a)]，周围用草袋围护，水深或流速加大时，可采用围堰防护筑岛[图 5.9(b)]；当水深较大(通常小于 15 m)或

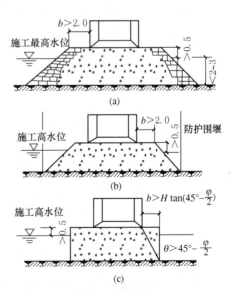

图 5.9 水中筑岛下沉沉井
(a)无围堰防护的土岛；(b)有围堰防护的土岛；
(c)钢板桩围堰筑岛

流速较大时，宜采用钢板桩围堰筑岛[图 5.9(c)]。

对人工筑岛的要求如下：

(1)岛面应高出最高施工水位 0.5 m 以上，有流冰时应再适当加高。

(2)筑岛平面尺寸应满足沉井制作及抽垫木等施工要求。无围堰筑岛时，一般需在沉井周围设置不小于 2 m 宽的护道；有围堰筑岛时，围堰与井壁外缘距离 $b \geqslant H\tan(45°-\varphi/2)$，且不小于 2 m（$H$ 为筑岛高度，φ 为砂在水中的内摩擦角）。

护道宽度在任何情况下不应小于 1.5 m，如实际采用的护道宽度 $b < H\tan(45°-\varphi/2)$ 时，则应考虑沉井重力等对围堰所产生的侧压力影响。

(3)筑岛材料应用透水性好、易于压实的砂土或碎石土等，且不应含有影响岛体受力及抽垫下沉的块体。岛面及地基承载力应满足设计要求。

无围堰筑岛情况下，临水面坡度一般可采用 1∶3～1∶1.75。有围堰筑岛时应防止围堰漏土，以免沉井制造和下沉过程中引起岛面沉降变形，危及沉井安全。

(4)筑岛施工时，还应考虑筑岛压缩流水断面、加大流速和提高水位后对岛体稳定性的影响。筑岛完成后就造就了旱地施工条件，之后的施工方法同旱地沉井施工。

5.3.2.2 浮运沉井

位于深水中的沉井(如大于 10 m)可采用浮运沉井。浮运沉井可采用空腔式钢丝网水泥薄壁沉井、钢筋混凝土薄壁沉井、钢壳沉井、装配式钢筋混凝土薄壁沉井，以及带临时井底的沉井、带气筒的沉井等，使其在水中可以漂浮。施工时，用船只将其拖运到设计位置，再逐步将混凝土或水灌入空体内增加自重，使其徐徐沉入水底，采用不排水挖土下沉。

为方便施工，在岸边地形条件允许的情况下，尽量在岸边搭设沉井施工平台就地预制。沉井的底节可采用滑道(图 5.10)、起重机具、涨水自浮、浮船等方法下水。下水后接高前，应向沉井内灌水或从气筒内排气，使沉井入水深度增加到沉井接高所要求的深度。在灌注混凝土的过程中，同时，向井外排水或向气筒内补气，以维持沉井入水深度不变。在沉井浮运、下沉的任何时间，露出水面的高度均不应小于 1 m，并应考虑预留放浪高度或设计放浪措施。

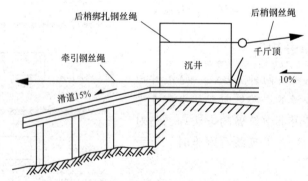

图 5.10 浮运沉井下水示意图

5.3.3 泥浆润滑套和空气幕下沉沉井施工

当沉井深度很大、井侧土质较好时，井壁与土层间的摩阻力很大。若采用增加井壁厚度或压重等办法受限时，通常可设置泥浆润滑套和空气幕来减小井壁摩阻力。

5.3.3.1 泥浆润滑套下沉沉井施工

泥浆润滑套下沉沉井施工是借助泥浆泵和输送管道将特制的泥浆压入沉井外壁与土层之间,在沉井外围形成有一定厚度的泥浆层。该泥浆层可把土与井壁隔开,并可起润滑作用,从而可大大降低沉井下沉中的摩阻力(可降低至3~5 kPa,一般黏性土为25~50 kPa),减少井壁圬工数量,加速沉井下沉,并具有良好的稳定性。

选用的泥浆原料(膨润土、水、化学处理剂)及配合比应保证泥浆具有良好的固壁性、触变性和胶体率。泥浆原料配合比和泥浆各项指标应符合相关规范的规定。

泥浆润滑套的构造主要包括储浆台阶、压浆管、射口挡板及地表围圈。储浆台阶多设在距刃脚底面 2~3 m 处。对面积较大的沉井,台阶可设在底节与第二节接缝处。台阶的宽度就是泥浆润滑套的厚度,一般宜为 100~200 mm。

压浆管可分为内管(厚壁沉井)和外管(薄壁沉井)两种(图 5.11),通常用 $\phi 38 \sim \phi 50$ 的钢管制成,沿井周边每 3~4 m 布置一根。要保证压浆管路畅通无阻。

压浆管的射口处应设置防护,射出的泥浆不得直接冲刷土壁,以免土壁局部塌落堵塞射浆口。射口挡板可用角钢或钢板弯制,置于每个泥浆射出口处,固定在井壁台阶上[图 5.11(a)]。

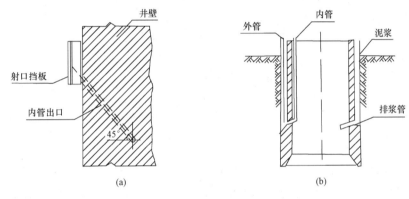

图 5.11 射口挡板与压浆管构造

(a)射口挡板;(b)压浆管构造

泥浆润滑套应设地表围圈防护,其作用是防止沉井下沉时土壁塌落,为沉井下沉过程中新产生的空隙补充泥浆,以及调整各压浆管出浆的不均衡。其宽度与沉井台阶相同,高度为 1.5~2.0 m,顶面高出地面或岛面 0.5 m,上加顶盖以防土石落入或流水冲蚀。地表围圈外围应回填不透水土,分层夯实。

沉井下沉时应及时补充泥浆,泥浆面不得低于地表围圈底面,同时,应使沉井内外水位相近或井内水位略高,以避免翻砂、涌水破坏泥浆润滑套。待沉井下沉至设计标高以后,应设法破坏泥浆润滑套,排除泥浆;或用水泥砂浆置换泥浆,以恢复和增大井壁摩阻力。

泥浆润滑套下沉沉井施工速度快,在细、粉砂中效果更为显著;可以有效减轻沉井自重,甚至可以采用薄壁轻型沉井;下沉稳定;倾斜小,容易纠偏;在旱地或浅滩上应用效果较好。该法不宜用于卵石、砾石土层。

5.3.3.2 空气幕下沉沉井施工

空气幕下沉沉井施工是一种减小下沉时井壁摩阻力的有效方法。它通过向沿井壁四周预埋的气管中压入高压气流,气流由喷气孔射出,在水下形成气泡,再沿沉井外壁上升,在沉井周围形成一空气帐幕(即空气幕),使外壁周围土体松动或液化、摩阻力减小,从而可促使沉井顺利下沉。

空气幕下沉沉井在构造上增加了一套压气系统,如图 5.12 所示。该系统由气斗、井壁中的气管、压缩空气机、储气筒以及输气管路等组成。

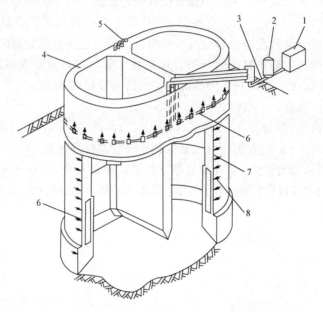

图 5.12 空气幕下沉沉井压气系统构造图

1—压缩空气机;2—储气筒;3—输气管路;4—沉井;5—竖管;6—水平喷气管;7—气斗;8—喷气孔

(1)气斗是指沉井外壁上的凹槽及槽中的喷气孔。凹槽的作用是保护喷气孔,使喷出的高压气流有一扩散空间,然后较均匀地沿井壁上升,形成气幕。气斗的设置应以布设简单、不易堵塞、便于喷气扩散为原则,目前多用棱锥形(150 mm×50 mm)。喷气孔直径为 1 mm,气斗上喷气孔数量应依每个气斗所作用的有效面积确定。气斗可按下部为 1.3 m^2/个、上部为 2.6 m^2/个考虑,喷气孔可平均按 1.0~1.6 m^2/个考虑。其按等距离分布,上下交错排列,刃脚底面以上 3 m 左右范围内可不设,以防止压气时引起翻砂。

(2)井壁内的预埋管可分为环形管与竖管,喷气孔设在环形管上,也可以只设竖管,喷气孔设在竖管上,可根据施工设备条件和实际情况确定,但管尾端均应有防止砂粒堵塞喷气孔的储砂筒设施。预埋管采用内径为 25 mm 的硬质聚氯乙烯管。水平喷气管连接各层气斗,每 1/4 或 1/2 周设一根,以便纠偏;每根竖管连接两根水平管,并伸出井顶。

(3)压缩空气机应具有设计要求的风压和风量。风压应大于最深喷气孔处的水压力加送风管路损耗,一般可按最深喷气孔处理论水压的 1.4~1.6 倍考虑,并尽量使用压缩空气机的最大值。风量可按喷气孔总数及每个喷气孔单位时间内所耗风量计算;地面风管应尽量减少弯头、接头,以降低气压损耗。为稳定风压,在压缩空气机与井外送气管件间应设置必要数量的储气筒。

(4)在整个下沉过程中,应先在井内除土,消除刃脚下土的抗力后再压气,但不得过分除土而不压气。一般除土面低于刃脚 0.5~1.0 m 时,即应压气下沉。压气时间不宜过长,每次一般不超过 5 min。压气顺序应先上后下，以形成沿沉井外壁上喷的气流。

（5）停气时应先停下部气斗，而后依次向上，最后停上部气斗，并应缓慢减压，不得将高压空气突然停止，以防止造成瞬时负压，使喷气孔内吸入泥沙而被堵塞。

（6）空气幕下沉沉井施工适用于砂类土、粉质土及黏质土地层。其优点是施工设备简单，经济效果较好，下沉中容易控制，可以进行水下施工，不受水深限制，下沉完毕后土对井壁的摩阻力可基本恢复，从而避免了泥浆润滑套下沉摩阻力不易恢复的缺点。对于卵石土、砾类土及风化岩等地层，不宜使用空气幕下沉沉井。

5.3.4 沉井施工的事故处理

5.3.4.1 沉井偏斜

（1）沉井发生偏斜的原因。

①土岛水下部分由于水流冲淘或板桩漏土，造成岛面一侧土体松软；或井下平面土质软硬不均，使沉井下沉不均。

②未按规定操作程序对称抽除垫木或未及时填砂夯实，下沉除土不均匀，井内底面高差过大。

③排水下沉沉井内除土时大量翻砂，或刃脚下遇软土夹层，掏空过多，沉井突然下沉。

④刃脚一侧或一角被障碍物搁住，未及时发现和处理；排水下沉时没有按设计要求设置支承点。

⑤井内弃土堆压在沉井外一侧，或河床高低相差过大，偏侧土压使沉井产生水平位移。

（2）沉井偏斜、位移及扭转的纠正方法。纠正沉井偏斜和位移时，可按下列规定处理：

①纠偏前应分析原因，然后采取相应措施，如有障碍物应首先排除。

②纠正偏斜时，一般可采取除土、压重，顶部施加水平力或刃脚下支垫等方法进行。对空气幕下沉沉井可采取侧压气纠偏。

③纠正位移时，可先除土，使沉井底面中心向墩位设计中心倾斜，然后在对侧除土，使沉井恢复竖直。如此反复进行，使沉井逐步移近设计中心。

④纠正扭转时，可在一对角线两角除土，在另外两角填土，借助于刃脚下不相等的土压力所形成的扭矩使沉井在下沉过程中逐步纠正其扭转角度。

在沉井基础实际施工过程中，偏斜纠正办法会联合采用多种方法。施加水平力纠正偏斜严重的沉井是最常用的方法，而水平力大小的控制是一个关键问题。

5.3.4.2 沉井难沉

沉井下沉困难主要是由于沉井自身质量克服不了井壁摩阻力，或刃脚下遇到大的障碍物所致。遇到难沉情况时，应根据具体情况采取适当的措施，一般依靠增加沉井自重和减小井壁摩阻力两种方法来解决，以提高下沉系数。

（1）增加沉井自重。可提前浇筑上一节沉井来增加沉井自重，或在沉井顶上压重物（如钢轨、铁块或沙袋等）迫使沉井下沉。对于不排水下沉的沉井，可以抽出井内的水以增加沉井下沉系数，但应以保证井底不产生流沙为前提。

（2）减小沉井外壁的摩阻力。设计上可以将沉井设计成阶梯形、钟形，或在施工中尽量使外壁光滑，也可在井壁内埋设高压射水管组，利用高压水流软化井壁附近的土，且使水流沿井壁上升润滑井壁。若因刃脚下土层阻力过大造成难沉,则可挖出刃脚下的土;如遇大块石等障碍物,施工必要时可以用小型爆破消除,这时需要专业爆破人员进行指导施工。

对于下沉较难的沉井,为了减小井壁摩阻力,还可以采用前面介绍的泥浆润滑套或空气幕下沉沉井的方法。

5.3.4.3 沉井突沉

在软弱土层中井壁摩阻力较小,刃脚下土被挖除后沉井支承被削弱,或排水过多、挖土太深、出现溯流等,常发生沉井突沉,使沉井产生较大的倾斜或超沉。此时必须采取措施控制沉井的下沉速度。工程中,常采用将沉井外壁设计成倒锥形,井壁顶部设悬挑梁或钢翼架,刃脚底部设置横梁,改变刃脚外形等方法。

5.3.4.4 流砂

发生流砂时,土体完全丧失承载力,不但会造成施工困难,严重时甚至会导致基础坍塌,上部结构因地基被掏空而下沉、倾斜。当采用不排水下沉时,沉井内外水压相平衡可阻止流沙的产生。当沉井所处位置的地质情况和施工条件较好时,可采用井点降水施工方法,此方法应用广泛。

5.4 沉井设计与计算

沉井的设计与计算是根据上部结构特点、荷载大小及水文和地质情况,结合沉井的构造要求及施工方法,拟订出沉井的埋深、高度、分节、平面形状和尺寸、井孔大小及布置、井壁厚度、封底混凝土和顶板厚度等。沉井既是建筑物的基础,又是施工过程中挡土、挡水的结构物,设计计算内容包括沉井在使用阶段作为整体深基础的设计与计算和施工中各结构部分可能处于的最不利受力状态的验算。

5.4.1 沉井作为整体深基础的设计与计算

当沉井基础埋置深度在地面线或局部冲刷线以下不足 5 m 时,可按刚性扩展基础验算。当 $ah \leqslant 2.5$, $h > 5.0$ m 时,可按刚性深基础进行整体验算。

考虑侧壁土体弹性抗力时,通常可做如下基本假定:

(1)地基土为弹性变形介质,水平向地基系数随深度成正比增加(即 m 法)。
(2)不考虑基础与土之间的黏着力和摩阻力。
(3)沉井基础与土的刚度之比视为无穷大,在横向力作用下只发生转动而无挠曲变形。

在水平力和弯矩作用下,基础的转动会使土体产生弹性土抗力(包括侧面和底面)。这种土抗力产生的反弯矩将抵消一部分外荷载作用的总力矩,而使基底的应力分布比不考虑土抗力时要均匀得多。实践证明,这完全符合刚性深基础的受力状况。

5.4.1.1 非岩石地基上刚性深基础的计算

非岩石地基上刚性基础的计算,包括沉井在风化岩层内和岩面上的情况。

(1)基本原理。利用力的叠加和等效作用原理,将结构原来复杂的受力状态转换为两种简单的受力状态进行计算，即在中心竖向力 F_V(其值为 $F+G$)的作用，基底应力均匀分布；将水平力和弯矩作用转换为基底以上高度为 λ 处的水平力作用(图 5.13)。

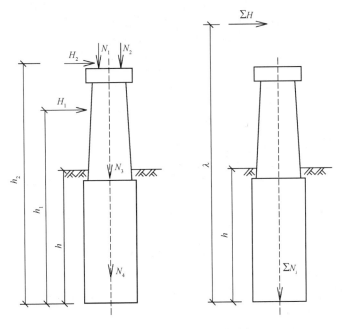

图 5.13 刚性深基础的受力分析

(2)水平力作用高度 λ 的计算。当沉井基础收到水平力 F_H 和偏心竖向力的共同作用时，可将其等效为距离基底作用高度为 λ 处的水平力 F_H，即

$$\lambda = \frac{F_{Ve} + F_H l}{F_H} = \frac{\sum M}{F_H} \tag{5-1}$$

式中　$\sum M$——地面线或局部冲刷线以上所有水平力、弯矩、竖向偏心力对基础底面重心的总弯矩。

(3)水平力作用下地基应力的计算。如图 5.14 所示，在水平力作用下沉井将绕位于地面线(或局部冲刷线)z_0 深度处的 A 点转动 ω 角。地面下深度 z 处沉井基础产生的水平位移 Δx 和土的侧面水平压应力 σ_{zx} 分别为

$$\Delta x = (z_0 - z)\tan\omega \tag{5-2}$$

$$\sigma_{zx} = \Delta x \cdot C_z = C_z(z_0 - z)\tan\omega \tag{5-3}$$

式中　z_0——转动中心 A 与地面间的距离(m)；

C_z——深度 z 处水平向的地基系数(kN/m^3)，$C_z = mz$，m 为地基土的比例系数(kN/m^4)。

将 C_z 值代入式(5-3)中得：

$$\sigma_{zx} = mz(z_0 - z)\tan\omega \tag{5-4}$$

即基础侧面水平压应力沿深度呈二次抛物线变化

若考虑到基础底面处竖向地基系数 C_0 不变，则基底压应力图形与基础竖向位移图相似，即

$$\sigma_{d/2} = C_0 \delta_1 = C_0 \frac{d}{2}\tan\omega \tag{5-5}$$

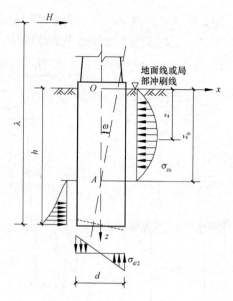

图 5.14　非岩石地基计算示意图

式中　C_0——基础底面处竖向地基系数（kN/m³），其值为 $m_0 h$，且不得小于 $10 m_0$，m_0 为基底处地基土的比例系数（kN/m⁴）；

　　　d——基底宽度或直径（m）。

上述各式中，z_0 和 ω 为两个未知数，可建立两个平衡方程求解，即：

$$\sum x = 0 \Rightarrow F_H - \int_0^h \sigma_{zx} b_1 \mathrm{d}z = F_H - b_1 m \tan\omega \int_0^h z(z_0 - z) \mathrm{d}z = 0 \tag{5-6}$$

$$\sum M = 0 \Rightarrow F_H h_1 + \int_0^h \sigma_{zx} b_1 z \mathrm{d}z - \sigma_{d/2} W_0 = 0 \tag{5-7}$$

式中　b_1——基础计算宽度；

　　　W_0——基底的截面模量。

联立以上两方程求解可得：

$$z_0 = \frac{\beta b_1 h^2 (4\lambda - h) + 6 d W_0}{2 \beta b_1 h (3\lambda - h)} \tag{5-8}$$

$$\tan\omega = \frac{6 F_H}{A m h} \tag{5-9}$$

其中，$A = \dfrac{\beta b_1 h^3 + 18 W_0 d}{2\beta(3\lambda - h)}$，$\beta = \dfrac{C_h}{C_0} = \dfrac{mh}{m_0 h} = \dfrac{m}{m_0}$，$\beta$ 为深度 h 处沉井侧面的水平地基系数与沉井底面的竖向地基系数的比值。

将此代入上述各式，可得：

$$\sigma_{zx} = \frac{6 F_H}{A h} z(z_0 - z) \tag{5-10}$$

$$\sigma_{d/2} = \frac{3 d F_H}{A \beta} \tag{5-11}$$

（4）应力验算。

①基底应力验算。当有竖向荷载 F_N 及水平力 F_H 同时作用时（图5.14），基底边缘处的

压应力为：

$$\sigma_{\max}=\frac{F_N}{A_0}+\frac{3F_H d}{A\beta}, \quad \sigma_{\min}=\frac{F_N}{A_0}-\frac{3F_H d}{A\beta} \tag{5-12}$$

式中 A_0——基础底面积。

②基础侧面水平压应力验算。当基础在外力作用下产生位移时，在深度 z 处基础一侧产生主动土压力强度 p_a，而被挤压一侧土会受到被动土压力强度 p_p，任意深度处桩对土产生的水平压力均应小于其极限抗力，以土压力表达为：

$$\sigma_{zx} \leqslant p_p - p_a \tag{5-13}$$

考虑上部结构类型及荷载作用情况不同影响，式(5-13)中引入 η_1、η_2 系数得：

$$\sigma_{zx} \leqslant \eta_1 \eta_2 (p_p - p_a) \tag{5-14}$$

式中 η_1——取决于上部结构类型的系数，对于静定结构，$\eta_1 = 1$，对于超静定结构，$\eta_1 = 0.7$；

η_2——恒载对基础底面重心所产生的弯矩 M_g 在总弯矩 M 中所占百分比的系数。

$$\eta_2 = 1 - 0.8 \frac{M_g}{M} \tag{5-15}$$

式中 M_g——结构重力对基础底面重心产生的弯矩；

M——全部荷载对基础底面重心产生的总弯矩。

由郎金土压力理论，作用于基础侧面的被动土压力和主动土压力强度分别为：

$$\left.\begin{array}{l} p_p = \gamma z \tan^2 \left(45°+\dfrac{\varphi}{2}\right) + 2\cot\left(45°+\dfrac{\varphi}{2}\right) \\ p_a = \gamma z \tan^2 \left(45°-\dfrac{\varphi}{2}\right) - 2\cot\left(45°-\dfrac{\varphi}{2}\right) \end{array}\right\} \tag{5-16}$$

根据实验，可知最大水平压应力大致出现在 $z = h/3$ 和 $z = h$ 处。将考虑的这些值代入式(5-14)，便有下列不等式：

$$\sigma_{\frac{h}{3}x} \leqslant \eta_1 \eta_2 \frac{4}{\cos\varphi}\left(\frac{\gamma h}{3}\tan\varphi + c\right) \tag{5-17}$$

$$\sigma_{hx} \leqslant \eta_1 \eta_2 \frac{4}{\cos\varphi}(\gamma h \tan\varphi + c) \tag{5-18}$$

式中 $\sigma_{\frac{h}{3}x}$——相应于 $z = h/3$ 深度处的土横向抗力；

σ_{hx}——相应于 $z = h$ 深度处的土横向抗力，h 为基础的埋置深度。

③基础截面弯矩计算。对于刚性桩，需要验算桩体界面强度并配筋，还需要计算距离地面线或局部冲刷线以下 z 深度处基础截面上的弯矩，其值为：

$$M_z = F_H(\lambda - h - z) - \int_0^z \sigma_{zx} b_1 (z - z_1) dz_1 = F_H(\lambda - h - z) - \frac{F_H b_1 z^3}{2hA}(2z_0 - z) \tag{5-19}$$

(5)墩台顶面的水平位移基础在水平力和力矩作用下，墩台顶面会产生水平位移 δ。它由地面处的水平位移 $z_0 \tan\omega$、地面到墩台顶范围 h_1 内的水平位移 $h_1 \tan\omega$、在 h_1 范围位移内墩台台身弹性挠曲变形引起的墩台顶水平位移 δ_0 三部分组成。

$$\delta = z_0 \tan\omega + h_1 \tan\omega + \delta_0 \tag{5-20}$$

考虑到转角一般均很小，令 $\tan\omega = \omega$ 不会产生大的误差，同时由于基础的实际刚度并非无穷大，而刚度对墩台的水平位移是有影响的，故需考虑实际刚度对地面水平位移的影响及地面处转角的影响，用系数 K_1 及 K_2 表示。K_1、K_2 是 αh、λ/h 的函数，其值可按表

5.1查用。因此,式(5-20)可写成:
$$\delta=(z_0K_1+K_2h_1)\omega+\delta_0 \tag{5-21}$$
或对支承在岩石地基上的墩台顶面水平位移为:
$$\delta=(K_1h+K_2h_1)\omega+\delta_0 \tag{5-22}$$

设计桥梁墩台时,除应考虑基础沉降外,往往还需要检验由于地基变形和墩台身的弹性水平变形所产生的墩台顶面的弹性水平位移。

现行规范中规定墩台顶面的水平位移 δ 应符合下列要求:$\delta \leqslant 5.0\sqrt{L}$,单位为 mm。式中 L 为相邻墩台间的最小跨度,单位为 m,当跨度 $L<25$ m 时,L 按 25 m 计算。

表 5.1 系数 K_1、K_2 值

αh	系数	λ/h				
		1	2	3	5	∞
1.6	K_1	1.0	1.0	1.0	1.0	1.0
	K_2	1.0	1.1	1.1	1.1	1.1
1.8	K_1	1.0	1.1	1.1	1.1	1.1
	K_2	1.1	1.2	1.2	1.2	1.3
2.0	K_1	1.1	1.1	1.1	1.1	1.2
	K_2	1.2	1.3	1.4	1.4	1.4
2.2	K_1	1.1	1.2	1.2	1.2	1.2
	K_2	1.2	1.5	1.6	1.6	1.7
2.4	K_1	1.1	1.2	1.3	1.3	1.3
	K_2	1.3	1.8	1.9	1.9	2.0
2.6	K_1	1.2	1.3	1.4	1.4	1.4
	K_2	1.4	1.9	2.1	2.2	2.3

注:$\alpha h < 1.6$ 时,$K_1=K_2=1.0$,$\alpha=\sqrt[5]{\dfrac{mb_1}{EI}}$。

5.4.1.2 基底嵌入基岩中刚性深基础的计算

(1)计算要点。若基底嵌入基岩内,在水平力和竖直偏心荷载作用下,可以认为基底不产生的旋转中心 A 与基底中心相吻合,即 $z_0=h$(图 5.15)。

基础在转动时,在基底嵌入基岩处有一水平阻力 P。由于 P 对基底中心轴的力臂很小,故一般可忽略 P 对 A 点的力矩,但需验算力 P 作用在嵌固处基础的抗剪强度。

(2)水平力作用下地基应力的计算。当基础有水平力 F_H 作用时,地面下 z 深度处产生的水平位移 Δx 和土的横向抗力 σ_{zx} 分别为:
$$\Delta x=(h-z)\tan\omega \tag{5-23}$$
$$\sigma_{zx}=mz\Delta x=mz(h-z)\tan\omega \tag{5-24}$$

基底边缘处的竖向应力为:
$$\sigma_{d/2}=C_0\frac{d}{2}\tan\omega=\frac{mhd}{2\beta}\tan\omega \tag{5-25}$$

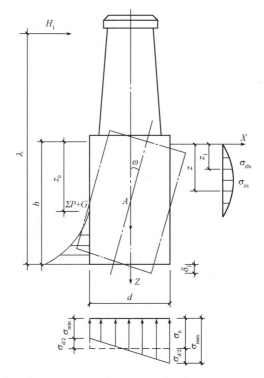

图 5.15 基底嵌入基岩中时在水平力作用下的应力分布

上述公式中只有一个未知数 ω，建立一个弯矩平衡方程便可解出 ω 值。

$$\left. \begin{array}{l} \sum M_A = 0 \\ F_H(h+h_1) - \int_0^h \sigma_{zx} b_1 (h-z) \mathrm{d}z - \sigma_{d/2} W = 0 \end{array} \right\} \quad (5\text{-}26)$$

解上式得：

$$\tan\omega = \frac{F_H}{mhD} \quad (5\text{-}27)$$

$$D = \frac{b_1 \beta h^3 + 6Wd}{12\lambda\beta}$$

将 $\tan\omega$ 代入式(5-24)和式(5-25)中，得：

$$\sigma_{zx} = (h-z)z \frac{F_H}{Dh} \quad (5\text{-}28)$$

$$\sigma_{d/2} = \frac{F_H d}{2\beta D} \quad (5\text{-}29)$$

(3) 应力验算。

① 基底应力验算。

$$\sigma_{\max} = \frac{N}{A_0} + \frac{F_H d}{2\beta D}, \quad \sigma_{\min} = \frac{N}{A_0} - \frac{F_H d}{2\beta D} \quad (5\text{-}30)$$

② 基础侧面水平压应力验算。最大水平压应力位于 $h/2$ 处：

$$\sigma_{\frac{h}{2}x} \leqslant \eta_1 \eta_2 \frac{4}{\cos\varphi} \left(\frac{\gamma h}{2} \tan\varphi + c \right) \quad (5\text{-}31)$$

③基础截面弯矩的计算。

$$M_z = F_H(\lambda - h + z) - \frac{b_1 F_H z^3}{12Dh}(2h - z) \tag{5-32}$$

④嵌固处水平阻力的计算。

根据 $\sum x = 0$，可以求出嵌固处未知的水平阻力 P。

$$P = \int_0^h b_1 \sigma_{zx} dz - F_H = F_H\left(\frac{b_1 h^2}{6D} - 1\right) \tag{5-33}$$

5.4.2 结构计算

沉井受力状况随着整个施工及营运进程而变化。因此，沉井的结构强度必须满足各阶段不利受力情况的要求。针对沉井各部分在施工过程中的最不利受力情况，可拟订出相应的计算图式，然后计算截面应力，进行必要的配筋，以保证井体结构在施工各阶段中的强度和稳定。沉井结构在施工过程中主要需进行下列验算。

5.4.2.1 沉井自重下沉验算

沉井下沉是靠在井孔内不断取土，在沉井重力作用下克服四周井壁与土的摩阻力、刃脚底面土的阻力实现的。在设计时，应首先确定沉井在自身重力作用下能否顺利下沉。

$$K = \frac{G}{R} \geqslant 1.15 \times 1.25 \tag{5-34}$$

式中　　K——下沉系数；

　　　　G——沉井自重；

　　　　R——沉井底端地基总反力 R_r 与侧面总摩阻力 R_f 之和。

对于 R_f 的计算，可假定单位面积摩阻力沿深度呈梯形分布：距地面 5 m 范围内呈三角形分布，以下为常数，$R_f = u(h - 2.5)q$。

当不能满足上述要求时：
①可加大井壁厚度或调整取土井孔尺寸；
②若为不排水下沉，达到一定深度后改用排水下沉；
③添加压重或射水助沉；
④采取泥浆润滑套或空气幕下沉沉井施工等措施。

5.4.2.2 底节沉井竖向挠曲验算

底节沉井抽除垫木时，可将支承垫木确定在沉井受力最有利的位置处，使沉井在支点处产生的负弯矩与跨中产生的正弯矩基本相等或相近。在下沉过程中沉井支点位置按排水和不排水两种情况分别考虑。

(1)排水除土下沉。排水除土下沉挖土时可认为控制，将沉井的最后支承点控制在最有利位置处，使支点和跨中所产生的弯矩绝对值大致相等。对矩形和圆端形沉井，若沉井长宽比大于 1.5，支点可设在长边，支点的间距等于长边边长的 70%，如图 5.16(a)所示；圆形沉井支承在两条相互垂直直径与圆周相交的 4 个支点上。以此验算沉井自重所引起的井壁顶部或底部混凝土的抗拉强度。

(2)不排水除土下沉。机械挖土时，刃脚下支点无法控制，沉井下沉过程中可能出现的最不利支承为：对矩形和圆端形沉井，因除土不均将导致沉井支承于四角（两角）成为一简支梁，跨中弯矩最大，沉井下部竖向开裂，此时要验算刃脚底面混凝土的抗拉强度；也可能因孤石等障碍物使沉井支承于壁中，形成悬臂梁，支点处对应的沉井顶部产生竖向开裂，此时要验算井壁顶部混凝土的抗拉强度，如图 5.16(b)所示。圆形沉井则可能会出现支承于直径上两个支点的情况。

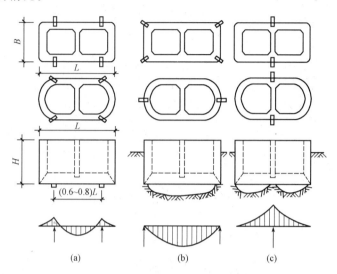

图 5.16 底节沉井支承点布置示意图
(a)排水除土下沉；(b)不排水除土下沉

5.4.2.3 沉井刃脚的受力计算

沉井在下沉过程中，刃脚有时切入土中，有时悬空，是沉井受力最大、最复杂的部分。竖向分析时，可近似地将刃脚看作是固定于刃脚根部处的悬臂梁，根据刃脚内外侧作用力的不同可能向外或向内挠曲；在水平面上，则视刃脚为一封闭的水平框架，在水、土压力作用下将发生弯曲变形。因此，作用在刃脚侧面上的水平力可视为由两种不同的构件即悬臂梁和框架来共同承担。按变形协调关系，可导出刃脚竖向悬臂分配系数 α 和刃脚水平框架分配系数 β 为：

$$\alpha = \frac{h_K^4}{h_K^4 + 0.05 L_1^4} \leqslant 1.0 \tag{5-35}$$

$$\beta = \frac{L_2^4}{h_K^4 + 0.05 L_2^4} \leqslant 1.0 \tag{5-36}$$

式中 L_1, L_2——支承于隔墙间的井壁最大和最小计算跨度；

h_K——刃脚斜面部分的高度。

上述公式仅适用于内隔墙底面高出刃脚底不超过 0.5 m 或大于 0.5 m 但有垂直埂肋的情况。否则全部水平应力由刃脚竖向悬臂作用承担，即 $\alpha = 1.0$，刃脚不起水平框架作用，但需按构造布置水平钢筋，以承受一定的正、负弯矩。

(1)刃脚作为悬臂梁计算其竖直方向的弯曲强度。计算时一般可取单位宽度井壁，将刃脚视为固定在井壁上的悬臂梁，分别按刃脚向外和向内挠曲两种最不利情况进行分析。

①刃脚向外挠曲。沉井下沉过程中，刃脚内侧切入土中深约 1.0 m 时，在地面或水面

以上还露出一定高度或井壁全部浇筑后有一定的外露高度。此时，刃脚受井孔内土体的横向压力，在刃脚根部水平截面上产生最大的向外弯矩，如图 5.17 所示。

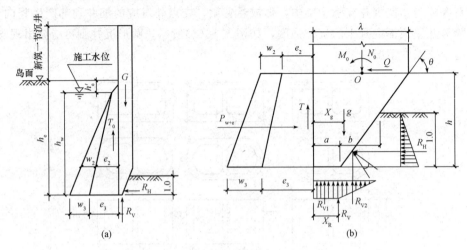

图 5.17　刃脚向外挠曲受力情况（单位：m）

刃脚外侧的土、水压力合力 p_{e+w}：

$$p_{e+w} = \frac{p_{e_2+w_2} + p_{e_3+w_3}}{2} h_K \tag{5-37}$$

式中　$p_{e_2+w_2}$——作用在刃脚根部处的土、水压力强度之和，$p_{e_2+w_2} = e_2 + w_2$；

　　　$p_{e_3+w_3}$——刃脚底面处土、水压力强度之和，$p_{e_2+w_2} = e_3 + w_3$。

p_{e+w} 作用点位置（离刃脚根部距离 y）为：

$$y = \frac{h_K}{3} \cdot \frac{2p_{e_3+w_3} + p_{e_2+w_2}}{p_{e_3+w_3} + p_{e_2+w_2}} \tag{5-38}$$

作用在刃脚外侧的计算侧土压力和水压力的总和不应大于静水压力的 70%，否则按 70% 的静水压力计算。

作用在井壁外侧单位宽度上的摩阻力为：

$$T = qh_K \tag{5-39}$$

$$T = 0.5E \tag{5-40}$$

式中　E——刃脚外侧主动土压力合力，$E = (e_2 + e_3)h_K/2$。

为偏于安全，使刃脚土反力最大，井壁摩阻力应取式（5-39）～式（5-40）中的较小值。

土的竖向反力 R_V：

$$R_V = G - T_0 \tag{5-41}$$

式中　G——沿井壁周长单位长度沉井的自重，水下部分应考虑水的浮力。

若将 R_V 分解为作用在踏面下土的竖向反力 R_{V1} 和刃脚斜面下土的竖向反力 R_{V2}，且假定 R_{V1} 为均匀分布、强度为 σ 的合力，R_{V2} 为三角形分布、最大强度为 σ 的合力，水平反力 R_H 呈三角形分布，如图 5.17 所示，则根据力的平衡条件可导得各反力值为：

$$R_{V1} = \frac{2a}{2a+b} R_V \tag{5-42}$$

$$R_{V2} = \frac{b}{2a+b} R_V \tag{5-43}$$

$$R_H = R_{V2} \tan(\theta - \delta) \tag{5-44}$$

式中　a——刃脚踏面宽度；

　　　b——切入土中部分刃脚斜面的水平投影长度；

　　　θ——刃脚斜面的倾角；

　　　δ——土与刃脚面间的外摩擦角，一般可取 $\delta = \varphi$。

刃脚单位宽度自重为：

$$g = \frac{t+a}{2} h_K \gamma_K \tag{5-45}$$

式中　t——井壁厚度；

　　　γ_K——钢筋混凝土刃脚的重度，不排水施工时应扣除浮力。

作用在刃脚外侧摩阻力的计算方法与计算井壁外侧摩阻力 T 的方法相同，但取两式中的较大值，其目的是使刃脚弯矩最大。

求出以上各力的数值、方向及作用点后，根据图 5.17 所示的几何关系可求得各力对刃脚根部中心轴的力臂，从而求得总弯矩 M_0、竖向力 N_0 及剪力 Q，即：

$$M_0 = M_{e+w} + M_T + M_{R_V} + M_{R_H} + M_g \tag{5-46}$$

$$N_0 = R_V + T + g \tag{5-47}$$

$$Q = p_{e+w} + R_H \tag{5-48}$$

其中 M_{e+w}、M_T、M_{R_V}、M_{R_H} 及 M_g 分别为土、水压力合力 p_{e+w}，刃脚底部外侧摩阻力 T，反力 R_V，横向力 R_H 及刃脚自重 g 对刃脚根部中心轴的弯矩，且刃脚部分各水平力均应按规定考虑分配系数 α。

求得 M_0、N_0 及 Q 后就可验算刃脚根部应力，并计算出刃脚内侧所需竖向钢筋用量。一般刃脚钢筋截面面积不宜小于刃脚根部截面面积的 0.1%，且竖向钢筋应伸入根部以上 $0.5 L_1$（L_1 为支承于隔墙间的井壁最大计算跨度）。

②刃脚向内挠曲。当沉井沉到设计标高，刃脚下土体挖空而尚未浇筑混凝土（图 5.18）时，刃脚可视为根部固定在井壁上的悬臂梁，以此计算最大弯矩。

作用在刃脚上的力有刃脚外侧的土压力、水压力、摩阻力以及刃脚自身的重力。各力的计算方法同前，但水压力的计算应注意实际施工情况。为偏于安全，若不排水下沉时，井壁外侧水压力以 100% 计算，井内水压力取 50%，也可按施工中可能出现的水头差计算；若排水下沉时，不透水土取静水压力的 70%，透水土按 100% 计算。计算所得各水平外力同样应考虑分配系数 α，再由外力计算出对刃脚根部中心轴的弯矩、竖向力及剪力，以此求得刃脚外壁钢筋用量。其配筋构造要求与向外挠曲时相同。

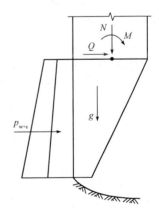

图 5.18　刃脚向内挠曲受力情况

(2) 刃脚作为水平框架计算其水平方向上的弯曲强度。当沉井下沉至设计标高，刃脚下土已挖空但未浇筑封底混凝土时，刃脚所受水平压力最大，处于最不利状态。此时可将刃脚视为水平框架（图 5.19），作用于刃脚上的外力与计算刃脚向内挠曲时相同，但所有水平力应乘以分配系数 β，以此求得水平框架的控制内力，再配置框架所需水平钢筋。

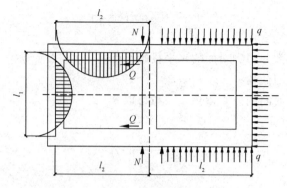

图 5.19 水平框架计算图

作用在矩形沉井上的最大弯矩 M、轴向力 N 及剪力 Q 可按下列公式近似计算：

$$M=\frac{ql_1^2}{16} \tag{5-49}$$

$$N=\frac{ql_2}{2} \tag{5-50}$$

$$Q=\frac{ql_1}{2} \tag{5-51}$$

式中 q——作用在刃脚框架上的水平均布荷载；

l_1，l_2——沉井外壁的最大和最小计算跨径。

计算出控制截面上的弯矩 M、轴向力 N 和剪力 Q 后，可根据内力设计刃脚的水平钢筋。为便施工，不必按正负弯矩将钢筋弯起，而按正负弯矩的弯腰布置成内、外两圈钢筋。

5.4.2.4 井壁受力计算

(1)井壁竖向拉应力验算。当沉井被四周土体摩阻力所嵌固而刃脚下的土已被挖空时，井壁上部可能被土层夹住，井壁下部处于悬空状态。此时应验算井壁接缝处的竖向抗拉强度，假定接缝处混凝土不承受拉力而由接缝处的钢筋承受。

①等截面井壁。假定作用于井壁上的摩阻力呈倒三角形分布(图 5.20)，在地面处摩阻力最大，而刃脚底面处为 0。沉井自重为 G，入土深度为 h，则距刃脚底面 x 深度处断面上的拉力 S_x 为：

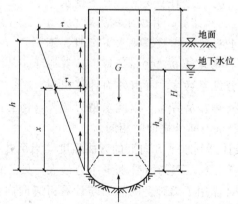

图 5.20 土质均匀情况下井壁拉力计算图

$$S_x = \frac{Gx}{h} - \frac{Gx^2}{h^2} \tag{5-52}$$

并可导得井壁内最大拉力 S_{max} 为：

$$S_{max} = \frac{G}{4} \tag{5-53}$$

其位置在 $x=h/2$ 的断面上；当不排水下沉（设水位和地面齐平）时，$S_{max}=0.007G$。

②台阶形井壁。对于台阶形井壁，每段井壁变阶处均应进行计算，变阶处的井壁拉力（图 5.21）为：

$$S_x = G_{xk} - \frac{1}{2}uq_x x \tag{5-54}$$

$$q_x = \frac{x}{h} q_d$$

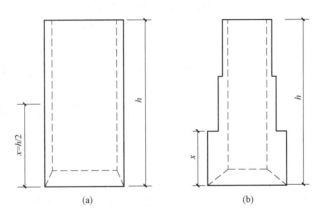

图 5.21 沉井井壁竖直受拉
(a)等截面井壁；(b)台阶形井壁

若沉井很高，各节沉井接缝处混凝土所受的拉应力可由接缝钢筋承受，接缝钢筋按所在位置发生的拉应力设置。钢筋所受的拉应力应小于钢筋强度标准值的 75%，并须验算钢筋的锚固长度。采用泥浆润滑套下沉的沉井，在泥浆润滑套内不会出现箍住现象，井壁也不会因自重而产生拉应力。

(2)井壁横向受力计算。当沉井沉至设计标高，刃脚下土已挖空而尚未封底时，井壁承受的水、土压力最大。此时应按水平框架分析内力，验算井壁材料强度，其计算方法与刃脚水平框架计算相同。这种水平弯曲验算分为如下两部分。

①刃脚根部以上高度等于井壁厚度的一段井壁（图 5.22）。验算位于刃脚根部以上高度等于井壁厚度 t 的一段井壁。其除承受作用于该段的土、水压力外，还承受由刃脚悬臂作用传来的水平剪力（即刃脚内挠时受到的水平外力乘以分配系数 α）。另外，还应验算没节沉井最下端处单位高度井壁作为水平框架的强度，并以此控制该节沉井的设计，但作用于井壁框架上的水平外力仅为土压力和水压力，且不需乘以分配系数 β。

②其余段井壁。其余各段井壁的计算可按井壁断面的变化分成数段，取每一段中控制设计的井壁（位于每段最下端的单位高度井壁）进行计算。求得水平框架内截面的作用效应，并将水平筋布置在全段上。

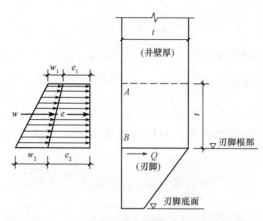

图 5.22 刃脚根部以上高度等于井壁厚度的
一段井壁水平框架荷载分布图

采用泥浆润滑套下沉的沉井,若台阶以上泥浆压力(即泥浆相对密度乘以泥浆高度)大于上述土、水压力之和,为保证泥浆润滑套不被破坏,井壁压力应按泥浆压力计算。

采用空气幕下沉的沉井,在下沉过程中会受到土侧压力,根据试验沉井测量结果,压气时气压对井壁的作用不明显,可以略去不计,按普通沉井的有关规定计算。

5.4.2.5 隔墙的计算

计算时,主要验算底节沉井内隔墙,根据隔墙与井壁的相对刚度来确定隔墙与井壁的连接。一般当 t_2 比 t_1 小很多,两者的抗弯刚度(t_2^3/l_2):(t_1^3/l_1)相差很大时,可将隔墙视为两端铰支于井壁上的梁计算。当两者的抗弯刚度相差不大时,隔墙与井壁可视为固结梁来计算(图 5.23)。

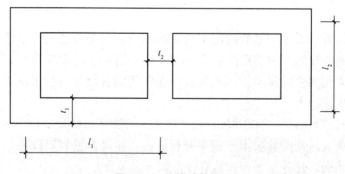

图 5.23 隔墙计算图示

其最不利受力情况是下部土已挖空,上节沉井刚浇筑而未凝固时。此时隔墙成为两端支承在井壁上的梁,承受两节沉井隔墙和模板等的质量。若底节隔墙强度不够,可布置水平向钢筋或在隔墙下夯填粗砂以承受荷载。

5.4.2.6 封底混凝土及顶盖板计算

(1)封底混凝土的计算。封底混凝土在施工封底时主要承受的地基反力有:基底水压力和地基土的向上反力;空心沉井使用阶段封底混凝土需承受沉井基础所有最不利荷载组合引起的基底反力,若在井孔内填砂或有水时可扣除其质量。

封底混凝土的厚度一般比较大,可按下述方法计算并取其控制值。

①按受弯计算。将封底混凝土视为支承在凹槽或隔墙底面、刃脚斜面上的周边支承的双向板(矩形或圆端形沉井)或圆板(圆形沉井)进行计算,底板与井壁的连接一般按简直考虑。当连接可靠(由井壁内预留钢筋连接等)时,也可按弹性固定考虑。要求计算所得的弯曲拉应力小于混凝土板弯曲抗拉设计强度,具体计算可参考有关设计手册。

②按受剪计算。要进行沉井孔范围内封底混凝土沿刃脚斜面高度截面上的剪力验算(图 5.24)。若不满足要求,应增加封底混凝土的厚度,以加大抗剪面积。

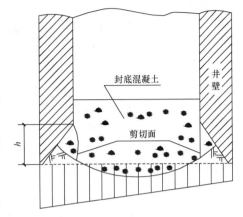

图 5.24 封底混凝土剪力验算图

(2)钢筋混凝土顶盖板的计算。对于空心或井孔内填以砂砾石的沉井,井顶必须浇筑钢筋混凝土顶盖板,用以支承上部结构荷载。顶盖板厚度一般预先拟订,再进行配筋计算。计算时按支承在井壁和隔墙上承受最不利均布荷载的双向板或圆板考虑。

当墩身底面有相当大的部分支承在井壁上时,按只承受浇筑墩身混凝土的均布荷载来计算板的内力,同时,还应验算墩身承受全部最不利作用情况下支承墩身的井壁和隔墙的抗压强度。

当墩身底面全部位于井孔内时,除按前面第一种情况的规定计算外,还应按最不利作用组合验算墩身边缘处[图 5.25(b)中 $a—a$ 截面]的抗剪强度。

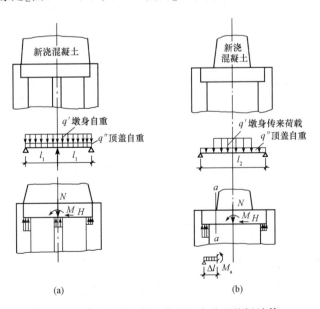

图 5.25 墩身底面位于井孔之内的顶盖板计算

5.5 其他深基础简介

随着生产的发展与工程建设的需要,深基础的应用越来越广泛。除桩基础、沉井基础外,还有墩基础和沉箱基础等。其主要特点是需采用特殊的施工方法解决基坑开挖、排水等问题,以减小对邻近建筑物的影响。

5.5.1 墩基础

墩基础是一种利用机械或人工在地基中开挖成孔后灌注混凝土形成的大直径桩基础。由于其截面尺寸较大,长度相对较短,粗大似墩,故称为墩基础。

墩基础一般采用一柱一墩,与桩基础作用相似。两者的主要区别在于:墩基础长细比较小,承载力高,荷载传递过程不同,采用明挖方式,施工方便,施工机具简单,施工时无噪声,速度快,无振动,并且容易探明是否已达到设计要求的持力层,必要时可做试验测定其物理特性,因而,被广泛用于各种工业与民用建筑工程、桥梁工程、煤矿建设等工程中。

根据工程地质和水文地质资料、施工设备及技术条件,经过经济合理和技术可行性论证后进行墩基础设计,其构造要求如下:

(1) 墩基础一般设计为一柱一墩,墩身嵌入墩帽应不小于 100 mm。墩帽常采用方形截面,厚度不宜小于 350 mm,挑檐的宽度不宜小于 200 mm,墩基础主筋锚入墩帽内的长度不应小于 35 倍主筋直径。

(2) 墩基础的混凝土强度等级不应低于 C20。钢筋保护层厚度不宜小于 35 mm,对于水下墩基础不宜小于 50 mm。

(3) 根据内力计算配置墩身钢筋笼,当墩顶弯矩较小时,按构造设置。当墩身直径 800 mm$\leqslant d<$1 500 mm 时,最小配筋率为 0.2%;当 $d=$1 500 mm 时,最小配筋率不应小于 0.2%。主筋直径不宜小于 14 mm,且不应少于 8 根。插入墩顶以下主筋全长不应小于墩长的 1/3 或 3.5 d。

(4) 墩底进入持力层的深度宜为墩身直径的 1~3 倍,尽量选择坚硬的岩层或土层作为持力层。

(5) 由于是人工或机械挖孔,为提高承载力可采用扩底端。扩底端直径 D 与墩身直径 d 之比不应大于 3。

5.5.2 沉箱基础

5.5.2.1 沉箱基础发展简史

1841 年,气压沉箱在法国问世。法国工程师 M. 特里热在采煤工程中为克服管状沉井下沉困难,把沉井的一段改装为气闸,成为沉箱,并提出了用管状沉箱建造水下基础的方案。1851 年,J. 赖特在英国罗切斯特梅德韦河上建桥时,首次下沉了深 18.6 m 的管状沉箱。1859年，法国弗勒尔·圣德尼在莱茵河上建桥时，下沉了底面规格和基底相同的矩形沉箱，以后沉箱被广泛应用。

早期的沉箱多用钢铁制造，以后又相继出现了石沉箱、木沉箱、钢筋混凝土沉箱等。特大型的沉箱为1878—1880年法国土伦干船坞钢沉箱，其平面尺寸为41 m×144 m。下沉最深的沉箱为1955年位于密西西比河上、跨度655 m的管道悬索桥的沉箱，因其采用了在沉箱周围打深井抽水以降低地下水位的措施，使刃脚工作最低处在静水位以下达44 m。

我国最先采用沉箱基础的是京山(北京—山海关)铁路滦河桥(1892—1894年)。我国自行设计建造的浙赣(浙江—江西)铁路杭州钱塘江桥(1935－1937年)，也采用了沉箱下接桩基的联合基础。新中国成立后，有些桥梁如1955年建成的黎湛(黎塘—湛江)铁路贵县郁江桥也曾使用沉箱基础，但以后逐渐为管柱及其他基础所替代。

除上述气压沉箱外，还有一种被港口部门也称为沉箱的构筑物。其外形像一只有底无盖的箱子，因其不用压缩空气，故可称为无压沉箱。它用钢筋混凝土建造，只能在水中而不能在土中下沉，故它和气压沉箱不同，不能作为深基础。其一般多用在水流不急、地基或基床不受冲刷、地基沉降小、基础不需埋入土中或对沉降不敏感的构筑物中，如港口岸壁、码头、防波堤、灯塔等工程。

无压沉箱一般在岸边或船坞中制造，然后浮运就位，灌水和填充下沉，使之平稳沉到已整平的地基或抛石基床上。如箱内填砂石，则沉箱要做顶盖。基底土质较差时，也可先在水底挖一浅坑，打下若干基桩，在桩顶处灌筑水下混凝土承台，再将无压沉箱沉至已找平的承台面上，箱周下部也用水下混凝土进行围护。

5.5.2.2 沉箱基础的构造

气压沉箱是一种无底的箱形结构，因为需要输入压缩空气来提供工作条件，故称为气压沉箱或简称沉箱。

沉箱由顶盖和侧壁组成(图5.26)，其侧壁也称为刃脚。顶盖留有孔洞，以安设向上接高的气筒(井管)和各种管路。气筒上端连以气闸。气闸由中央气闸、人用变气闸及料用变气闸(或进料筒、出土筒)组成。在沉箱顶盖上安装围堰或砌筑永久性外壁。顶盖下的空间称为工作室。

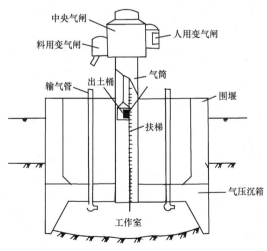

图5.26　沉箱基础构造图

当把沉箱沉入水下时，在沉箱外用空气压缩机将压缩空气通过储气筒、油质分离器经输气管分别输入气闸和沉箱工作室，以把工作室内的水压出室外。之后工作人员就可经人用变气闸从中央气闸及气筒内的扶梯进到工作室内工作。人用变气闸的作用是通过逐步改变闸内的气压而使工作人员适应室内外的气压差，同时，又可防止由于人员出入工作室而导致高压空气外溢。

在沉箱工作室里，工作人员用挖土机具、水力机械（包括水力冲泥机、吸泥机）和其他机具挖除沉箱底下的土石，排除各种障碍物，使沉箱在其自重及其上逐渐增加的圬工或其他压重作用下，克服周围的摩阻力及压缩空气的反力而下沉。沉箱下到设计标高并经检验、处理地基后，用圬工填充工作室，拆除气闸、气筒，这时沉箱就成了基础的组成部分。在其上面可在围堰的保护下继续修筑所需要的建筑物，如桥梁墩台，水底隧道，地下铁道及其他水工、港口构筑物等。

沉箱适用于以下情况：

①待建基础的土层中有障碍物，用沉井无法下沉，基桩无法穿透时。

②待建基础邻近有埋置较浅的建筑物基础，要求保证其地基的稳定和建筑物的安全时。

③待建基础的土层不稳定，无法下沉井或挖槽沉埋水底隧道箱体时。

④地质情况复杂，要求直接检验并对地基进行处理时。由于沉箱作业条件差，对人员健康有害，且工效低、费用大，加上人体不能承受过大气压，故沉箱入水深度一般控制在 35 m 以内，从而使基础埋深受到限制。因此，沉箱基础除遇到特殊情况外一般较少采用。

5.5.2.3 沉箱基础施工

按其下沉地区的条件，沉箱的施工有陆地下沉和水中下沉两种方法。陆地下沉有地面无水时就地制造沉箱下沉和水不深时采取围堰筑岛制造沉箱下沉两种方法。沉箱下沉程序如下所述：

(1)沉箱制造。

(2)下沉准备工作。抽除垫木，支立箱顶圬工的模板；安装气筒和气闸等。

(3)挖土下沉。工人进入工作室后，必须严格按操作规程进行作业。进入工作室前，工人先待在人用变气闸内，逐渐增加气压，待压力与工作室内气压相等时才可开门进入工作室；在离开沉箱时按相反的顺序进行。沉箱开始下沉时下沉速度较快，为保持顶盖板到土面的净空不少于 1.8 m，每次挖土不宜过深，以控制下沉速度，并应对称挖土，以防止沉箱倾斜。若由于土的摩擦力过大致使沉箱无法下沉，则可采用放气逼降法，即把工作室中的排气管打开，使室内气压骤减，相对提高沉箱的向下重力，就有可能克服土的摩擦力而下沉。注意放气时人应离开工作室。

(4)接长井管。

(5)沉箱下沉到设计标高后，进行基底土质鉴定和地基处理。

(6)填封工作室和升降孔。工作室内应填以强度等级不低于 C15 的混凝土或块石混凝土。混凝土的浇灌应由四周刃脚处开始，按同心圆一层层向中间填筑，接近顶盖板处应填以干硬性混凝土，并要振捣密实。最后，用 1∶1 的稀水泥浆从升降孔内以不高于 400 kPa 的压力注入工作室，同时把室内排气管打开，直到注浆管的水泥浆不再下降为止。这时，室内一切缝隙均已被水泥浆填满，顶盖板与填充混凝土已完全密封。然后，撤除气闸和井管,把升降孔也一同用混凝土填死。

工作人员在高气压的条件下工作时,必须有一套严格的安全和劳动保护制度,包括对工作人员的体格检查制度、工作时间制度(气压越高,每班工作时间越短)以及工作人员进出沉箱时必须在人员变气闸内按规定时间逐渐变压的制度。如加压过快,会引起耳膛病;减压过快,则人体血液中吸收的氮气来不及全部排出,形成气泡积聚、扩张、堵塞,从而引起严重的沉箱病。

5.6 沉井设计实例

某公路桥墩基础,上部结构为等跨等截面悬链线双曲拱桥,下部结构为重力式墩及圆端形沉井基础。基础平面及剖面尺寸如图 5.27 所示,浮运法施工(浮运方法及浮运稳定性验算从略)。

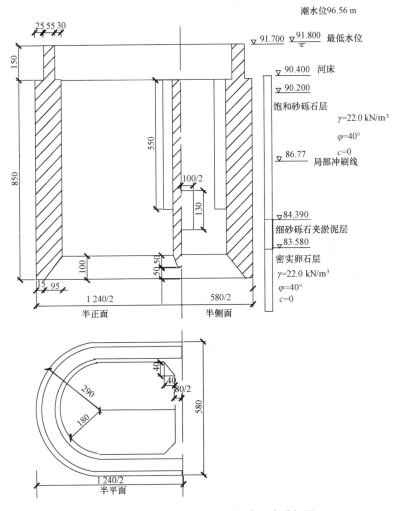

图 5.27 圆端形沉井实例的构造及地质剖面

5.6.1 设计资料

土质及水位情况如图 5.26 所示，传给沉井的恒载及活载见表 5.3。

沉井混凝土强度等级为 C20，钢筋采用 HRB335 级。按《公路桥涵地基与基础设计规范》(JTG D63—2007)设计计算。

5.6.2 沉井高度及各部分尺寸

(1)沉井高度 H。按水文计算，最大冲刷深度 $h_m = 90.40 - 86.77 = 3.63(m)$，大、中桥基础埋深应 $\geqslant 2.0$ m，故

$$H = (91.7 - 90.4) + 3.63 + 2.0 = 6.93(m)$$

但沉井底较接近于细砂砾石夹淤泥层。

按土质条件，井底应进入密实的砂卵石层，并考虑 2.0 m 的安全度，则

$$H = 91.7 - 81.58 = 10.12(m)$$

按地基承载力，沉井底面位于密实的砂卵石层为宜。

据以上分析，拟取沉井高度 $H = 10$ m，井顶标高 91.700 m，井底标高 81.700 m。因潮水位高，第一节沉井高度不宜太小，故取 8.5 m，第二节高 1.5 m，第一节井顶标高 90.200 m。

(2)沉井平面尺寸。考虑到桥墩形式，采用两端半圆形中间为矩形的沉井。圆端外半径 2.9 m，矩形长边 6.6 m，宽 5.8 m，第一节井壁厚 $t = 1.1$ m，第二节厚度为 0.55 m。隔墙厚度 $\delta = 0.8$ m。其他尺寸如图 5.28 所示。

刃脚踏面宽度 $a = 0.15$ m，刃脚高 $h_k = 1.0$ m(图 5.28)，内侧倾角为

$$\tan\theta = \frac{1.0}{1.1 - 0.15} = 1.0526, \quad \theta = 46°28' > 45°$$

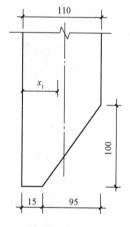

图 5.28 刃脚断面尺寸设计

5.6.3 荷载计算

荷载自重计算见表 5.2，各力汇总于表 5.3。

表 5.2 沉井自重计算汇总

沉井部位	重度 $\gamma/(kN \cdot m^{-3})$	体积 V/m^3	重力 Q/kN	形心至井壁外侧距离/m
刃脚	25.00	18.18	454.50	0.372
第一节沉井井壁	24.50	230.72	5 652.64	
底节沉井隔墙	24.50	24.22	593.39	
第二节沉井井壁	24.50	23.20	568.40	
钢筋混凝土盖板	24.50	62.36	1 527.82	
井孔填砂卵石	20.00	150.62	3 012.40	
封底混凝土	24.00	126.26	3 030.24	
沉井总重			14 839.39	

表 5.3　各力汇总表

力的名称	力值/kN	对沉井底面形心轴的力臂/m	弯矩/(kN·m)
二孔上部结构恒载及墩身	$P_1=25\,691.00$		
一孔活载(竖向力)	$P_g=650.00$	1.15	747.50
由制动力产生的竖向力	$P_T=32.40$	1.15	37.26
沉井总重	$G=14\,839.39$		
沉井浮力	$G'=-6\,355.23$		
合　计	$\sum P=34\,857.6$		784.76
一孔活载(水平力)	$H_g=815.10$	18.806	$-15\,328.77$
制动力	$H_T=75.00$	18.806	$-1\,410.45$
合　计	$\sum H=890.10$		$-16\,739.22$

注：1. 低水位时沉井浮力 $G'=[549.96\text{ m}^3+3.141\,6\times(2.65\text{ m})^2\times1.5\text{ m}+6.6\text{ m}\times5.3\text{ m}\times1.5\text{ m}]\times10.00\text{ kN/m}^3=6\,355.23\text{ kN}$。
　　2. 上表仅列了单孔荷载作用情况，双孔荷载时 $\sum M=-15\,954.46\text{ kN·m}$。

5.6.4　基底应力验算

沉井井底埋深为：
$$h=86.77-81.7=5.07(\text{m})$$

井宽为：
$$d=5.8(\text{m})$$

井底面积为：
$$A_0=3.141\,6\times(2.9)^2+6.6\times5.8=64.7(\text{m}^2)$$

井底抵抗矩为：
$$W=\frac{\pi d^3}{32}+\frac{1}{6}a^2b=56.12(\text{m}^3)$$

竖向荷载为：
$$N=\sum P=34\,857.6(\text{kN})$$

水平荷载为：
$$\sum H=890.1(\text{kN})$$

弯矩为：
$$\sum M=15\,954.46(\text{kN·m})$$

又因 $h<10$ m，故取 $C_0=10m_0$，
即 $\beta=C_h/C_0=mh/10m_0=0.5$，$b_1=(1-0.1a/b)(b+1)=12.77$(m)，$\lambda=M/h=17.92$ m，故

$$A=\frac{b_1\beta h^3+18dW}{2\beta(3\lambda-h)}=\frac{12.77\times0.5\times(5.07)^3+18\times5.8\times56.12}{2\times0.5(3\times17.92-5.07)}=137.42(\text{m}^2)$$

$$\sigma_{\min}^{\max} = \frac{N}{A_0} \pm \frac{3Hd}{A\beta} = \frac{34\,857.6}{64.70} \pm \frac{3 \times 890.10 \times 5.8}{137.42 \times 0.5} = \begin{cases} 764.16 \\ 313.35 \end{cases} (\text{kPa})$$

井底地基土为中等密实砂、卵石类土层，可取$[f_{a0}] = 600$ kPa，$k_1 = 4$，$k_2 = 6$，土重度 $\gamma_1 = \gamma_2 = 12.00$ kN/m³（考虑浮力后的近似值），考虑地基承受作用短期效应组合，承载力可提高25%，即$r_R = 1.25$，从而有

$$\begin{aligned} r_R[f_a] &= 1.25 \times \{[f_{a0}] + k_1\gamma_1(b-2) + k_2\gamma_2(h-3)\} \\ &= 1.25\{600 + 4 \times 12.0 \times (5.8-2) + 6 \times 12.0 \times (5.07-3)\} \\ &= 1\,164.30(\text{kPa}) > 764.16 \text{ kPa} \end{aligned}$$

满足要求。

5.6.5 基础侧向水平压应力验算

井身转动中心A与地面的距离为：

$$z_0 = \frac{0.5 \times 12.77 \times (5.07)^2 \times (4 \times 17.92 - 5.07) + 6 \times 5.8 \times 56.12}{2 \times 0.5 \times 12.77 \times 5.07 \times (3 \times 17.92 - 5.07)}$$
$$= 4.09(\text{m})$$

则基础侧向水平压力为：

$$\sigma_{\frac{h}{3}x} = \frac{6 \times 890.10}{137.42 \times 5.07} \times \frac{5.07}{3} \times \left(4.09 - \frac{5.07}{3}\right) = 31.09(\text{kPa})$$

$$\sigma_{hx} = \frac{6 \times 890.10 \times 5.07}{137.42 \times 5.07} \times (4.09 - 5.07) = -38.09(\text{kPa})$$

土体抗剪强度指标$\varphi = 40°$，$c = 0$，系数$\eta_1 = 0.7$，$\eta_2 = 1.0$（因$M_g = 0$），则土体极限横向抗力计算如下。

当$z = \frac{h}{3}$时：

$$\begin{aligned}[\sigma_{zx}] &= 0.7 \times 1.0 \times \frac{4}{\cos 40°} \times \frac{12.00 \times 5.07}{3} \times \tan 40° \\ &= 62.2(\text{kPa}) > 31.09 \text{ kPa} \end{aligned}$$

当$z = h$时：

$$\begin{aligned}[\sigma_{zx}] &= 0.7 \times 1.0 \times \frac{4}{\cos 40°} \times 12.00 \times 5.07 \times \tan 40° \\ &= 186.6(\text{kPa}) > -38.09 \text{ kPa} \end{aligned}$$

均满足要求，因此计算时可以考虑沉井侧面土的弹性抗力。

5.6.6 沉井自重下沉验算

沉井自重：

$$\begin{aligned} G &= 刃脚重 + 底节沉井重 + 底节隔墙重 + 顶节沉井重 \\ &= 454.50 + 5\,652.64 + 593.39 + 568.40 = 7\,268.93(\text{kN}) \end{aligned}$$

沉井浮力：

$$G' = (18.18 + 230.72 + 24.22 + 23.22) \times 10.00 = 2\,963.40(\text{kN})$$

土与井壁间单位面积摩阻力强度为：

$$T_m = \frac{20.0 \times 1.9 + 12.0 \times 0.8 + 18.0 \times 6.0}{8.7}$$
$$= 17.89(kN/m^2)$$

总摩阻力为:
$$T = [(\pi \times 5.3 + 2 \times 6.6) \times 0.2 + (\pi \times 5.8 + 2 \times 6.6) \times 8.5] \times 17.89$$
$$= 4\,883.44(kN)$$

排水下沉时 $G>T$; 不排水下沉时,预估井底围堰重(高出潮水位)600 kN,则:
$$\frac{G}{T} = \frac{7\,269.43 + 600 - 2\,963.40}{4\,883.44} = 1.005$$

沉井自重稍大于摩阻力。当施工中下沉困难时,可以采取排水下沉或压重等措施。

5.6.7 刃脚受力验算

(1)刃脚向外挠曲。经试算分析,最不利位置为刃脚下沉到标高 90.400−8.7+4.35=86.050(m)处,刃脚切入土中 1 m,第二节沉井已接上,如图 5.29 所示,其悬臂作用分配系数为

$$\alpha = \frac{0.1L_1^4}{h_k^4 + 0.05L_1^4} = \frac{0.1 \times (4.7)^4}{(1.0)^4 + 0.05 \times (4.7)^4} = 1.92 > 1.0$$

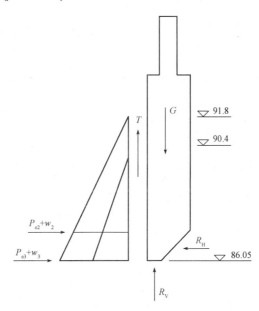

图 5.29 刃脚外挠验算

取 $\alpha=1.0$。刃脚侧土为砂卵石层,$\tau=18.00$ kPa,$\varphi=40°$,则:

①作用于刃脚上的力(按低水位取单位宽度计算):
$$w_2 = (91.8 - 87.05) \times 10 = 47.50(kN/m)$$
$$w_3 = (91.8 - 86.05) \times 10 = 57.50(kN/m)$$
$$e_2 = 12.0 \times (90.4 - 87.05) \times \tan^2(45° - 40°/2) = 8.7(kN/m)$$
$$e_3 = 12.0 \times (90.4 - 86.05) \times \tan^2(45° - 40°/2) = 11.35(kN/m)$$

若从安全考虑，刃脚外侧水压力取 50%，则
$$p_{e_2+w_2}=47.50\times 0.5+8.7=32.45(\text{kN/m})$$
$$p_{e_3+w_3}=57.50\times 0.5+11.35=40.1(\text{kN/m})$$
$$p_{e+w}=\frac{1}{2}(p_{e_2+w_2}+p_{e_3+w_3})h_K=\frac{1}{2}\times(32.45+40.1)\times 1.0$$
$$=36.28(\text{kN})$$

若以静水压力的 70% 计算，则
$$0.7\gamma_w h h_K=0.7\times 10.00\times 5.25\times 1=36.75(\text{kN})>p_{e+w}$$

故取 $p_{e+w}=36.28$ kN。

刃脚摩阻力为：
$$T_1=0.5E=\frac{0.5\times(8.7+11.35)}{2\times 1}=5(\text{kN})$$

或
$$T_1=\tau h_K\times 1=18.00 \text{ kN}$$

因此取刃脚摩阻力为 5 kN（取小值）。

单位宽度沉井自重（不计沉井浮力及隔墙自重）为：
$$G_1=\frac{0.15+1.10}{2}\times 1.0\times 1.0\times 25.0$$
$$+7.5\times 1.1\times 1.0\times 24.50+0.825\times 24.50$$
$$=237.96(\text{kN})$$

刃脚踏面竖向反力为：
$$R_V=237.96-11.30\times\frac{1}{2}\times 4.35\times 0.5=225.67(\text{kN})$$

刃脚斜面横向力（取 $\delta_2=\varphi=40°$）为：
$$R_H=\frac{bR_V}{2a+b}\tan(\theta-\delta_2)=\frac{225.67\times 0.95}{2\times 0.15+0.95}\times\tan(46°28'-40°)=19.44(\text{kN})$$

井壁自重 q 的作用点至刃脚跟部中心轴的距离为：
$$x_1=\frac{\lambda^2+a\lambda-2a^2}{6(\lambda+a)}=\frac{(1.1)^2+0.15\times 1.1-2\times(0.15)^2}{6\times(1.1+0.15)}=0.178(\text{m})$$

刃脚踏面下反力合力：
$$R_{V1}=\frac{2a}{2a+b}R_V=\frac{0.15\times 2}{0.15\times 2+0.95}R_V=0.24R_V$$

刃脚斜面上反力合力：
$$R_{V2}=R_V-0.24R_V=0.76R_V$$

R_V 的作用点与井壁外侧的距离为：
$$x=\frac{1}{R_V}\left[R_{V1}\frac{a}{2}+R_{V2}\left(a+\frac{b}{3}\right)\right]$$
$$=\frac{1}{R_V}\left[0.24R_V\times\frac{0.15}{2}+0.76R_V\times\left(0.15+\frac{0.95}{3}\right)\right]=0.38(\text{m})$$

②各力对刃脚根部界面中心的弯矩（图 5.30）

水平水压力及土压力引起的弯矩：

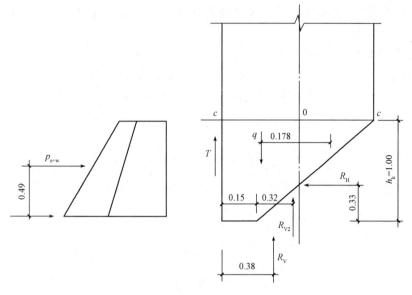

图 5.30 刃脚外挠弯矩分析

$$M_{e+w} = 36.28 \times \frac{1}{3} \times \frac{2 \times 40.1 + 32.45}{40.1 + 32.45} \times 1.0 = 18.78 (\text{kN} \cdot \text{m})$$

刃脚侧面摩阻力引起的弯矩：

$$M_T = 5 \times \frac{1.1}{2} = 2.75 (\text{kN} \cdot \text{m})$$

反力 R_V 引起的弯矩：

$$M_{R_V} = 225.67 \times \left(\frac{1.1}{2} - 0.38\right) = 38.36 (\text{kN} \cdot \text{m})$$

刃脚斜面水平反力引起的弯矩：

$$M_{R_H} = 19.44 \times (1 - 0.33) = 13.02 (\text{kN} \cdot \text{m})$$

刃脚自重引起的弯矩：

$$M_g = 0.625 \times 1 \times 25.00 \times 0.178 = 2.78 (\text{kN} \cdot \text{m})$$

故总弯矩为：

$$\begin{aligned} M_0 &= \sum M \\ &= 13.02 + 38.36 + 2.75 - 18.78 - 2.78 \\ &= 32.57 (\text{kN} \cdot \text{m}) \end{aligned}$$

③刃脚根部处的应力验算

刃脚根部轴力：

$$N_0 = 225.67 - 0.625 \times 25.00 = 210.05 (\text{kN})$$

面积 $A = 1.1 \text{ m}^2$，抵抗矩 $W = 0.2 \text{ m}^3$，故：

$$\sigma_h = \frac{N_0}{A} \pm \frac{M_0}{W} = \frac{210.05}{1.1} \pm \frac{32.57}{0.2} = \begin{cases} 353.8 \\ 28.1 \end{cases} (\text{kPa})$$

因压应力远小于 $f_{cd} = 7\,820$ kPa[由 C20 混凝土查《公路圬工桥涵设计规范》(JTG D61—2005)得到其轴心抗压强度 $f_{cd} = 7\,820$ kPa，弯曲抗拉强度 f_{tmd} 及直接抗剪强度 f_{vd}]，按受力条件不需设置钢筋,而只需按构造要求配筋即可。至于水平剪力,因其较小,验算时未予考虑。

(2)刃脚向内挠曲(图 5.31)。

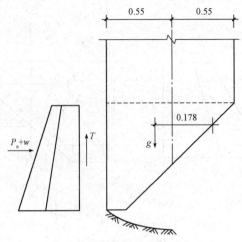

图 5.31 刃脚内挠验算

①作用于刃脚的力。目前可求得作用于刃脚外侧的土、水压力(按潮水位计算)为:$w_2=138.60$ kN/m,$w_3=148.60$ kN/m,$e_2=20.10$ kN/m,$e_3=22.60$ kN/m。

故总土、水压力为 $P=164.95$ kN。

P_{e+w} 对刃脚根部形心轴的弯矩为:

$$M_{e+w}=164.95\times\frac{1}{3}\times\frac{2\times(148.60+22.60)+138.60+20.10}{148.60+22.60+138.60+20.10}$$
$$=83.52(\text{kN}\cdot\text{m})$$

刃脚摩阻力为 $T=10.68$ kN($\tau h_K=20.00$ kN>10.68 kN),其产生的弯矩为:

$$M_T=-10.68\times 0.55=-5.87(\text{kN}\cdot\text{m})$$

刃脚自重 $g=0.625\times 25.00=15.63$,所引起的弯矩为:

$$M_g=15.63\times 0.178=2.78(\text{kN}\cdot\text{m})$$

所有各力对刃脚根部的弯矩 M、轴向力 N 及剪力 Q 为:

$$M=M_{e+w}+M_T+M_g=83.52-5.87+2.78$$
$$=80.43(\text{kN}\cdot\text{m})$$
$$N=T-g=10.68-15.63=-4.95(\text{kN})$$
$$Q=P=164.95(\text{kN})$$

②刃脚根部截面应力验算。弯曲应力:

$$\sigma=\frac{N}{A}\pm\frac{M}{W}=\frac{-4.95}{1.1}\pm\frac{80.43}{0.20}=\begin{cases}-406.65\text{ kPa}<f_{tmd}=800(\text{kPa})\\397.65\text{ kPa}<6\ 060(\text{kPa})\end{cases}$$

剪应力:

$$\sigma_j=\frac{164.95}{1.1}=149.95(\text{kPa})<f_{vd}=1\ 590\text{ kPa}$$

计算结果表明,刃脚外侧也仅需按构造要求配筋。

(3)刃脚框架计算。由于 $\alpha=1.0$，刃脚作为水平框架承受的水平力很小，故不需验算，可按构造布置钢筋。如需验算，则与井壁水平框架计算方法相同。

5.6.8 井壁受力验算

(1)沉井井壁竖向拉力验算。
$$S_{max}=\frac{1}{4}(Q_1+Q_2+Q_3+Q_4)=1\ 817.23(kN)(未考虑浮力)$$

井壁受拉面积为：
$$A_1=\frac{\pi}{4}\times[(5.8)^2-(3.6)^2]+6.6\times5.8-2.9\times3.6\times2$$
$$=33.64(m^2)$$

混凝土所受到的拉应力为：
$$\sigma_h=\frac{S_{max}}{A_1}=\frac{1\ 817.23}{33.64}=54.02(kPa)<0.8R_e^b=1\ 600\times0.8=1\ 280(kPa)$$

井壁内可按构造布置竖向钢筋，实际上根据土质情况井壁不可能产生大的拉应力。

(2)井壁横向受力计算。沉井沉至设计标高时，刃脚根部以上一段井壁承受的外力最大，它不仅承受本身范围内的水平力，还要承受刃脚作为悬臂传来的剪力，故处于最不利状态。

考虑潮水位时，单位宽度井壁上的水压力(图 5.32)为 $w_1=127.60\ kN/m^2$，$w_2=138.60\ kN/m^2$，$w_3=148.60\ kN/m^2$。

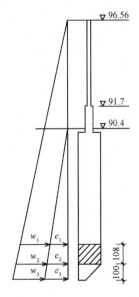

图 5.32 井壁横向受力验算

单位宽度井壁上的土压力为：
$$e_1=17.19\ kPa,\ e_2=20.10\ kPa,\ e_3=22.60\ kPa$$

刃脚及刃脚根部以上 1.1 m 单位宽度井壁范围内的外力：
$$P=0.5\times(17.19+22.60\times1.0+127.60+148.6\ kPa\times1)\times2.1$$

$$= 331.79 \text{(kN/m)} (\alpha=1)$$

沉井各部分所受内力可按一般结构力学方法求得(计算从略),井壁最不利受力位置在隔墙处,其弯矩 $M_1 = -744.30$ kN·m,轴向力 $N_2 = 779.71$ kN。按纯混凝土的应力验算,则

$$\sigma_{\min}^{\max} = \frac{N_2}{A} \pm \frac{M_1}{W} = \frac{779.71}{1.1 \times 1.1} \pm \frac{744.30}{(1.13)^3/6} = \begin{cases} 3\,999.61 \text{(kPa)} < 6\,060 \text{ kPa} \\ -2\,710.83 \text{(kPa)} > 1\,082 \text{ kPa} \end{cases}$$

必须配置钢筋,具体计算可套用规范公式进行,受拉钢筋总截面面积为 $A_g = 3\,106$ mm²,若取 9Φ22, $A_g = 3\,421$ mm²,受压钢筋不需设置,按构造布置 7Φ12, $A'_g = 791$ mm²。

底节沉井竖向挠曲、封底混凝土及盖板验算从略。

思考题

1. 什么是沉井基础?在什么情况下考虑使用沉井基础?
2. 简述沉井基础按立面的分类以及各自的特点。
3. 沉井基础的主要构造有哪些?各部分有哪些作用?
4. 简述旱地上沉井基础的施工程序。
5. 沉井基础设计计算的内容有哪些?
6. 简述应用泥浆润滑套和空气幕下沉沉井的特点和作用。

6 地基处理

内容提要 本章主要在介绍地基处理基本概念和适用条件的基础上，分析了不同地基处理方法的基本原理、设计计算和施工方法。主要的地基处理方法有换填垫层法、排水固结法、挤密法、水泥土搅拌桩法、水泥粉煤灰碎石桩法等。

学习目标 通过本章的学习，学生应掌握地基处理的目的，了解地基处理的各种方法及其适应性；掌握换土垫层法原理及计算；掌握排水固结法的原理和设计要点；掌握水泥土搅拌法原理，熟悉其设计要点及施工工艺；掌握水泥粉煤灰碎石桩的原理与应用设计；熟悉压实与夯法、碎石(砂)桩的加固机理与设计要点。

重点难点 本章的重点是各种地基处理方法的加固机理及其设计方法。
本章的难点是各种地基处理方法的加固机理。

6.1 地基处理概述

土木工程建设中，有时不可避免地遇到工程地质条件不良的软土地基，不能满足建筑物的要求，需要先经过人工处理加固，然后建造基础，处理后的地基称为人工地基。

地基处理的目的是针对软土地基上建造建筑物可能产生的问题,采取人工的方法改善地基土的工程性质,达到满足上部结构对地基稳定和变形的要求,这些方法主要包括提高地基土的抗剪强度,增大地基承载力,防止剪切破坏或减轻土压力;改善地基土压缩特性,减少沉降和不均匀沉降;改善其渗透性,加速固结沉降过程;改善土的动力特性防止液化,减轻振动;消除或减少特殊土的不良工程特性(如黄土的湿陷性,膨胀土的膨胀性等)。

近几十年来,大量的土木工程实践推动了软弱土地基处理技术的迅速发展,地基处理的方法多样化,地基处理的新技术、新理论不断涌现并日趋完善,地基处理已成为基础工程领域中一个较有生命力的分支。根据地基处理方法的基本原理不同,基本上可以分为表6.1所示的几类。

表 6.1 地基处理方法的分类

物理处理				化学处理		热学处理	
置换	排水	挤密	加筋	搅拌	灌浆	热加固	冻结

但必须指出的是,很多地基处理方法具有多重加固处理的功能,例如,碎石桩具有置换、挤密、排水和加筋的多重功能;而石灰桩则具有挤密、吸水和置换等功能。地基处理的主要方法、适用范围及加固原理,见表6.2。

表 6.2 地基处理的主要方法、适用范围及加固原理

分类	方法	加固原理	适用范围
置换	换土垫层法	采用开挖后换好土回填的方法。对于厚度较小的淤泥质土层,可采用抛石挤淤法。地基浅层性能良好的垫层与下卧层形成双层地基。垫层可有效地扩散基底压力,提高地基承载力和减少沉降量	各种浅层的软弱土地基
	振冲置换法	利用振冲器在高压水的作用下边振、边冲,在地基中成孔,在孔内回填碎石料且振密成碎石桩。碎石桩桩体与桩间土形成复合地基,提高承载力,减少沉降量	$c_u<20$ kPa 的黏性土、松散粉土和人工填土、湿陷性黄土地基等
	强夯置换法	采用强夯时,夯坑内回填块石、碎石挤淤置换的方法,形成碎石墩柱体,以提高地基承载力和减少沉降量	浅层软弱土层较薄的地基
	碎石桩法	采用沉管法或其他技术,在软土中设置砂或碎石桩柱体,置换后形成复合地基,可提高地基承载力,降低地基沉降。同时,砂、石柱体在软黏土中形成排水通道,加速固结	一般软土地基
	石灰桩法	在软弱土中成孔后,填入生石灰或其他混合料,形成竖向石灰桩柱体,通过生石灰的吸水膨胀、放热以及离子交换作用改善桩柱体周围土体的性质,形成石灰桩复合地基,以提高地基承载力,减少沉降量	人工填土、软土地基
	EPS轻填法	发泡聚苯乙烯(EPS)重度只有土的 1/50～1/100,并具有较高强度和低压缩性,用于填土料可有效减少作用于地基的荷载,且根据需要用于地基的浅层置换	软弱土地基上的填方工程

续表

分类	方法	加固原理	适用范围
排水固结	加载预压法	在预压荷载作用下,通过一定的预压时间,天然地基被压缩、固结,地基土的强度提高,压缩性降低。在达到设计要求后,卸去预压荷载,再建造上部结构,以保证地基稳定和变形满足要求。当天然土层的渗透性较低时,为了缩短渗透固结时间,加速固结速率,可在地基中设置竖向排水通道,如砂井、排水板等。加载预压的荷载,一般有利用建筑物自身荷载、堆载或真空预压等	软土、粉土、杂填土、冲填土等
	超载预压法	基本原理同加载预压法,但预压荷载超过上部结构的荷载。一般在保证地基稳定前提下,超载预压法的效果更好,特别是对降低地基次固结沉降十分有效	淤泥质黏性土和粉土
振密挤密	强夯法	采用重量 100~400 kN 的夯锤,从高处自由落下,在强烈的冲击力和振动力作用下,地基土密实,可以提高承载力,减少沉降量	松散碎石土、砂土、低饱和度粉土和黏性土,湿陷性黄土、杂填土和素填土地基
	振冲密实法	振冲器的强力振动,使得饱和砂层发生液化,砂粒重新排列,孔隙率降低;同时,利用振冲器的水平振冲力,回填碎石料使得砂层挤密,达到提高地基承载力、降低沉降的目的	黏粒含量少于 10% 的疏松散砂土地基
	挤密碎(砂)石桩法	施工方法与排水中的碎(砂)石桩相同,但是,沉管过程中的排土和振动作用,将桩柱体之间土体挤密,并形成碎(砂)石桩柱体复合地基,达到提高地基承载力和减小地基沉降的目的	松散砂土、杂填土、非饱和黏性土地基、黄土地基
	土、灰土桩法	采用土、灰土桩法,在地基中成孔,回填土或灰土形成竖向加固体,施工过程中排土和振动作用,挤密土体,并形成复合地基,提高地基承载力,减小沉降量	地下水位以上的湿陷性黄土、杂填土、素填土地基
加筋	加筋土法	采用加筋土法,在土体中加入起抗拉作用的筋材,例如土工合成材料、金属材料等,通过筋土间作用,达到减小或抵抗土压力,调整基底接触应力的目的。可用于支挡结构或浅层地基处理	浅层软弱土地基处理、挡土墙结构
	锚固法	锚固法主要有土钉和土锚法,土钉加固作用依赖于土钉与周围土间的相互作用;土锚则依赖于锚杆另一端的锚固作用,两者的主要功能是减少或承受水平向作用力	边坡加固,土锚技术应用中,必须有可以锚固的土层、岩层或构筑物
	竖向加固体复合地基法	采用竖向加固体复合地基法,在地基中设置小直径刚性桩、低等级混凝土桩等竖向加固体,例如 CFG 桩、二灰混凝土桩等,形成复合地基,提高地基承载力,减少沉降量	各类软弱土地基,尤其是较深厚的软土地基

· 177 ·

续表

分类	方法	加固原理	适用范围
化学固化	深层搅拌法	深层搅拌法,利用深层搅拌机械,将固化剂(一般的无机固化剂为水泥、石灰、粉煤灰等)在原位与软弱土搅拌成桩柱体,可以形成桩柱体复合地基、格栅状或连续墙支挡结构。作为复合地基,可提高地基承载力和减少变形;作为支挡结构或防渗,可以用作基坑开挖时重力式支挡结构或深基坑的止水帷幕。水泥系深层搅拌法,一般有两大类方法,即喷浆搅拌法和喷粉搅拌法	饱和软黏土地基,对于有机质较高的泥炭质土或泥炭、含水量很高的淤泥和淤泥质土,适用性宜通过试验确定
	灌浆法或注浆法	灌浆法或注浆法,有渗入灌浆、劈裂灌浆、压密灌浆以及高压注浆等多种工法,浆液的种类较多	软弱土地基,岩石地基加固,建筑物纠偏加固处理

表 6.2 中的各类地基处理方法,均有各自的特点和作用机理,在不同的土类中产生不同的加固效果,并也存在着局限性。地基的工程地质条件是千变万化的,工程对地基的要求也是不尽相同的,材料、施工机具和施工条件等亦存在显著差别,没有哪一种方法是万能的。因此,对于每一工程必须进行综合考虑,通过方案的比选,选择一种技术可靠、经济合理、施工可行的方案,既可以是单一的地基处理方法,也可以是多种方法的综合处理。

6.2 换填垫层法

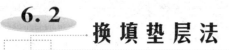

6.2.1 换填垫层法概述

在冲刷较小的软土地基上,地基的承载力和变形达不到基础设计要求,且当软土层不太厚(如不超过 3 m)时,可采用较经济、简便的换土垫层法进行浅层处理。即将软土部分或全部挖除,然后换填工程特性良好的材料,并予以分层压实,这种地基处理方法称为换填垫层法。垫层处治应达到增加地基持力层承载力,防止地基浅层剪切变形的目的。

换填的材料主要有砂、碎石、高炉矿渣和粉煤灰等,应具有强度高、压缩性低、稳定性好和无侵蚀性等良好的工程特性。当软土层部分换填时,地基便由垫层及(软弱)下卧层组成。足够厚度的垫层置换可能被剪切为破坏的软土层,以使垫层底部的软弱下卧层满足承载力的要求,而达到加固地基的目的。按垫层回填材料的不同,可分别称为砂垫层、碎石垫层等。

换填垫层法设计的主要指标是垫层厚度和宽度。一般可将各种材料的垫层设计都近似地按砂垫层的计算方法进行设计。

6.2.2 设计计算

垫层设计时,既要使建筑地基的强度和变形满足要求,还要使设计符合经济合理的原则。尽管垫层地基可以采用不同的材料,但经过大量的工程实践表明,各种垫层地基的变形特性基本相似。因此,以砂垫层为例进行垫层的设计。

对砂垫层的设计,既要求垫层有足够的厚度,以置换可能被剪切破坏的软弱土层,又要求其有足够的宽度,以防止砂垫层向两侧挤出。砂垫层的设计方法有很多种,这里只介绍一种常用的砂垫层设计方法。

(1)垫层厚度的确定。如图 6.1 所示,砂垫层的厚度应根据需要置换的软弱土层的深度或砂垫层底部下卧层的承载力来确定,并应符合下式要求:

$$p_z + p_{cz} \leqslant f_{az} \tag{6-1}$$

式中 p_z——相应于作用的标准组合时,垫层底面处的附加压应力值(kPa);

p_{cz}——垫层底面处土的自重压力值(kPa);

f_{az}——垫层底面处经深度修正后的地基承载力特征值(kPa)。

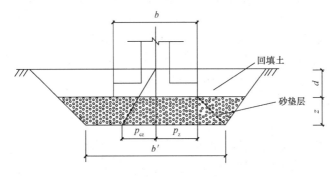

图 6.1 换土垫层示意图

砂垫层底面处的附加应力值 p_z,除可以采用弹性理论的土中应力公式求得外,也可以按应力扩散角的方法进行简化计算。

条形基础:

$$p_z = \frac{b(p_k - p_c)}{b + 2z\tan\theta} \tag{6-2}$$

矩形基础:

$$p_z = \frac{bl(p_k - p_c)}{(b + 2z\tan\theta)(l + 2z\tan\theta)} \tag{6-3}$$

式中 b——矩形基础或条形基础底面的宽度(m);

l——矩形基础底面的长度(m);

p_k——相应于作用的标准组合时,基础底面处的平均压力(kPa);

p_c——基础底面处土的自重压力值(kPa);

z——基础底面下垫层的厚度;

θ——垫层(材料)的应力扩散角(°),宜通过试验确定,当无试验资料时,可按表 6.3 选用。

表 6.3　垫层的应力扩散角 θ

z/b	换填材料		
	中砂、粗砂、砾砂、圆砾、角砾、卵石、碎石、矿渣、石屑	粉质黏土、粉土	灰土
0.25	20°	6°	30°
≥0.50	30°	23°	30°

注：1. 当 $z/b<0.25$ 时，除灰土取 $\theta=28°$ 外，其余材料均取 $\theta=0°$，必要时，宜由试验确定；
　　2. 当 $0.25<z/b<0.50$，θ 可内插求得；
　　3. 土工合成材料加筋垫层其压力扩散角宜由现场静载荷试验确定。

进行垫层厚度设计计算时，一般应先根据初步拟定的厚度，再按式(6-1)进行复核。垫层厚度一般不宜大于 3 m，如果厚度过大，则施工困难；也不宜小于 0.5 m，厚度过小，则垫层的作用不明显。

(2)垫层宽度的确定。垫层底面的宽度既应满足基础底面应力扩散的要求，又应根据垫层侧面土的承载力特征值来确定。如果垫层宽度不足，而且垫层四周侧面土质又比较软弱时，垫层就有可能被挤入四周软弱土层中，从而使沉降增大。

垫层底面宽度应满足基础底面应力扩散的要求，可按下式确定：

$$b' \geq b + 2z\tan\theta \tag{6-4}$$

式中　b'——垫层底面宽度(m)；
　　　θ——应力扩散角，按表 6.2 选用；当 $z/b<0.25$ 时，仍按 $z/b=0.25$ 取值。

各种垫层的宽度在满足式(6-4)的前提下，在基础底面标高以上所开挖的基坑侧壁呈直立状态时，垫层顶面角边比基础底边缘多出的宽度应不小于 300 mm；若按当地开挖基坑经验的要求，基坑需放坡开挖时，垫层的设计断面应呈现下宽上窄的梯形，也可以呈阶梯梯形。整片垫层宽度可以根据施工的要求适当加宽。

(3)垫层承载力的确定。垫层承载力宜通过现场试验确定，也可以选用表 6.4 中的数值，并应验算下卧层承载力。

表 6.4　各种垫层的承载力

施工方法	换填材料类别	压实系数 λ_c	承载力特征值 f_{ak}/kPa
碾压、振密、重锤夯实	碎石、卵石	≥0.97	200~300
	砂夹石(其中，碎石、卵石占全重的 30%~50%)		200~500
	土夹石(其中，碎石、卵石占全重的 30%~50%)		150~200
	中砂、粗砂、砾砂、角砾、圆砾		150~200
	粉质黏土	≥0.97	130~180
	灰土	≥0.95	200~250
	粉煤灰	≥0.95	120~150

续表

施工方法	换填材料类别	压实系数 λ_c	承载力特征值 f_{ak}/kPa
碾压、振密、重锤夯实	石屑	≥0.97	120～150
	矿渣	—	200～300

注：1. 压实系数小的垫层，承载力特征值取低值，反之，取高值；原状矿渣垫层取低值，分级矿渣或混合矿渣垫层取高值；
2. 压实系数 λ_c 为土的控制干密度 ρ_d 与最大干密度 ρ_{dmax} 的比值；土的最大干密度宜采用击实试验确定；碎石或卵石的最大干密度可取 2.1～2.2 t/m³；
3. 表中压实系数 λ_c 系使用轻型击实试验测定土的最大干密度 ρ_{dmax} 时给出的压实控制标准，采用重型击实试验时，对粉质黏土、灰土、粉煤灰及其他材料压实标准应为压实系数 $\lambda_c \geq 0.94$。

对比较重要的建筑物，如果垫层下存在软弱下卧层，还需要验算其基础的沉降，以便使建筑物基础的最终沉降值小于其容许沉降值。此时，沉降计算可由两部分组成：一部分是垫层的自身沉降；另一部分是在砂垫层下压缩层范围内的软弱土层的沉降。

垫层的自身沉降在施工期间已经基本完成，其值很小；在垫层下压缩层范围内的软弱土层的沉降较大，可以按照现行国家标准《建筑地基基础设计规范》(GB 50007—2011)的有关规定计算。

对超出原地面标高的垫层或换填材料的重度大于天然土层重度的垫层，应考虑其附加的荷载对建造的建筑物及邻近建筑物的影响。

【例 6-1】 某基础底面面积和埋深如图 6.2 所示。$b \times l = 4$ m×5 m，埋深 $d = 3$ m，作用于基础顶面竖向荷载 $F = 10\,000$ kN，土层 0～8 m 皆为细砂，6 个细砂试样的内摩擦角平均值 $\varphi_m = 21.7°$，变异系数为 $\delta = 0.1$，重度为 $\gamma = 17$ kN/m³。

(1) 是否进行地基处理？

(2) 如果采用换土垫层法进行地基处理，填料为碎石，重度为 $\gamma = 19.5$ kN/m³，换土垫层厚度为 2 m，分层压实，使土的内摩擦角达到 36°，换土后是否满足要求？

(3) 换土垫层底面宽度应不小于多少？

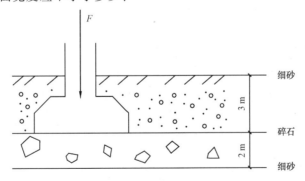

图 6.2 换土垫层

【解】 (1) 基底压力：
$$p_k = \frac{F+G}{A} = \frac{10\,000 + 4 \times 5 \times 3 \times 20}{4 \times 5} = 560 \text{ (kPa)}$$

由砂土抗剪强度确定地基承载力特征值：

$$\varphi_m = 21.7° \quad \delta = 0.1$$

统计修正系数：

$$\varphi_\varphi = 1 - \left(\frac{1.704}{\sqrt{n}} + \frac{4.678}{n^2}\right)\delta_m = 1 - \left(\frac{1.704}{\sqrt{n}} + \frac{4.678}{n^2}\right) \times 0.1 = 0.917$$

内摩擦角：$\qquad\qquad\varphi_k = \varphi_m \times \varphi_\varphi = 21.7 \times 0.917 = 20°$

由规范查得：$\qquad\qquad M_b = 0.51, M_d = 3.06$

$$f_a = M_b \gamma b + M_d \gamma_m d = 0.51 \times 17 \times 4 + 3.06 \times 17 \times 3 = 190.8(\text{kPa})$$

因为 $p_k < f_a$，所以需要地基处理。

(2) 换土后地基承载力。

内摩擦角：$\qquad\qquad\varphi_k = 36°$

由规范查得：$\qquad\qquad M_b = 4.2, M_d = 8.25$

$$f_a = M_b \gamma b + M_d \gamma_m d = 4.2 \times 19.5 \times 4 + 8.25 \times 17 \times 3 = 748.4(\text{kPa})$$

因为 $p_k > f_a$，所以地基处理后垫层承载力满足要求。

换土后下卧层承载力验算：

下卧层顶部自重应力：$\quad p_{cz} = 17 \times 3 + 19.5 \times 2 = 90(\text{kPa})$

下卧层顶部附加应力：

$$p_z = \frac{(p_k - p_c)bl}{(b + 2z\tan\theta)(l + 2z\tan\theta)} = 220.8(\text{kPa})$$

查表 6.2 应力扩散角：$\qquad\qquad\theta = 30°$

垫层底面以上土的加权平均重度：

$$\gamma_m = \frac{17 \times 3 + 19.5 \times 2}{5} = 18(\text{kN/m}^3)$$

垫层底面承载力：

$$f_{az} = f_{ak} + \eta_d \gamma_m (d - 0.5)$$
$$= 190.8 + 3 \times 18 \times (5 - 0.5)$$
$$= 433.8(\text{kPa})$$

$$p_z + p_{cz} = 220.8 + 90 < f_{az}$$

所以下卧层承载力满足要求。

(3) 换土垫层底面宽度：

$$b' \geqslant b + 2z\tan\theta = 4 + 2 \times 3 \times \tan 30° \approx 7.5(\text{m})$$

6.2.3 施工

(1) 砂垫层的施工要点。

① 砂垫层和砂石垫层的材料，宜采用颗粒级配良好，质地坚硬的中砂、粗砂、砾砂、卵石或碎石，石子的粒径不宜大于 50 mm。砂、石料中不得含有杂物，含泥量不应超过 5%。对用作排水固结的砂垫层，其含泥量不宜大于 3%。粉细砂也可以作为垫层的材料，但因其不易压实，而且强度也不高，此时宜掺入 25%~30% 的碎（卵）石，以保证垫层的密实度和稳定性。

②为了使砂垫层达到设计要求的密实度,施工时需要把握的关键问题是:控制好采用各种夯(压、振)实方法时的分层铺筑厚度,以及施工时的最优含水量和最大干密度。采用何种施工方法。施工时,分层铺填的厚度以及每层的压实遍数,宜通过试验确定。

③在软土层上采用砂垫层时,应注意保护好基坑底部及侧壁土的原状结构,以免降低软土的强度。在垫层的最下面一层,宜先铺设150~200 mm厚的松砂,用木夯仔细夯实,不得使用振捣器,或者可保留180~220 mm厚的土层暂不挖掉,待铺垫层前再挖。当采用碎石垫层时,也应该在软土上先铺一层厚度为150~300 mm的砂垫底。

④当采用细砂作为垫层材料时,不宜使用振捣法和水压法。

⑤当采用人工级配的砂石铺设垫层时,应将砂石拌和均匀后,再进行铺筑和捣实。

⑥铺筑前应先进行验槽。浮土应清除,边坡必须稳定,防止塌土。基坑(槽)两侧附近如有低于地基的孔洞、沟、井和墓穴等,应在未作垫层前加以填实。

另外,垫层施工前必须在室内做击实试验,以确定垫层材料的最优含水量和最大干密度。

(2)三种不同的垫层施工方法。

①机械碾压法。机械碾压法是采用各种压实机械来压实地基土,常用的压实机械见表6.5。此法常用于基坑面积大和开挖土方量较大的工程。

表6.5 垫层的每层铺填厚度及压实遍数

施工设备	每层铺填厚度/mm	每层碾压遍数/(遍/层)
平碾(8~12 t)	200~300	6~8
羊足碾(5~16 t)	200~350	8~16
蛙式夯(200 kg)	200~250	3~4
振动碾(8~15 t)	500~1 200	6~8
振动压实机(2 t,振动力98 kN)	1 200~1 500	10
插入式振动器	200~500	
平板式振动器	150~250	

在工程实践中,对垫层碾压质量进行检验时,要求获得填土的最大干密度。当垫层为砂性土或黏性土时,其最大干密度宜采用击实试验确定。为了将室内击实试验的结果用于设计和施工,必须研究室内击实试验和现场碾压的关系。所有施工参数(如铺筑厚度、碾压遍数与填筑含水量等)都必须由现场试验确定。在施工现场相应的压实功能下,现场所能达到的垫层最大干密度一般都低于击实试验所得到的最大干密度。由于现场条件毕竟与室内试验的条件不同,因此,对现场施工效果应以压实系数及施工含水量作为控制标准。在不具备试验条件的场合,也可以按照相关规范中的参数对施工质量进行预控。由于碾压机械的行驶速度对垫层的压实质量及施工工作效率有很大影响,为保证垫层的压实系数及有效压实深度能达到设计要求,对机械碾压时机械的行驶速度进行控制是完全必要的。按照《建筑地基处理技术规范》(JGJ 79—2012)的有关规定进行施工。

②重锤夯实法。重锤夯实法是利用起重机械将夯锤提升到一定高度,然后自由落下,不断重复夯击以加固地基。经夯实后地基表面形成一层比较密实的土层,从而提高地基表

层土的强度,或者减少黄土表层的湿陷性;对于杂填土,则可以减少其不均匀性。

重锤夯实法一般适用于地下水位距离地表 0.8 m 以上稍湿的黏性土、砂土、湿陷性黄土、杂填土和分层填土地基。

重锤夯实法的主要施工设备为起重机械、夯锤、钢丝绳和吊钩等。当直接采用钢丝绳悬吊夯锤时,吊车的起重力一般应大于锤重的 3 倍。夯击时,起重力应大于夯锤重量的 1.5 倍。

夯锤宜采用圆台形状,锤重宜大于 2 t,锤底面单位静压力为 15~20 kPa。夯锤落距一般宜大于 4 m。

当对条形基槽和面积较大的基坑进行夯击时,宜按照一夯挨一夯的顺序进行;而在面积较小的独立柱形基坑内夯击时,宜按照先外后里的跳打顺序夯击,累计夯击 10~15 次,最后两击的平均夯沉量,对砂土不应超过 5~10 mm,对细颗粒土不应超过 10~20 mm。

随着重锤夯击遍数的增加,土的每遍夯沉量会逐渐减小,当达到一定的夯击遍数后,继续夯打的效果已明显,因此,重锤夯实的现场试验应确定最少的夯击遍数、最后两遍的平均夯沉量和有效夯实深度等。一般重锤夯实的有效夯实深度约为锤底直径的 1 倍,并且可以消除 1.0~1.5 m 厚土层的湿陷性。

③平板振动法。平板振动法是使用振动压实机来处理无黏性土或黏粒含量少、透水性较好的松散杂填土地基的一种浅层地基处理方法。

振动压实机的工作原理是由电动机带动两个偏心块以相同速度反方向转动而产生很大的垂直振动力。其自重为 20 kN,频率为 1 160~1 180 r/min,振幅为 3.5 mm,振动力可达 50~100 kN,并能通过操纵机械使它前后移动或转弯。

振动压实的效果与填土成分、振动时间等因素有关。一般振动时间越长,效果越好,但振动时间超过某一值后,振动引起的下沉基本稳定,再继续振动就不能起到进一步的压实作用。因此,需要在施工前进行试振,以便得出稳定下沉量和时间的关系。对主要由炉渣、碎砖、瓦块组成的建筑垃圾,振实时间应在 1 min 以上;对含炉灰的细粒填土,振实时间为 3~5 min,有效振实深度为 1.2~1.5 m。

振实范围应在基础边缘留出 0.6 m 左右,基槽两边先振实,中间部分后振实,振实标准是以振动机原地振实不再继续下沉为准,并辅以轻便触探试验检验其均匀性和影响深度。振实后的地基承载力应由现场载荷试验确定。一般经振实的杂填土地基承载力可达 100~200 kPa。试验证实,处于被振动状态的土,在适当的上覆压力条件下会达到相当好的压实效果。

6.2.4 质量检验

垫层施工过程中和施工完成后,应进行垫层的施工质量检验,以验证垫层设计的合理性和施工质量。

砂或砂(碎)石垫层的质量检验,应按下列方法进行:

(1)环刀法。在夯(压、振)实后的砂垫层中用容积不小于 200 cm³ 的环刀取样,测定其干土重度,以不小于该砂料在中密状态时的干土重度数值为合格。中砂在中密状态时的干土重度一般为 15.5~16.0 kN/m³。

对砂石或碎石垫层的质量检验,可以在垫层中设置纯砂检查点,在同样施工条件下,按上述方法检验，或用灌砂法进行检查。

(2)贯入测定法。检验时，应先将垫层表面的砂刮去 30 mm 左右，并用贯入仪、钢筋或钢叉等以贯入度大小来检查砂垫层的质量，以不大于通过试验所确定的贯入度为合格。

钢筋贯入测定法是用直径为 2 cm、长为 125 cm 的平头钢筋，举起并离开砂层面 0.7 m 处自由下落，插入深度应根据该砂的控制干土重度确定。

钢叉贯入测定法是采用水压法使用的钢叉，将钢叉举离砂层面 0.5 m 处自由落下。同样，插入深度应该根据该砂的控制干土重度确定。

另外，土体原位测试的一些方法，如载荷试验、标准贯入试验、静力触探试验和旁压试验等，也可以用来进行垫层的质量检验。这些内容可参考有关的文献和资料。

6.3 排水固结法

6.3.1 排水固结法概述

排水固结法是对天然地基加载预压，或者先在天然地基中设置普通砂井、袋装砂井或塑料排水板等竖向排水体，然后利用建(构)筑物本身的重量分级逐渐加荷；或是在建(构)筑物建造以前，在场地先进行加载预压，使土体中的孔隙水排出，土体逐渐固结，地基发生沉降，同时地基强度逐步提高的一种方法。排水固结法常用于解决软黏土地基的沉降和稳定问题。

(1)对于沉降问题，排水固结法可以使地基的沉降在加载预压期间基本完成或大部分完成，保证建(构)筑物在使用期间不至于产生过大的沉降和沉降差。

(2)对于稳定问题，排水固结法可以加速地基土抗剪强度的增长，从而提高地基的承载力和稳定性。

实际上，排水固结法是由排水系统和加压系统两部分共同组成的。排水系统可由在天然地基中设置的竖向排水体和在地面铺设的水平排水砂垫层组成，也可以利用天然地基土层本身的透水性排水。若当软土层厚度不大，或者土层的渗透性较好且施工工期较长时，只需在地面上铺设一定厚度的砂垫层，并在其表面加载，则土层中的水流入水平砂垫层而排出。竖向排水体可选择普通砂井、袋装砂井或塑料排水板。设置排水系统的主要目的是改变地基原有的排水边界条件，增加孔隙水排出的途径，缩短排水距离。加压系统的作用是使地基上的固结压力增加故而产生固结作用。排水系统和加压系统是相辅相成的。如果没有加压系统，孔隙中的水没有压力差就不会自然排出，地基也就得不到固结；如果不缩短土层的排水距离，只增加固结压力，也不可能在预压期间尽快地完成设计所要求的沉降量，使加载不能顺利进行。

根据排水系统和加压系统的不同，排水固结法可以分为砂井堆载法(包括袋装砂井、塑料排水板等)、堆载预压法、真空预压法、降低地下水位法、电渗法和联合法等。排水固结法能否获得满足工程要求的实际效果，取决于地基土层的固结特性、土层厚度、预压荷载和预压时间等因素。

排水固结法适用于处理淤泥、淤泥质土和冲填土等饱和黏性土地基。在实际工程中，如路堤、土堤等，主要利用排水固结法来增加地基土的抗剪强度，缩短工期，并利用其本身的质量分级逐渐施加荷载，使地基土的强度逐渐提高，以适应上部荷载的增加，最后达到工程的设计荷载。对沉降要求较高的建(构)筑物(如飞机场的跑道)，常采用超载预压的方法加固地基。

排水固结法的设计，主要是根据上部结构荷载的大小、地基土的性质，以及工期要求等确定竖向排水体的直径、间距、深度和排列方式，确定预压荷载的大小和预压时间，使经过加固后的地基满足建(构)筑物对变形和稳定性的要求。

6.3.2 设计计算

地基土的排水固结效果与其排水边界有关，根据固结理论，黏性土固结所需的时间与排水距离的平方成正比，如图6.3(a)所示。这是一种典型的单向固结情况，当土层较薄或土层厚度相对荷载宽度较小时，土中孔隙水可以由竖向渗流经上下透水层排出而使土层固结。但当软土层很厚时，所需固结的时间很长，为满足工程的要求，加速土层固结，最有效的方法是在地基中增加排水途径，如图6.3(b)所示，这是目前常用的由砂井或塑料排水板构成的竖向排水系统，以及砂层构成的横向排水系统。在荷载作用下，促使孔隙水由水平向流入砂井，竖向流入砂垫层，从而使固结时间可以大大缩短。

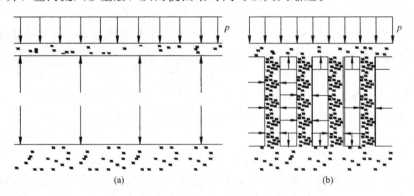

图6.3 排水法的基本原理
(a)竖向排水情况；(b)砂井地基排水情况

要使土体孔隙水排出，必须对土体施加荷载，所以，排水固结还必须配有加载系统。加载系统的形式和方法很多，目前，常用的方法有堆载法、真空法、降水法、联合法。

排水固结法的设计，实质上在于根据上部结构荷载的大小、地基土的性质和工期要求，合理安排排水系统和加压系统的关系，确定竖向排水体的直径、间距、深度和排列方式；确定预压荷载的大小和预压时间。要求做到：加固时间尽量短，地基土固结沉降快，地基土强度得以充分增加及注意安全。

(1)收集资料。在进行设计以前，应该进行详细的岩土工程勘察和土工试验，以取得必要的设计计算参数资料。对以下各项资料应特别加以重视：

①土层条件。通过适量的钻孔绘制出土层剖面图，采取足够数目的试样以确定土的种类和厚度，土的成层程度，透水层的位置，地下水位的深度。

②固结试验。固结压力与孔隙比的关系曲线，固结系数。

③软黏土层的抗剪强度及沿深度的变化情况。

④砂井及砂垫层所用砂料的粒度分布、含泥量等。

(2)砂井堆载预压法。在地基土中打入砂井，利用砂井作为竖向的排水通道，缩短孔隙水排出的途径，并且在砂井顶部铺设水平砂垫层，再在砂垫层上部施加荷载，以增加地基土中的附加应力。在附加应力作用下，地基土中产生超静水压力，并将孔隙水排出土体，使地基土提前固结，以增加地基土的强度，这种方法就是砂井堆载预压法（简称砂井法），属于典型的排水固结法。典型的砂井地基剖面图如图6.4所示。

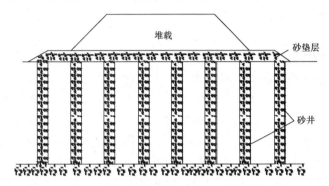

图 6.4　典型的砂井地基剖面图

砂井法主要适用于没有较大集中荷载的大面积分布荷载或填土堆载的工程，例如，水库土坝、油罐、仓库、铁路路堤、储矿场以及港口的水工建筑物等工程。对泥炭土、有机质黏土和高塑性土等土层，由于土层的次固结沉降占了相当大的部分，砂井排水法起不到有效的加固处理作用。

砂井地基的设计工作包括选择适当的砂井排水系统所需的材料，砂井直径、间距、深度、排列方式、布置范围，以及砂垫层的布置范围、铺设厚度等，以便使地基在堆载过程中达到所需要的固结度。

①砂井布置。砂井布置包括确定砂井直径和间距、排列、长度、布置范围等。

a. 砂井直径和间距。砂井的直径和间距，主要取决于黏性土层的固结特性和施工期限的要求。根据砂井设计理论，当不考虑砂井的井阻和涂抹作用时，缩小井距要比增大砂井直径的效果好得多，因此，应根据"细而密"的原则把握井径和砂井间距的关系。另外，砂井的直径和间距还与砂井的类型及施工方法有关。如果砂井直径太小，当采用套管法施工时，容易造成灌砂量不足、缩颈或者砂井不连续等质量问题。工程上常用的砂井直径，一般为300～500 mm；袋装砂井直径可为70～120 mm。

砂井间距是指两个相邻砂井中心的距离，它是影响土层固结速率的主要因素之一。砂井间距的选择不仅与土的固结特性有关，还与黏性土的灵敏度、上部荷载的大小以及施工工期等因素有关。工程上常用的井距，一般为砂井直径的6～8倍，袋装砂井的井距一般为砂井直径的15～22倍。设计时，可以先假定井距，再计算地基的固结度。若不能满足要求，则可缩小井距或延长施工期。

b. 砂井排列。砂井在平面上可布置成等边三角形（梅花形）或正方形，其中，以等边三角形排列的砂井较为紧凑和有效。对于等边三角形排列的砂井,其影响范围为一个正六边形。正方形排列的砂井,其影响范围为一个正方形。在实际进行固结度计算时,由于多边形作为边界条件求解很困难,为简化计,建议将每个砂井的影响范围用一个等面积的圆来代替,等效圆的直径与砂井间距的关系如下:

等边三角形布置:
$$d_e = 1.05l \tag{6-5}$$

正方形布置:
$$d_e = 1.13l \tag{6-6}$$

式中 d_e——等效圆的直径(m);
　　l——砂井间距(m)。

c. 砂井长度。砂井的作用是加速地基固结,而排水固结的效果与固结压力的大小成正比。砂井长度的选择应根据软土层的分布、厚度、荷载大小、工程要求(如施工工期)以及地基的稳定性等因素确定。砂井长度一般为 10~25 m。当软黏土层较薄时,砂井应打穿黏土层。黏土层较厚但其间有夹层或砂透镜体时,砂井应尽可能打至砂层或砂透镜体。当黏土层很厚,其中又无透水层时,可按地基的稳定性以及建筑物沉降所要求的处理深度来决定。若砂层中存在承压水,由于承压水的长期作用,黏土中存在超静孔隙水压力,这对黏性土的固结和强度增长都是不利的,所以,宜将砂井打到砂层,利用砂井加速承压水的消散。对于以地基稳定性控制的工程,如路堤、土坝、岸坡、堆料场等,砂井深度应通过稳定性分析确定,砂井深度至少应超过最危险滑动面深度 2 m。对于以沉降控制为主的工程,砂井长度可从加载后的沉降量满足上部建筑物容许的沉降量来确定。

d. 砂井布置范围。砂井布置范围一般稍大于建筑物的基础范围。其扩大的范围一般可由基础的轮廓线向外增加 2~4 m。

②排水砂垫层。在砂井顶面应铺设水平排水砂垫层,使砂垫层与竖向砂井连通,引出从土层中排入到砂井中的渗流水,并将水排到工程场地以外。砂垫层应该形成一个连续的且厚度一定的排水层,其厚度一般不应小于 0.5 m 左右(水下砂垫层厚度约为 1.0 m)。如砂料缺乏,可采用连通砂井的纵、横砂沟代替整片砂垫层。砂垫层宽度应大于堆载宽度或建筑物的基底宽度,并伸出砂井区外边线 2 倍的砂井直径。

③砂料。砂垫层的用砂粒度应与砂井的用砂粒度相同。宜选用中粗砂,且含泥量不能大于 3%。

(3)砂井地基固结度的计算。固结度的计算是砂井地基设计中一个很重要的内容,因为通过固结度的计算,地基强度的增长,从而可以进行各级荷载下的地基稳定性分析。如果已知各级荷载作用下不同时间的固结度,就可以推算出加荷期间各个时间的地基沉降量,以便确定预压加荷的期限。

砂井地基固结度与砂井布置、排水边界条件、固结时间以及地基固结系数有关,计算之前,首先应确定有关的参数。

现有的砂井理论都是假定上部荷载是瞬时施加的,所以,在此首先需要介绍瞬时加荷条件下的固结度计算方法,然后再根据实际的加荷过程,进行砂井地基固结度的修正计算。

瞬时加荷条件下砂井地基固结度的计算,在瞬时加荷条件下,砂井地基固结度的计算是建立在太沙基固结理论和巴伦固结理论基础上的。砂井布置示意图如图 6.5 所示。

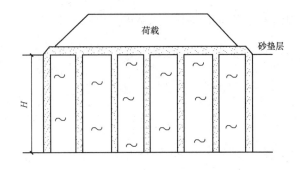

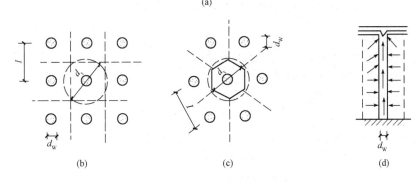

图 6.5 砂井布置示意图

(a)砂井布置立面图;(b)正方形平面布置;(c)正三角形平面布置;(d)孔隙水渗流路径

①竖向排水平均固结度。对于土层为双面排水条件及土层中的附加压力为平均分布时,根据太沙基固结理论,某一时刻的平均固结度为:

$$\overline{U}_z = 1 - \frac{8}{\pi^2} \sum_{m=1,3,\cdots}^{m=\infty} \frac{1}{m^2} exp(-\frac{m^2\pi^2}{4}T_v) \tag{6-7}$$

$$T_v = \frac{C_v t}{H^2} \tag{6-8}$$

$$c_v = \frac{k_v(1+e)}{a\gamma_w} \tag{6-9}$$

式中 m——正奇数(1,3,5,…);
T_v——竖向固结时间因子;
H——竖向最大排水距离(m);
c_v——竖向固结系数(m²/s);
t——固结时间(s);
a——土的压缩系数(kPa⁻¹);
e——孔隙比;
k_v——竖向渗透系数(m/s);
γ_w——水的重度(kN/m³)。

当 $\overline{U}_z > 30\%$ 时,可采用下式计算:

$$\overline{U}_z = 1 - \frac{8}{\pi^2} exp(-\frac{\pi^2}{4}T_v) \tag{6-10}$$

②径向排水平均固结度。径向排水平均固结度可以根据下式计算：

$$\overline{U}_r = 1 - exp\left[-\frac{8}{F(n)}T_h\right] \tag{6-11}$$

$$F(n) = \frac{n^2}{n^2-1}\ln(n) - \frac{3n^2-1}{4n^2} \tag{6-12}$$

$$T_h = \frac{c_h t}{d_e^2} \tag{6-13}$$

$$c_h = \frac{k_h(1+e)}{a\gamma_w} \tag{6-14}$$

$$n = \frac{d_e}{d_w} \tag{6-15}$$

式中　n——井径比；

　　　d_e、d_w——分别为砂井的影响直径、砂井的直径(m)；

　　　T_h——径向排水固结时间因子；

　　　c_h——径向排水固结系数(m^2/s)；

　　　k_h——水平向渗透系数(m/s)。

③总固结度。砂井地基的总固结度是由竖向排水和径向排水所组成的，可按下式计算：

$$\overline{U}_{rz} = 1 - (1-\overline{U}_z)(1-\overline{U}_r) \tag{6-16}$$

式中　$\overline{U}_z$——仅考虑竖向排水的平均固结度；

　　　$\overline{U}_r$——仅考虑径向排水的平均固结度。

在实际工程中，通常软黏土层的厚度总比砂井的间距大得多，所以，地基的固结度以水平排水为主，故经常忽略竖向固结，直接按式(6-11)计算，作为地基的平均固结度。

6.3.3　施工

排水固结法加固软黏土地基是一种比较成熟、应用广泛的地基处理方法。以往的工程实践经验告诉我们，排水固结法周密而合理的设计虽然非常重要，但是，对其施工更不可掉以轻心，否则，设计所预期的加固效果非但不能达到，甚至有可能造成工程事故。另外，由于受到相应的理论发展水平限制，排水固结法的设计计算结果与实际工程情况的差距总是存在的，有时甚至还比较大。因此，对于重要工程，必须通过现场试验，对原设计进行调整和修正，然后才能开始正式施工。并且要在施工现场埋设一定数量的观测设备，以便在施工过程中根据观测所得到的测试资料，对设计和施工工作作出及时的、必要的修正和改进。

从施工角度来看，要保证排水固结法的加固效果，主要应该抓住三个环节，即铺设水平排水垫层、设置竖向排水体、施加固结压力。抓好前两个环节也就是保证了排水系统的畅通，真正能起到排水作用。所以，排水系统施工方法的选用和施工方法的制定都必须以此为目的。而抓好第三个环节，就能保证工程的顺利进行，避免工程事故的发生。第三个环节中最为重要的是严格控制加荷速率，使地基强度的提高与剪应力的增长相适应。

排水固结法加固软黏土地基的各种施工方法，可以参考相关的施工技术资料。

6.3.4　质量检验

排水固结法加固地基施工中经常进行的质量检验和检测项目有孔隙水压力观测、沉降的观测、侧向位移、真空度观测、地基土的物理力学指标检测等。

(1)现场观测。排水固结法施工过程中应进行现场观测，观测的主要内容有以下几项：

①沉降观测。沉降观测是地基工程中最基本也是最重要的观测项目之一。观测内容包括：荷载作用范围以内地基的总沉降，荷载作用范围以外的地面沉降或隆起，分层沉降以及沉降速率等。对于堆载预压工程，地面沉降标志应沿着场地对称轴线设置，即场地的中心、坡顶、坡脚和场地外 10 m 范围均需设置，以便掌握整个建筑场地的沉降和地面隆起情况。对于真空预压工程，地面沉降标志应该有规律地布置在场地内，各个地面沉降标志之间的距离一般为 20～30 m，边界内外适当加密。

深层沉降一般采用磁环或者在场地中心设置一个测孔，测孔中的测点位于各个土层的顶部。由于实测的沉降资料可用于推算地基的最终沉降量等经验系数，因此沉降观测是验证现有理论和发展理论的重要依据。更为重要的是，沉降观测可以直接反映地基土的稳定情况。在地基加荷过程中，如果出现沉降速率突然加快的现象，说明地基土可能已经产生了较大的塑性变形。如果地基连续几天出现较快的沉降速率，就有可能导致地基的整体破坏。因此，可以根据地基的沉降速率来控制加荷速率，以便保证工程的安全。一般情况下，地基的沉降速率可以控制在 10～15 mm/d 的范围内。

②孔隙水压力观测。目前，经常采用钢弦式孔隙水压力计、双管式孔隙水压力计进行现场的孔隙水压力观测。

根据孔隙水压力的观测结果，可以得到孔隙水压力与时间变化的曲线、孔隙水压力与荷载的关系曲线。由孔隙水压力与时间变化的曲线，可反算地基土的固结系数，推算该点不同时间的固结度，从而推算地基土的强度增长；由孔隙水压力与荷载的关系曲线，可以判断该点是否达到极限破坏状态，用来避免因加载速率太大而造成的地基破坏。

对于堆载预压工程，一般在场地的中心、堆载的坡顶处、堆载的坡脚处的不同深度的地方设置孔隙水压力观测仪器。对于真空预压工程，只需在场地内布置若干个测孔。测孔中各个测点之间的垂直距离一般为 1～2 m。不同土层也应该设置测点，测孔的深度应大于被加固地基的深度。

③地基土水平位移观测。水平位移观测包括边桩水平位移和沿深度的水平位移观测两部分。它是控制堆载预压加荷速率的重要手段之一。

地面水平位移标志一般由木桩或者混凝土桩制成，布置在预压场地面积的对称轴线上、场地边线的不同距离处。深层水平位移由测斜仪测定，测孔中的测点距离一般为 1～2 m。

孔隙水压力和地基土水平位移观测资料除可用于验证理论外，也是揭示地基稳定性的重要标志。如果孔隙水压力和荷载坡脚处的侧向变形突然增大，则表明地基已处于危险状态，这时就应立即采取停止加荷等必要措施，以保证地基的安全和稳定。

由于软黏土地基的复杂性，对于加荷速率问题，目前很难制定出一个统一的标准。工程实践经验表明，只有把沉降、孔隙水压力、侧向变形等观测结果加以综合分析，并注意加荷结束后数天内它们的发展趋势，才有可能正确地判断地基是否处于危险状态。

④真空度观测。真空度观测可分为真空管内真空度、薄膜下真空度和真空装置的工作状态几项。薄膜下真空度能够反映整个场地加载的大小和均匀程度。薄膜下真空度测头应该分布均匀，每个测头监控的预压面积为 1 000～2 000 m^2；抽真空期间，一般要求真空管内的真空度值大于 90 kPa，薄膜下真空度值大于 80 kPa。

⑤地基土的物理力学指标检测。通过对比场地加固前后地基土的物理力学指标，可以更直观地反映出排水固结法的加固效果。

(2)竣工后的质量检验。采用不同的排水固结方法加固软土地基，工程竣工后的质量检验也有所不同，竣工验收应符合下列规定：

①竖向排水体的处理深度范围内、竖向排水体底面以下的受压土层，经过预压所完成的竖向压缩量和平均固结度应满足工程设计要求。

②对堆载预压法在不同的堆载阶段，应对预压的地基土进行不同深度的十字板抗剪强度试验，并取样进行室内土工试验，以验算地基的抗滑稳定性，并检验地基的处理效果。必要时，还应进行现场载荷试验，且试验点数不应少于三个。

6.4 挤密桩法

6.4.1 挤密桩法概述

挤密桩法是以振动、冲击或带套管等方法成孔，然后向孔中填入砂、碎石、土或灰土、石灰或其他材料，再加以振实成桩，并且进一步挤密桩间土的软弱地基处理方法。挤密桩法形成的碎石桩、砂桩、灰土桩等刚度相对较大的土体，与桩周围因受挤压而变得密实的土体一起组成复合地基，从而达到提高复合地基承载力，减少最终沉降量的目的。《建筑地基处理技术规范》(JGJ 79—2012)规定：碎石桩、砂桩和砂石桩总称为砂石桩，是指采用振动、冲击或水冲等方式在软弱地基中成孔后，再将砂或碎石压入已成的孔中，形成大直径的砂石所构成的密实桩体。

一般地说，对于砂性土，挤密桩法的侧向挤密作用占主导地位；而对于黏性土，则以置换作用为主。

6.4.2 设计计算

(1)加固机理。

①对松散砂性土的加固机理。砂土属于单粒结构。对密实的单粒结构而言，因颗粒排列已经接近最稳定的位置，在动力和静力作用下不会再产生较大的沉降，所以是理想的天然地基。而疏松的单粒结构，颗粒间孔隙大，颗粒位置不稳定，在动力和静力作用下，颗粒很容易产生位移，因而会产生较大的沉降，特别是在振动力作用下，这种现象更为显著，其体积可以减少20%左右。因此，松散砂性土未经处理不能作为地基。碎石桩和砂桩挤密法加固砂性土地基的主要目的，就是提高地基土承载力，减少变形和增强地基抗液化的性能。碎石桩和砂桩加固砂土地基抗液化的机理主要有以下三个方面：

a. 挤密作用。挤密砂桩和碎石桩采用沉管法(管端有底盖或放置预制桩头)或干振法施工时，由于在成桩过程中桩管对周围砂层产生很大的横向挤压力，桩管进入地基土中等于桩管体积的砂挤向桩管周围的砂层中，使桩管周围的砂层孔隙比减少，密实度增大，从而提高了地基的抗剪强度和水平抵抗力；使砂土地基挤密到临界孔隙比以下，以防止砂土在地震时产生液化，由于砂层孔隙比的减小，因而促使其固结变形减少；同时，由于施工时的挤密作用，从而使地基土变得十分均匀。

对于振冲挤密法，在施工过程中，由于水冲使得疏松砂土处于饱和状态，砂土颗粒在高频强迫振动下产生液化并重新排列致密，且在振冲中填入大量粗骨料后，粗骨料被强大的水平振动力挤入周围土中，这种强制挤密使砂土的密实度明显提高，孔隙比降低，干重度和内摩擦角增大，砂土的物理力学性能改善，使地基的承载力大幅度提高，一般可以提高 2~5 倍。由于地基的密实度显著增加，因此其抗液化的性能可以得到改善。

b. 排水减压作用。对砂土液化机理的研究表明，当饱和疏松砂土受到剪切循环荷载作用时，将发生体积的减小而趋于密实。在砂土无排水条件时，其体积的快速减小将导致超静孔隙水压力来不及消散而急剧上升。当超静孔隙水压力上升到等于总应力时，砂土中的有效应力降低为零，此时，砂土便产生完全液化。

碎石桩加固砂土时，桩孔内充填碎石（卵、砾石）等反滤性好的粗颗粒材料，在地基中形成了渗透性能良好的人工竖向排水减压通道，可以有效地消散和防止超孔隙水压力的增高，避免砂土产生液化，并可加快地基的排水固结。

c. 砂基预震效应。大量试验证实：相对密实度 $D_r=54\%$ 的受过预振影响的砂样，其抗液化能力相当于相对密实度 $D_r=80\%$ 的未受过预震影响的砂样。也就是说，在一定动应力循环次数下，当两个试样的相对密实度相同时，要造成经过预震的试样发生液化，所需施加的应力要比引起未经预震的试样引起液化所需的应力值提高 46%。因此，得出了砂土液化除与土的相对密实度有关外，还与砂土的振动应变历史有关的结论。采用振冲法施工时，振冲器以 1 450 次/min 的振动频率、98 m²/s 的水平加速度和 90 kN 的激振力喷水沉入土中。施工过程中，使填料和地基土在挤密的同时获得强烈的预震，这对砂土地基增强抗液化能力是极为有利的。

国外报道中记载，只要土中小于 0.075 mm 的细颗粒含量不超过 10%，都可以得到显著的挤密效果。根据已有的工程实践经验，土中细颗粒含量超过 20% 时，振动挤密法的加固效果不好。

②对黏性土的加固机理。对黏性土地基（尤指饱和软土）而言，由于土的黏粒含量多，土粒间结合力强，渗透系数小，在振动力或挤压力作用下土中的水不易排出，所以，碎石桩和砂桩的作用不是使地基挤密，而是置换和对地基土起排水固结作用。碎石桩置换是一种换土置换，即以性能良好的碎石来替换不良的地基土；排土法则是一种强制置换，它通过成桩机械将不良的地基土强制排开并置换，其对桩间土的挤密效果并不明显，在地基中形成具有高密实度和大直径的碎石桩或砂桩，碎石桩或砂桩与桩间黏性土构成了复合地基而共同作用，提高了地基的承载力，减小了地基沉降，还提高了土体的抗剪强度，增大了地基的整体稳定性；而且，由于密实的碎石桩和砂桩在地基中形成了排水路径，起着排水砂井的作用，因而，加速了黏性土地基的固结速率。

(2) 一般设计原则。

①加固范围。加固范围应根据建筑物的重要性和场地条件确定，通常都大于基础底固面积。采用振冲置换法，对一般多层建筑和高层建筑地基，宜在基础外缘增加 1~3 排桩；对可液化地基，应在基础外缘加大宽度，且不应小于基底下可液化土层厚度的 1/2。若用振

冲密实法，应在基础外缘放宽不得少于 5 m。若采用振动成桩法或锤击成桩法进行沉管作业时，应在基础外缘增加不少于 1~3 排桩；当用于防止砂层液化时，每边放宽不宜小于处理深度的 1/2，并不应小于 5 m；当可液化土层上覆盖有厚度大于 3 m 的非液化土层时，每边放宽不宜小于液化土层厚度的 1/2，且不应小于 3 m。

②桩位布置。需要进行大面积满堂处理时，桩位宜采用等边三角形布置；对独立基础或条形基础，桩位宜采用正方形、矩形或等腰三角形布置；对于圆形基础或环形基础（如油罐基础），宜采用放射形布置，如图 6.6 所示。

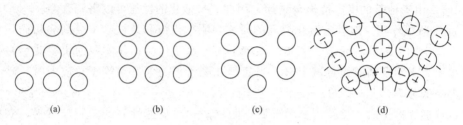

图 6.6　桩位布置图
(a)正方形；(b)矩形；(c)等腰三角形；(d)放射性

③桩长。桩长即加固深度，应该根据软弱土层的性质、厚度或工程要求按下列原则确定：

a. 当相对硬层的埋藏深度不大时，应按相对硬层的埋藏深度确定。

b. 当相对硬层的埋藏深度较大时，对于有变形控制的工程，加固深度应满足碎石桩或砂桩复合地基变形不超过建筑物地基容许变形值的要求。

c. 对于按稳定性控制的工程，加固深度应大于最危险滑动面的深度。

d. 在可液化的地基中，加固深度应按要求的抗震处理深度确定。

e. 桩长不应小于 4 m。

④桩径。桩径应根据地基土质情况和成桩设备等因素确定。当采用 30 kW 的振冲器成桩时，碎石桩的直径一般为 0.8~1.2 m；采用沉管法成桩时，碎石桩和砂桩的直径一般为 0.3~0.8 m。对饱和黏性土地基，宜选用较大的直径。

⑤桩体材料。桩体材料可以就地取材，一般使用中粗混合砂、碎石、卵石、角砾、圆砾和砂砾石等硬质材料，含泥量不得大于 5%。碎石桩桩体材料等的容许最大粒径与振冲器的外径和功率有关，一般不宜大于 150 mm，常用的粒径为 20~150 mm。

⑥垫层。碎（砂）石柱施工完毕后，基础底面应铺设 300~500 mm 厚度的碎（砂）石垫层。垫层宜分层铺设，并用平板振动器振实。在不能保证施工机械正常行驶和作业的软弱土层上时，应该铺设临时性的施工垫层。

(3)用于加固砂性土时的设计计算。碎石柱和砂桩用于加固砂性土地基时，其设计思路主要是从挤密的角度来考虑的。首先要根据工程对地基加固的要求（土提高地基承载力、减小变形或者抗地液化等），确定地基要求达到的密实度和孔隙比，并以此确定桩位布置形式。

①桩间距。考虑振密和挤密两种作用，设碎石桩和砂桩的布置如图 6.7 所示。假定碎石桩和砂桩挤密地基后，在土体中起到了 100% 的挤密效果。

如果令 γ_y 为加固后土的重度（kN/m³），则加固前的三角形 ABC 内土的总重量等于加固后三角形 ABC 内阴影部分的总重量，即：

$$\frac{\sqrt{3}}{4}L^2\gamma = \left(\frac{\sqrt{3}}{4}L^2 - \frac{\pi d_c^2}{8}\right)\gamma_y \qquad (6-17)$$

式中 d_c——挤密桩的直径（m）；
γ——砂性土的天然重度（kN/m³）。

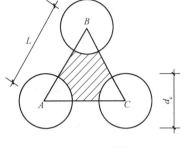

图 6.7 砂桩间距的确定

整理后有：

$$L = 0.95\xi d_c \sqrt{\frac{\gamma_y}{\gamma_y - \gamma}} \qquad (6-18)$$

根据土的三相比例指标换算关系，也可得：

$$L = 0.95\xi d_c \sqrt{\frac{1+e_0}{e_0 - e_1}} \qquad (6-19)$$

式中 e_0、e_1——分别为地基加固前后的孔隙比。

同理，当挤密桩采用正方形布置时：

$$L = 0.89\xi d_c \sqrt{\frac{\gamma_y}{\gamma_y - \gamma}} \qquad (6-20)$$

或者

$$L = 0.89\xi d_c \sqrt{\frac{1+e_0}{e_0 - e_1}} \qquad (6-21)$$

地基挤密后达到的孔隙比 e_1 可按工程对地基承载力的要求来确定或按下式求得：

$$e_1 = e_{max} - D_r(e_{max} - e_{min}) \qquad (6-22)$$

式中 e_{max}、e_{min}——分别为砂土的最大孔隙比和最小孔隙比，可按照现行国家标准《土工试验方法标准》（GB/T 50123）的有关规定确定；
D_r——地基挤密后要求砂土达到的相对密实度，可取 0.70～0.85；
ξ——修正系数。当考虑振动下沉密度作用时，可取 1.1～1.2；不考虑振动下沉密实作用时，可取 1.0。

②填料量。每根碎石桩或者砂桩每米桩长的填料量 q 可以由下式得到：

$$q = \frac{e_0 - e_1}{1 + e_0} \cdot A \qquad (6-23)$$

式中 A——每根碎石（砂）桩所分担的加固面积。

③液化判别。根据现行国家标准《建筑抗震设计规范》（GB 50011—2010）的规定：应该采用标准贯入试验判别法，在地面以下 20 m 深度范围内的液化土应符合下式要求：

$$N_{63.5} < N_{cr} \qquad (6-24)$$

$$N_{cr} = N_0 \beta [\ln(0.6d_s + 1.5) - 0.1d_w]\sqrt{\frac{3}{\rho_c}} \qquad (6-25)$$

式中 $N_{63.5}$——饱和土标准贯入锤击数实测值（未经杆长修正）（击）；
N_{cr}——液化判别标准贯入锤击数临界值（击）；
N_0——液化判别标准贯入锤击数基准值，按照表 6.6 选用（击）；
d_s——饱和土标准贯入点深度（m）；

ρ_c——黏粒含量百分率，当小于 3 或为砂土时，均应采用 3；

d_w——地下水位深度(m)，宜按建筑使用期内年平均最高水位采用，也可按近期内年最高水位采用；

β——调整系数，设计地震第一组取 0.80，第二组取 0.95，第三组取 1.05。

表 6.6　贯入锤击数基准值 N_0

设计地震基本加速度(g)	0.1	0.15	0.2	0.3	0.4
基准值	7	10	12	16	19

这种液化的判别法只考虑了桩间土的抗液化能力，而未考虑碎石桩和砂桩的加固作用，所以，其判别结果是偏安全的。

(4)设计时需要注意的问题。

①由于标准贯入试验的试验技术和设备等方面的问题，标准贯入击数一般比较离散。因此，每个场地的钻孔数量应不少于 5 个，且每层土中应取得 15 个以上的标准贯入击数，并根据统计方法进行数据的处理，以取得有代表性的数值。

②黏土颗粒含量大于 20% 为砂性土，因为会影响土层的挤密效果，故对包含碎石桩和砂桩在内的平均地基强度，必须另外估算。

③由于成桩挤密时产生的超孔隙水压力在黏土夹层中不可能很快消散，因此，当细砂层内存在薄黏土夹层时，在确定标准贯入击数时应该考虑"时间效应"，一般要求一个月以后再进行检测。

④碎石桩和砂桩施工时，在表层 1~2 m 内，由于周围土所受的约束无充分的挤密，故需要用其他的表层压实方法进行处理。

(5)用于加固黏性土时的设计计算。

①计算用的参数。

a. 不排水抗剪强度。不排水抗剪强度不仅可以判断加固方法的适用性，还可以初步选择桩的间距，预估加固后的承载力和施工的难易程度。宜用现场十字板剪切试验测定。

b. 桩的直径。桩的直径与土的类型和强度、桩材粒径、施工机具类型、施工质量等因素有关。一般而言，在强度较低的土层中形成的桩的直径较大，在强度较高的土层中形成的桩的直径较小；振冲器的振动力越大，桩的直径越大；如果施工质量控制不好，还会出现上粗下细的桩体。因此，所谓桩的直径是指按每根桩的用料量来估算的平均理论直径，一般为 0.8~1.2 m。

c. 桩体内摩擦角 φ_p。根据统计，对碎石桩 φ_p 可以取为 35°~45°，多采用 38°；对砂桩则比较复杂，没有统一的标准。

d. 面积置换率。面积置换率是桩的截面面积 A_p 与其影响面积 A 之比，用 m 来表示，即面积置换率是表征桩间距的一个指标，面积置换率越大，桩的间距越小。影响面积转化为与桩同轴的等效圆面积，其直径为 d。对不同的布桩方式，等效圆直径 d_e 的计算方法如下：

等边三角形布置：

$$d_e = 1.05L \qquad (6-26)$$

正方形布置：
$$d_e = 1.13L \tag{6-27}$$

矩形布置：
$$d_e = 1.13\sqrt{L_1 L_2} \tag{6-28}$$

式中 L——桩的间距(m)；

L_1、L_2——分别为桩的纵向间距、横向间距。

碎石桩的面积置换率为 $m = d/d_e$，碎石桩的面积置换率 m 一般为 $0.25 \sim 0.40$。

②承载力计算。砂石桩复合地基承载力特征值应按现场复合地基载荷试验确定。对于砂石桩处理的复合地基，承载力可按下式估算。

$$f_{spk} = mf_{pk} + (1-m)f_{sk} \tag{6-29}$$
$$f_{spk} = [1 + m(n-1)]f_{sk} \tag{6-30}$$

对于砂桩处理的砂土地基，可根据挤密后砂土的密实状态，按《建筑地基基础设计规范》(GB 50007—2011)的有关规定确定。

③沉降计算。碎(砂)石桩的沉降计算主要包括加固区下卧层部分的沉降和复合地基加固区部分的沉降。加固区下卧层天然地基的沉降量可以按照现行国家标准《建筑地基基础设计规范》(GB 50007—2011)计算，这里不再赘述。复合地基加固区部分的沉降计算应按照现行国家标准《建筑地基基础设计规范》(GB 50007—2011)的有关规定执行。计算时，复合地基土层的压缩模量可以按下式计算：

$$E_{sp} = [1 + m(n-1)]E_s \quad \text{或} \quad \overline{E}_s = \frac{\sum_{i=1}^{n} A_i + \sum_{j=1}^{m} A_j}{\sum_{i=1}^{n} \frac{A_i}{E_{spi}} + \sum_{j=1}^{m} \frac{A_j}{E_{sj}}} \tag{6-31}$$

式中 E_{sp}——复合地基土层的压缩模量(MPa)；

E_s——桩间土的压缩模量(MPa)，宜按当地经验取值，如无经验时，可取天然地基的压缩模量；

n——桩土应力比，在无实测资料时，对黏性土可取 $2 \sim 4$，对粉土可取 $1.5 \sim 3$，原黏性土强度高时可取小值，原黏性土强度低则取大值。

A_i——加固土层第 i 层土附加应力系数沿土层厚度的积分值；

A_j——加固土层下第 j 层附加应力系数沿土层厚度的积分值。

6.4.3 施工

目前国内常用的成桩工艺多种多样，这里主要介绍振冲法。

(1)机具设备。

①振冲器。振冲器是利用一个偏心块的旋转来产生一定频率和振幅的水平向振动力进行振冲置换施工的一种专业机械，为中空轴立式潜水电动机带动偏心块振动的短柱状机具。

②起吊设备。起吊设备一般为轮胎式或履带式吊机、自行井架式专业平车或抗扭胶管式专业汽车。起吊能力和提升高度应满足施工要求。水泵的规格为出口压力 $400 \sim 600$ kPa，流量 $20 \sim 30$ m³/h。每台振冲器配有一台水泵。其他的设备还有运料工具、泥浆泵、配电板等。施工所用的专用平台车由桩数、工期决定，有时还受到场地大小、交叉施工、水电供

应、泥水处理等条件的限制。

(2)施工前的准备工作。

①三通一平。施工现场的三通一平指的是水通、电通、材料通和平整场地,这是施工能否顺利进行的重要保证。

水通,一方面应保证施工中所需的水量,另一方面应把施工中产生的泥水排走;电通是施工中要三相和单相两种电源,三相电源的电压在 380 V,主要供振冲器使用;材料通指的是应准备若干个堆料场,且备足填料;平整场地有两个内容,一方面应清理和尽可能使场地平整,另一方面应清除地基中的障碍物,如废混凝土土块等。

②施工场地的布置。施工场地的布置随具体工程而定。施工前,对场地中的供水管、电路、运输道路、料场、排泥池、照明设施等均要妥善布置。有多台施工车同时作业的大型加固工程,应该规划出各台施工车的包干作业区。其他如配电房等也应事先安排好。

③桩的定位。平整场地后,测量地面高程。加固区的地面高程宜为设计桩顶高程以上 1 m。如果这一高程低于地下水位,需配备降水设施或者适当提高地面高程。最后,按桩位设计图在现场用小木桩标出桩位,桩位偏差不得大于 3 cm。

④制桩试验。对于中大型工程,应事先选择一试验区,并进行实地制桩试验,以取得各项施工参数。

(3)施工组织设计。根据地基处理设计方案,进行施工组织设计,以便明确施工顺序、施工方法,计算出在允许的施工期内所需配备的机具设备,所需水、电、材料等。排出施工进度计划表并绘出施工平面布置图。

①施工顺序。施工顺序可以采用"由里向外"或"从一边到另一边"等方式,如图 6.8 所示。

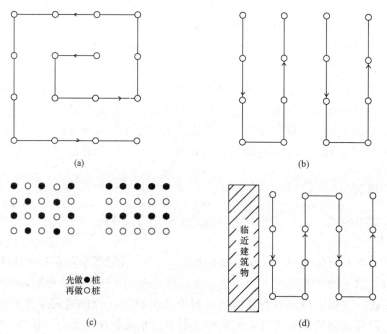

图 6.8 桩的施工顺序

(a)由里向外方式;(b)一边到另一边方式;(c)间隔跳打方式;(d)减少对邻近建筑物振动影响的施工顺序

如果"由外向里"施工，由于外围的桩已施工好，再施工里面的桩，则很难挤振，影响施工质量。在地基强度较低的软黏土中施工时，要考虑减少对地基土的扰动影响，因而可以用"间隔跳打"方法。当加固区附近有其他建筑物时，必须先从邻近建筑物一边的桩开始施工。

②施工方法。振冲法施工的填料方式一般有三种：第一，把振冲器提出孔口，往孔内加入约 1 m 高的填料，再放下振冲器进行振密；第二，把振冲器不提出孔，向上提升 1 m 左右，使其离开原来振密过的地方，然后往下倒料，再放下振冲器振密；第三，连续加料，振冲器一直振动，而填料连续不断地往孔内添加，只要在某深度上达到规定的振密标准后就向上提振冲器，并继续振密。工程施工中具体选用何种填料方式，主要由地基土的性质决定。在软黏土地基中，由于振冲器振动而形成的孔道常会被坍塌的软黏土填塞，常需进行清孔除泥，故不宜使用连续加料的方法。而在砂性土地基的孔中，坍孔现象不如软黏土严重。所以，为了提高工效，可以使用连续加料的施工方法。

振冲法具体施工可根据"振冲挤密"和"振冲置换"的不同要求，并可参阅有关的施工手册。

(4) 施工过程。振冲法是碎石（砂）桩的主要施工方法之一，具体过程如下：

①振冲器对准桩位。

②启动吊机。

③当振冲器下沉到设计加固深度以上 0.3～0.5 m 时，需要减少水量，其后继续使振冲器下沉至设计加固深度以下 0.5 m 处，并在此处留振 30 s。

④从地面向孔中逐段填入碎石，以 1～2 m/min 的速度提升振冲器。每提升振冲器 0.3～0.5 m 就留振 30 s，并观察振冲器电动机的电流变化，其密实电流一般超过空振电流 25～30 A。如此重复填料和振密，直至地面，从而在地基中形成一很大直径的密实度很高的桩体，记录每次提升速度、密实电流和留振时间。

⑤关机、关水，并移位到另一个加固点，重复以上施工过程。

⑥ 施工现场全部振冲加固后，整平场地，进行表层处理。

(5) 施工质量控制。施工过程中的填料量、密实电流和留振时间是振冲法施工中质量检验的关键。"留振时间"是指振冲器在地基中某一深度初停止振动的时间。水量的大小可以保证地基中砂土的充分饱和。饱和砂土在振动作用下会产生液化。振动停止后，经过液化后的砂土颗粒会慢慢重新排列，此时的孔隙比较原来的孔隙比要小，砂土的密实度增加。

实际上，填料量、密实电流和留振时间三者是相互联系和互为保证的。只有在一定填料量的情况下，才能保证达到一定的密实电流，而这时必须要有一定的留振时间，才能把填料挤紧。

6.4.4 质量检验

挤密桩振冲施工结束后，应间隔一定时间以后再进行地基加固的质量检验。对于粉土地基而言，间隔时间不少于 14 天；对于粉质黏性土地基，可间隔时间不少于 21 天；对于砂土和杂填土，不少于 7 天。

质量检验的方法较多。对于施工质量检验，常用的有单桩载荷试验和动力触探试验；

对于加固效果的检验，常用的有单桩复合地基和多桩复合地基大型载荷试验。

单桩载荷试验可以按每 200～400 根桩随机抽取一根桩进行检验，但总桩数不得少于 3 根，且不应少于桩总数的 2%。对砂土或粉土层中的挤密桩，除用单桩载荷试验检验外，还可用标准贯入、静力触探等试验对桩间土进行处理前后的对比试验。对砂桩还可采用标准贯入或动力触探等方法检测桩的挤密质量。

对大型的、重要的或场地复杂的挤密桩工程，应进行复合地基的处理效果检验。采用单桩或多桩复合地基载荷试验，检验点应选择在有代表性的或土质较差的地段，其试验数量不应少于总桩数的 1%，且每个单体建筑不应少于 3 点。

6.5 复合地基

6.5.1 复合地基概述

复合地基是指由两种不同刚度（或模量）的材料（不同刚度的加固桩柱体与桩间土）所组成，两者共同分担上部荷载并协调变形的地基。它是在天然地基中设置一群碎石、砂砾等散粒材料或其他材料组成的桩柱、使其与原地基土共同承担荷载的地基。根据增强体的性质和布置方向，可将复合地基分为如图 6.9 所示的几项。

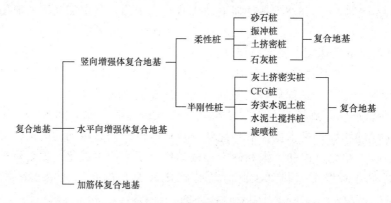

图 6.9 复合地基的分类

复合地基与天然地基同属于地基范畴，但复合地基中的人工增强体存在，使其区别于天然地基；而增强体与基体共同承担荷载的特性，又使其不同于桩基础。由于其组成和受力的复杂性，相对天然地基和桩基础，复合地基的计算理论不够完善，甚至可以说复合地基理论体系尚在形成和发展中。

本节所介绍的复合地基设计理论和计算方法，只适用于地基中竖向增强体加固桩柱体为柔性桩和半刚性桩。

6.5.2 基本理论

目前，采用的理论计算模式还是先分别确定桩柱体及桩间土的承载力，然后按一定的原则叠加得到复合地基承载力；其中可以根据桩的类型不同又可分为应力比法和面积比法，现分别介绍如下：

(1)应力比法(适用于柔性桩)。应力比法如图 6.10 所示，假定加固桩柱体和桩间土在刚性基础下，在荷载作用下，基底平面内桩柱体和桩间土的沉降相同，由于桩柱体的变形模量 E_p 大于土的变形模量 E_s，根据胡克定律，荷载向桩柱体集中而在土上的荷载降低，图示在荷载 P 作用下复合地基平衡。

$$p \times A = p_p \times A_p + p_s \times A_s \qquad (6\text{-}32)$$

式中　p——复合地基上的作用荷载(kPa)；
　　　p_p——作用于桩柱体的应力(kPa)；
　　　p_s——作用于桩间土的应力(kPa)；
　　　A——一根桩柱体所承担的加固地基面积(m^2)；
　　　A_p——一根桩柱体的横截面面积(m^2)；
　　　A_s——一根桩柱体所承担的加固范围内桩间土面积(m^2)。

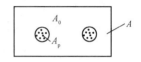

图 6.10　复合地基应力比

将应力集中比 $\dfrac{p_p}{p_s}=n$，置换率(面积比)$\dfrac{A_p}{A}=m$ 代入式(6-32)，可得：

$$p = \frac{m(n-1)+1}{n} p_p \qquad (6\text{-}33a)$$

$$p = [m(n-1)+1] p_s \qquad (6\text{-}33b)$$

当 p 到达 p_f(复合地基的极限承载力)时，式(6-33)可分别改写为：

$$p_f = \frac{m(n-1)+1}{n} p_{pf} \qquad (6\text{-}34a)$$

$$p_f = [m(n-1)+1] p_{sf} \qquad (6\text{-}34b)$$

式中　p_f——复合地基极限承载力(kPa)；
　　　p_{pf}——加固桩柱体的极限承载力(kPa)；
　　　p_{sf}——桩间土的极限承载力(kPa)。

式(6-33a)、式(6-33b)的取用，决定于复合地基的破坏状态，如桩柱体破坏，桩间土未破坏则用式(6-33a)表达 p_f；如桩间土破坏，桩柱体未破坏则用式(6-33b)，根据国内统计，在大多数情况下属于前者破坏状态。

应力比 n 是复合地基的一个重要计算参数，还没有成熟的计算方法。现多用经验估计，如砂桩 $n=3\sim5$，碎石桩 $n=2\sim4$，石灰桩 $n=3\sim4$ 等，但常与实际情况有出入。也有建议用桩土模量比计算：

$$n = \frac{E_p}{E_s} \qquad (6\text{-}35)$$

式中　E_p——柔性桩柱体的压缩模量(kPa)；
　　　E_s——桩间土的压缩模量(kPa)。

n 也可由现场荷载试验确定，或根据规范提供经验数据取用。

(2)面积比法(适用于半刚性桩)。以面积比 $\dfrac{A_p}{A}=m$ 代入式(6-32)可得面积比计算式：

$$p_f = m p_{pf} + (1-m) p_{sf} \tag{6-36}$$

避免了确定 n 值的困难，但认为地基的破坏状态是桩柱体与桩间土同时破坏。有时做以下修正：

$$p_f = \lambda m p_{pf} + \beta(1-m) p_{sf} \tag{6-37}$$

式中　λ——单桩承载力发挥系数，可按地区经验取值；

　　　β——桩间土承载力折减系数，由试验或地区经验确定，取值为 0.1~1.0。

6.5.3　加固桩柱体及桩间土极限承载力的计算

(1)加固桩柱体极限承载力的计算。加固桩柱体一般认为有两种破坏形式如图 6.11 所示。鼓出破坏为柔性桩柱体常见的破坏形式，在荷载作用下桩柱体上端出现鼓出破坏。相当一部分的柔性加固桩体，当桩柱体有一定长度时也会发生鼓出破坏；刺入破坏为半刚性桩桩身较短而且没有打到硬层时在荷载作用下容易发生。根据不同的可能破坏形式，各种加固桩柱体 p_f 的计算也不同。

①鼓出破坏情况(柔性桩)。一般可用荷载试验确定其极限承载力，也有一些理论公式如按照桩周土的被动土压力推算桩周土对散体材料桩的侧压力：

$$p_{pf} = \left[(\gamma z + q) K_{zs} + 2c_u \sqrt{K_{zs}} \right] k_{zp} \tag{6-38}$$

$$K_{zs} = \tan^2\left(45° + \dfrac{\varphi}{2}\right)$$

$$K_{zp} = \tan^2\left(45° + \dfrac{\varphi_p}{2}\right) \tag{6-39}$$

式中　γ——桩周土的重度(kN/m³)；

　　　z——桩的鼓胀深度(m)；

　　　q——桩间土的荷载(kN/m²)；

　　　c_u——桩周土的不排水抗剪强度(kPa)；

　　　K_{zs}——桩周土的被动土压力系数；

　　　K_{zp}——桩柱体材料的被动土压力系数；

　　　φ_p——桩柱体材料的内摩擦角。

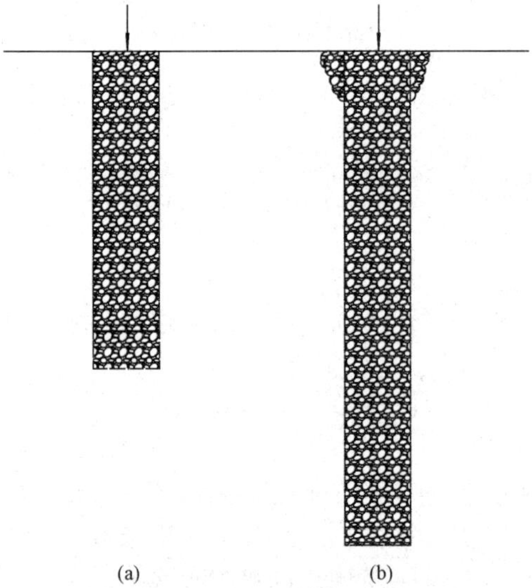

图 6.11　加固桩柱的破坏形式
(a)刺入破坏；(b)鼓出破坏

或根据模型试验和现场测试结果的计算表达式如下：

$$p_{pf} = 6 c_u K_{zp} \tag{6-40}$$

②刺入式破坏(半刚性桩)。除用荷载试验确定其 p_{pf} 外，也可根据桩周土对桩柱体支承作用，即由桩侧摩阻力(其值定为 c_u)和桩底土支承力(其值定为 $9c_u$)共同形成 p_{pf} 即：

$$p_{pf} = (\pi d L + 2.25 \pi d^2) c_u / \pi d^2 = \left(\dfrac{L}{d} + 2.25\right) c_u \tag{6-41}$$

式中　d——桩柱体直径(m)；

L——桩柱体长度(m)。

(2) 桩间土极限承载力的计算。桩间土极限承载力 p_{pf} 应尽量通过原位静、荷载试验或其他原位测试(如十字板试验、静、动力触探试验等)确定,这样,可以较好地考虑桩间土由于设置桩柱体而对其强度的影响。

在按式(6-34a)、式(6-34b)或式(6-36)、式(6-37)确定 p_f 后,考虑相应安全系数即可得复合地基的容许承载力,并应进行必要的复合地基沉降计算。

6.5.4 复合地基的沉降计算

复合地基沉降的计算方法也还不成熟。现在的实用方法是将其分为两部分,一部分为复合地基加固区内的压缩量;另一部分为加固区下卧层的压缩量。

当桩柱体较短,加固区小于压缩层深度时,用单向压缩分层总和法简化计算地基沉降 S:

$$S = m \sum_{0}^{L} \frac{\alpha_i p}{E_{sp}} \Delta h_i + m_s \sum_{L}^{z_h} \frac{\alpha_i p}{E_{si}} \Delta h_i \qquad (6-42)$$

式中 E_{sp}——复合地基压缩模量(kPa),由桩柱体压缩模量 E_p 和桩间土压缩模量 E_s 组成,由加权平均法确定 $E_{sp}=(E_p A_p + E_s A_s)/A$;

E_{si}——复合地基下,天然地基(下卧层)压缩模量(kPa);

α_i——各分层中点的附加应力系数;

p——基底附加压力(kPa);

m、m_s——复合地基和下卧层天然地基的沉降计算经验系数,应按实际统计资料取得,现 m 暂取为1,m_s 根据《公路桥涵地基与基础设计规范》(JTG D63—2007)规定选用;

Δh_i——计算分层厚度(m),取 0.5~1.0 m;

L——桩柱体长度(m);

z_h——地基压缩层厚度(m)。

当加固桩柱体已穿越压缩层或到达不可压缩层时,计算按式(6-37)右第一项即可。

6.6 水泥土搅拌桩

6.6.1 水泥土搅拌桩概述

水泥土搅拌桩法是用于加固饱和软黏土地基的一种方法,它是利用水泥、石灰等材料作为固化剂的主剂,通过特制的深层搅拌机械,在地基深处就地将软土和固化剂(浆液或粉体)强制搅拌,利用固化剂和软土之间所产生的一系列物理化学反应,使软土硬结成具有整体性、水稳定性和一定强度的优质地基。加固深度通常超过 5 m,干法加固深度不宜超过 15 m,湿法加固深度不宜超过 20 m。

水泥浆搅拌法是用回转的搅拌叶片将压入软土内的水泥浆与周围软土强制拌和形成泥加固体。搅拌机由电动机、中心管、输浆管、搅拌轴和搅拌头组成，并有灰浆搅拌机、灰浆泵等配套设备。我国生产的搅拌机现有单搅头和双搅头两种，加固深度达30 m形成的桩柱体直径60~80 cm（双搅头形成8字形桩柱体）。

水泥浆搅拌法加固原理基本与水泥粉喷搅拌桩相同，与粉体喷射搅拌法相比有其独特的优点：第一，加固深度加深；第二，由于将固化剂和原地基软土就地搅拌，因而最大限度利用了原土；第三，搅拌时不会侧向挤土，环境效应较小。

施工顺序为：在深层搅拌机起吊就位后，搅拌机先沿导向架切土下沉；下沉到设计深度后开启灰浆泵将制备好的水泥浆压入地基；边喷边旋转搅拌头并按设计确定提升速度，进行提升、喷浆、搅拌作业，使软土与水泥浆搅拌均匀，提升到上面设计标高后再次控制速度将搅拌头搅拌下沉，到设计加固深度再搅拌提升出地面。为控制加固体的均匀性和加固质量，施工时，应严格控制搅拌头的提升速度，并保证喷压阶段不出现断桩现象。

加固形成桩柱体强度与加固时所用水泥强度等级、用量、被加固土含水量等有密切关系，应在施工前通过现场试验取得有关数据，一般用42.5级水泥，水泥用量为加固土干堆积密度的2%~15%，三个月龄期试块变形模量可达75 MPa以上，抗压强度为1 500~3 000 kPa以上（加固软土含水量40%~100%）。按复合地基设计计算加固软土地基可提高承载力2~3倍以上，沉降量减少，稳定性也明显提高，而且施工方便是目前公路、铁路厚层软土地基加固常用技术措施的一种，也用于深基坑支护结构、港口码头护岸等。由于水泥浆与原地基软土搅拌结合对周围建筑物影响很小，施工无振动噪声对环境无污染，更适用于市政工程。但不适用于含有树根、石块等的软土层。

6.6.2 设计计算

(1)水泥土搅拌法的一般规定。

①水泥土搅拌法可分为深层搅拌法（以下简称湿法）和粉体喷搅法（以下简称干法）。水泥土搅拌法适用于处理正常固结的淤泥与淤泥质土、粉土、饱和黄土、素填土、黏性土以及无流动地下水的饱和松散砂土等地基。当地基土的天然含水量小于30%（黄土含水量小于25%）、大于70%或地下水的pH值小于4时不宜采用干法。

②水泥土搅拌法用于处理泥炭土、有机质土、塑性指数I_p大于25的黏土、地下水具有腐蚀性时以及无工程经验的地区。必须通过现场试验确定其适用性。

③水泥土搅拌法形成的水泥土加固体，可作为竖向承载的复合地基；基坑工程围护挡墙、被动区加固、防渗帷幕；大体积水泥稳定土等。加固体形状可分为柱状、壁状、格栅状或块状等。

④确定处理方案前应搜集拟处理区域内详尽的岩土工程资料。尤其是填土层的厚度和组成；软土层的分布范围、分层情况；地下水位及pH值；土的含水量、塑性指数和有机质含量等。

⑤设计前应进行拟处理土的室内配合比试验。针对现场拟处理的最弱层软土的性质，选择合适的固化剂、外掺剂及其掺量，为设计提供各种龄期、各种配合比的强度参数。

对竖向承载的水泥土强度宜取90 d龄期试块的立方体抗压强度平均值；对承受水平荷载的水泥土强度宜取28 d龄期试块的立方体抗压强度平均值。

(2)设计。

①固化剂宜选用强度等级为 32.5 级及以上的普通硅酸盐水泥。水泥掺量除块状加固时可用被加固湿土质量的 7%～12%外，其余宜为 12%～20%。湿法的水泥浆水灰比可选用 0.5～0.6。外掺剂可根据工程需要和土质条件选用具有早强、缓凝、减水以及节省水泥等作用的材料，但应避免污染环境。

②水泥土搅拌法的设计，主要是确定搅拌桩的置换率和长度。竖向承载搅拌桩的长度应根据上部结构对承载力和变形的要求确定，并宜穿透软弱土层到达承载力相对较高的土层；为提高抗滑稳定性而设置的搅拌桩，其桩长应超过危险滑弧以下 2 m。湿法的加固深度不宜大于 20 m；干法不宜大于 15 m。水泥土搅拌桩的桩径不应小于 500 mm。

③竖向承载水泥土搅拌桩复合地基的承载力特征值，应通过现场单桩或多桩复合地基荷载试验确定。初步设计时也可按式(6-43)估算，公式中 f_{sk} 为桩间土承载力特征值(kPa)，可取天然地基承载力特征值；β 为桩间土承载力折减系数，一般取 0.75～0.95。当桩端土未经修正的承载力特征值大于桩周土的承载力特征值的平均值时，可取 0.1～0.4，差值大时取低值；当桩端土未经修正的承载力特征值小于或等于桩周土的承载力特征值的平均值时，可取 0.5～0.9，差值大时或设置褥垫层时均取高值。

$$f_{spk} = \lambda m \frac{R_a}{A_p} + \beta(1-m)f_{sk} \tag{6-43}$$

式中 f_{spk}——复合地基承载力特征值(kPa)；

m——面积置换率；

A_p——桩截面面积(m^2)；

f_{sk}——处理后桩间土承载力特征值(kPa)，可取天然地基承载力特征值；

λ——单桩承载力发挥系数，可取 1.0；

β——桩间土承载力折减系数，对于淤泥、淤泥质土和流塑状软土等处理土层，可取 0.1～0.4，其他土层可取 0.4～0.8。

④单桩竖向承载力特征值应通过现场载荷试验确定。初步设计时也可按式(6-44)估算，并应同时满足式(6-45)的要求，应使由桩身材料强度确定的单桩承载力大于(或等于)由桩周土和桩端土的抗力所提供的单桩承载力。

$$R_a = u_p \sum_{i=1}^{n} q_{si} l_i + \alpha q_p A_p \tag{6-44}$$

$$R_a = \eta f_{cu} A_p \tag{6-45}$$

式中 f_{cu}——加固土块(边长为 70.7 mm 的立方体，也可用 50 mm)在标准养护条件下 90 d 立方体抗压强度平均值(kPa)；

η——桩身强度折减系数，干法可取 0.2～0.25，湿法可取 0.25；

n——桩长范围内所划的土层数；

u_p——桩的周长(m)；

q_{si}——桩周第 i 层土的侧阻力特征值(kPa)，对于淤泥可取 4～7 kPa；淤泥质土可取 6～12 kPa；对于软塑状态的黏性土可取 10～15 kPa；对于可塑状态的黏性土可取 1.2～18 kPa；

l——桩长范围内第 i 层土的厚度；

q_p——桩端地基土未经修正的承载力特征值(kPa);

α——桩端天然地基土的承载力折减系数,可取 0.4~0.6,承载力高时取低值。

⑤竖向承载搅拌桩复合地基应在基础和桩之间设置褥垫层。褥垫层厚度可取 200~300 mm。其材料可选用中砂、粗砂、级配砂石等,最大粒径不宜大于 20 mm。

⑥竖向承载搅拌桩复合地基中的桩长超过 10 m 时,可采用变掺量设计。在全桩水泥总掺量不变的前提下,桩身上部三分之一桩长范围内可适当增加水泥掺量及搅拌次数;桩身下部三分之一桩长范围内可适当减少水泥掺量。

⑦竖向承载搅拌桩的平面布置可根据上部结构特点及对地基承载力和变形的要求,采用柱状、壁状、格栅状或块状等加固形式。桩可只在基础平面范围内布置,独立基础下的桩数不宜少于 3 根。柱状加固可采用正方形、等边三角形等布桩形式。

⑧当搅拌桩处理范围以下存在软弱下卧层时,应按现行国家标准《建筑地基基础设计规范》(GB 50007—2011)的有关规定进行下卧层承载力验算。

⑨竖向承载搅拌桩复合地基的变形包括搅拌桩复合土层的平均压缩变形 S_1 与桩端下未加固土层的压缩变形 S_2。

a. S_1 的计算。

$$S_1 = \frac{(p_z + p_{zl})l}{2E_{sp}} \tag{6-46}$$

$$E_{sp} = mE_p + (1-m)E_s \tag{6-47}$$

式中 p_z——搅拌桩复合土层顶面的附加压力值(kPa);

p_{zl}——搅拌桩复合土层底面的附加压力值(kPa);

E_{sp}——搅拌桩复合土层的压缩模量(kPa);

E_p——搅拌桩的压缩模量,可取$(100\sim120)f_{cu}$(kPa);

E_s——桩间土的压缩模量。

b. S_2 的计算。可按《建筑地基基础设计规范》(GB 50017—2011)的有关规定进行计算。

6.6.3 施工

(1)水泥土搅拌法施工一般方法。

①水泥土搅拌法施工现场事先应予以平整,必须清除地上和地下的障碍物。遇有明浜、池塘及洼地时应抽水和清淤,回填黏性土料并予以压实,不得回填杂填土或生活垃圾。

②水泥土搅拌桩施工前应根据设计进行工艺性试桩,数量不得少于 3 根。当桩周为成层土时,应对相对软弱土层增加搅拌次数或增加水泥掺量。

③搅拌头翼片的枚数、宽度、与搅拌轴的垂直夹角、搅拌头的回转数、提升速度应相互匹配,以确保加固深度范围内土体的任何一点均能经过 20 次以上的搅拌,且干法搅拌的钻头每转一圈的上升(或下沉)量应为 10~15 mm。

④竖向承载搅拌桩施工时,停浆(灰)面应高于桩顶设计标高 500 mm。在开挖基坑时,应将搅拌桩顶端施工质量较差的桩段用人工挖除。

⑤施工中应保持搅拌桩机底盘的水平和导向架的竖直,搅拌桩的垂直偏差不得超过 1%;桩位的偏差不得大于 50 mm;成桩直径和桩长不得小于设计值。

⑥水泥土搅拌法施工步骤由于湿法和干法的施工设备不同而略有差异。其主要步骤应为:

a. 搅拌机械就位、调平。
b. 预搅下沉至设计加固深度。
c. 边喷浆(粉)、边搅拌提升直至预定的停浆(灰)面。
d. 重复搅拌下沉至设计加固深度。
e. 根据设计要求,喷浆(粉)或仅搅拌提升直至预定的停浆(灰)面。
f. 关闭搅拌机械。

在预(复)搅下沉时,也可采用喷浆(粉)的施工工艺,但必须确保全桩长上下至少再重复搅拌一次。

(2)水泥土搅拌湿法施工。

①施工前,应确定灰浆泵输浆量、灰浆经输浆管到达搅拌机喷浆口的时间和起吊设备提升速度等施工参数,并根据设计要求,通过工艺性成桩试验确定施工工艺。

②施工中所使用的水泥都应过筛,制备好的浆液不得离析,泵送必须连续。拌制水泥浆液的罐数、水泥和外掺剂用量,以及泵送浆液的时间等应有专人记录;喷浆量及搅拌深度必须采用经国家计量部门认证的监测仪器进行自动记录。

③搅拌机喷浆提升的速度和次数必须符合施工工艺的要求,并应有专人记录。

④当水泥浆液到达出浆口后,应喷浆搅拌 30 s,在水泥浆与桩端土充分搅拌后,再开始提升搅拌头。

⑤搅拌机预搅下沉时不宜冲水,当遇到硬土层下沉太慢时,方可适量冲水,但应考虑冲水对桩身强度的影响。

⑥施工时如因故停浆,应将搅拌头下沉至停浆点以下 0.5 m 处,待恢复供浆时再喷浆搅拌提升。若停机超过 3 h,宜先拆卸输浆管路,并妥加清洗。

⑦壁状加固时,相邻桩的施工时间间隔不宜超过 12 h。如间隔时间太长,与相邻桩无法搭接时,应采取局部补桩或注浆等补强措施。

(3)水泥土搅拌桩干法施工。

①喷粉施工前应仔细检查搅拌机械、供粉泵、送气(粉)管路、接头和阀门的密封性、可靠性。送气(粉)管路的长度不宜大于 60 m。

②水泥土搅拌法(干法)喷粉施工机械必须配置经国家计量部门确认的具有能瞬时检测并记录出粉量的粉体计量装置及搅拌深度自动记录仪。

③搅拌头每旋转一周,其提升高度不得超过 15 mm。

④搅拌头的直径应定期复核检查,其磨耗量不得大于 10 mm。

⑤当搅拌头到达设计桩底以上 1.5 m 时,应即开启喷粉机提前进行喷粉作业。当搅拌头提升至地面下 500 mm 时,喷粉机应停止喷粉。

⑥成桩过程中因故停止喷粉,应将搅拌头下沉至停灰面以下 1 m 处,待恢复喷粉时再喷粉搅拌提升。

6.6.4 质量检验

(1)水泥土搅拌桩的质量控制应贯穿在施工的全过程,并应坚持全程的施工监理。施工过程中必须随时检查施工记录和计量记录,并对照规定的施工工艺对每根桩进行质量评定。检查重点是:水泥用量、桩长、搅拌头转数和提升速度、复搅次数和复搅深度、停浆处理方法等。

(2)水泥土搅拌桩的施工质量检验可采用以下方法：

①成桩 7 d 后，采用浅部开挖桩头[深度宜超过停浆(灰)面下 0.5 m]，目测检查搅拌的均匀性，量测成桩直径。检查量为总桩数的 5%。

②成桩后 3 d 内，可用轻型动力触探检查每米桩身的均匀性。检验数量为施工总桩数的 1%，且不少于 3 根。

(3)竖向承载水泥土搅拌桩地基竣工验收时，承载力检验应采用复合地基载荷试验和单桩载荷试验。

(4)载荷试验必须在桩身强度满足试验荷载条件时，并宜在成桩 28 d 后进行。检验数量为桩总数的 1%，且每项单体工程不应少于 3 点。

经触探和载荷试验检验后对桩身质量有怀疑时，应在成桩 28 d 后，用双管单动取样器钻取芯样作抗压强度检验，检验数量为施工总桩数的 0.5%，且不少于 3 根。

(5)对相邻桩搭接要求严格的工程，应在成桩 15 d 后，选取数根桩进行开挖，检查搭接情况。

(6)基槽开挖后，应检验桩位、桩数与桩顶质量，若不符合设计要求，应采取有效补强措施。

6.7 水泥粉煤灰碎石桩

6.7.1 水泥粉煤灰碎石桩概述

水泥粉煤灰碎石桩简称 CFG 桩。它是在碎石桩的基础上，加进一些石屑、粉煤灰和少量水泥，加水拌和制成的一种具有一定粘结强度的桩，是近年来新开发的一种地基处理技术。通过调整水泥的掺量及配合比，可使桩体强度等级为 C5～C20 变化。水泥粉煤灰碎石桩法吸取了振冲碎石桩和水泥土搅拌桩的优点，具体体现在以下三个方面：

(1)施工工艺与普通振动沉管灌注桩一样，工艺简单。与振冲碎石桩相比，无场地污染，施工振动的影响较小。

(2)仅需少量水泥，所用材料便于就地取材，基础工程不会与上部结构争"三材"，优于水泥搅拌桩。

(3)受力特性与水泥搅拌桩类似。CFG 桩与一般碎石桩之间的区别，见表 6.7。

表 6.7 碎石桩与 CFG 桩的对比

桩 型	碎石桩	CFG 桩
单桩承载力	桩的承载力主要靠桩顶以下有限长度范围内桩周土的侧向约束，当桩长大于有效桩长时，增加桩长对承载力的提高作用不大，以置换率 10%计，桩承担荷载占总荷载的 15%～30%	桩的承载力主要来自全桩长的摩阻力及桩端承载力，桩越长则承载力越高，以置换率 10%计，桩承担的荷载占总载的 40%～75%

续表

桩　型	碎石桩	CFG 桩
复合地基承载力	加固黏性土复合地基承载力的提高幅度较小，一般为 0.5～1 倍	承载力提高幅度有较大的可调性，可提高 4 倍或更高
变形	地基变形的幅度较小，总的变形量较大	增加桩长可有效地减小变形，总的变形量较小
适用范围	多层建筑地基	多层和高层建筑地基

CFG 桩在受力特性方面介于碎石桩和钢筋混凝土桩之间。与碎石桩相比，CFG 桩桩身具有一定的刚度，不属于散体材料桩，其桩体承载力取决于桩侧摩阻力和桩端端承力之和或者是桩体的强度。当桩间土不能提供较大的侧限时，CFG 桩复合地基承载力大于碎石桩复合地基。与钢筋混凝土桩相比，其桩体强度和刚度比一般混凝土小得多，有利于充分发挥桩体材料的潜力，降低地基处理费用。

CFG 桩是由水泥、粉煤灰、石子、石屑加水拌和形成的混合材料灌注而成。这些材料各自的含量多少对混合材料的强度有很大影响，可以通过室内外材料配合比试验和材料力学性能试验确定。

6.7.2　设计计算

(1)加固机理。CFG 桩加固软弱地基的作用主要有三种，即桩体作用、挤密与置换作用和褥垫层作用。

①桩体作用。在荷载作用下，CFG 桩的压缩性明显小于其周围软土。因此，基础传递给复合地基的附加应力随地基的变形逐渐集中到桩体上，出现了应力集中现象，复合地基中的 CFG 桩起到了桩体作用。

另外，与由松散材料组成的碎石桩不同，CFG 桩桩身具有一定的粘结强度。在荷载作用下，CFG 桩桩身不会出现压胀变形，桩身承受的荷载通过桩周的摩阻力和桩端阻力传递到地基深处，使复合地基的承载力有较大幅度提高，加固效果显著，而且，CFG 桩复合地基变形小，沉降稳定快。

②挤密与置换作用。当 CFG 桩用于挤密效果好的土时，由于 CFG 桩采用振动沉管法施工，机械的振动和挤压作用使桩间土得以挤密。复合地基承载力的提高既有挤密又有置换。当 CFG 桩用于不可挤密的土时，其复合地基承载力的提高只是置换作用。

③褥垫层作用。有级配砂石、粗砂、碎石等散体材料组成的褥垫层，在 CFG 桩复合地基中有以下四种作用：

a. 保证桩、土共同承担荷载。

b. 减少基础底面的应力集中。

c. 褥垫层厚度可以调整桩、土荷载分担比。

d. 褥垫层厚度可以调整桩、土水平荷载分担比。

(2)设计计算。用 CFG 桩处理软弱地基，其主要目的是提高地基承载力和减小地基的变形。这一点通过发挥 CFG 桩的桩体作用来实现。对松散砂性土地基，可以考虑振动沉管施工时的挤土效应。但如果是以挤密松散砂性土为主要加固目的，那么采用 CFG 桩是不经济的。

①参数。桩径：CFG 桩常采用振动沉管法施工，其桩径应根据桩管大小而定，一般为 300～800 mm。长螺旋钻中心压灌、干成孔和振动沉管成桩宜为 350～600 mm；泥浆护壁钻孔成桩宜为 600～800 mm；钢筋混凝土预制桩宜为 300～600 mm。

桩距：桩距的选取需要考虑多种因素，若提高地基承载力以满足设计要求，桩体作用的发挥、场地地质条件以及造价等因素，而且施工要方便。可参考表 6.8 选取。

表 6.8 桩距选用表

布桩形式	土 质		
	挤密性好的土，如砂土、粉土、松散填土等	可挤密性土，如粉质黏土、非饱和黏土等	不可挤密性土，如饱和黏土、淤泥质土
单、双排布的条基	$(3\sim5)d$	$(3.5\sim5)d$	$(4\sim5)d$
含 9 根以下的独立基础	$(3\sim5)d$	$(3.5\sim5)d$	$(4\sim5)d$
满堂布桩	$(4\sim6)d$	$(4\sim6)d$	$(4.5\sim7)d$

②承载力确定。CFG 桩复合地基承载力值的确定，应以能够比较充分地发挥桩和桩间土的承载力为原则，所以，可取比例界限荷载值作为复合地基的承载力。

③复合地基的承载力可按下式确定：

$$f_{spk} = \lambda m \frac{R_a}{A_p} + \beta(1-m)f_{sk} \tag{6-48}$$

式中 f_{spk}——CFG 桩复合地基承载力值(kN)；

f_{sk}——天然地基承载力(kPa)；

A_p——桩的截面面积(m^2)；

λ——单桩承载力发挥系数，可取 1.0；

β——桩间土承载力折减系数，一般取 0.75～0.95，天然地基承载力较高时取高值。

④单桩竖向承载力特征值 R_a 的取值，应符合下列规定：

a. 当采用单桩载荷试验时，应将单桩竖向极限承载力除以安全系数 2。

b. 当无单桩载荷试验资料时，可按下式估算：

$$R_a = u_p \sum_{i=1}^{n} q_{si} l_i + q_p A_p \tag{6-49}$$

桩体试块抗压强度平均值应满足下式要求：

$$f_{cu} \geq 3 \frac{R_a}{A_p} \tag{6-50}$$

式中 f_{cu}——桩体混合料试块(边长 150 mm 立方体)标准养护 28 d 立方体抗压强度平均值(kPa)。

⑤变形计算。地基处理后的变形计算应按现行国家标准《建筑地基基础设计规范》(GB 50017—2011)的有关规定执行。复合土层的分层与天然地基相同，各复合土层的压缩模量等于该层天然地基压缩模量的 ζ 倍，ζ 值可按下式确定：

$$\zeta = \frac{f_{spk}}{f_{ak}} \tag{6-51}$$

式中 f_{ak}——基础底面下天然地基承载力特征值(kPa)。

变形计算经验系数 φ_s 根据当地沉降观测资料及经验确定，也可采用表 6.9 数值。

表 6.9 变形计算经验系数 φ_s

$\overline{E}_s$/MPa	2.5	4.0	7.0	15.0	20.0
φ_s	1.1	1.0	0.7	0.4	0.2

注：$\overline{E}_s$ 为变形计算深度范围内压缩模量的当量值，应按下式计算：

$$\overline{E}_s = \frac{\sum A_i}{\sum \dfrac{A_i}{E_{si}}} \tag{6-52}$$

式中 A_i——第 i 层土附加应力系数沿土层厚度的积分值；

E_{si}——基础底面下第 i 层土的压缩模量(MPa)，桩长范围内的复合土层按复合土层的压缩模量取值。

6.7.3 施工

CFG 桩目前一般是采用振动沉管桩法施工。由于它是一项新发展起来的地基处理技术，其设计计算理论和工程施工经验还远不够成熟，因此，施工前一般须进行成桩试验，以确定有关技术参数后，再精心组织施工。

(1)沉管。

①桩机就位必须平整、稳固，调整沉管与地表面垂直，确保垂直度偏差不大于1%。

②如果采用预制钢筋混凝土桩尖，需要将桩尖埋入地表以下 300 mm 左右。

③启动马达开始沉管，沉管过程中注意调整桩机的稳定，严禁倾斜和错位。

④做好沉管记录。激振电流每沉管 1 m 记录一次，对土层变化处应说明到设计标高。

(2)投料。

①在沉管过程中可用料斗进行空中投料，待沉管至设计标高后必须尽快投料，直到沉管内的混合料面与钢管投料口齐平为止。

②若上述投料量不足，须在拔管过程中空中投料，以确保成桩桩顶标高满足设计要求。

③严格按设计规定配制混合料。

④按设计配合比配制混合料，将其投入搅拌机加水拌和，加水量由混合料的坍落度控制，一般坍落度为 30～50 cm，成桩后的桩顶浮浆厚度一般不超过 200 mm。

⑤混合料搅拌时间不得少于 1 min，须搅拌均匀。

(3)拔管。

①第一次投料结束后，开动马达，沉管原地留振 10 s 左右，然后边振动边拔管。

②拔管速度控制在 1.2～1.5 m/min 左右，如遇淤泥或淤泥质土，可适当放慢速度。

③桩管拔出地面后，确认其符合设计要求后用粒状材料或湿黏土封顶，移机。

(4)施工顺序。隔排隔桩跳打，且间隔时间不应少于 7 d。

(5)桩头处理。施工后待 CFG 桩体达到一定强度(一般为 7 d 左右)后开挖或联合开挖。人工开挖留置不小于 700 mm 厚的土层。

(6)铺设垫层。在基础下铺设一定厚度的垫层，工程中一般垫层厚度为桩径的 40%～60%，以便调整 CFG 桩和桩间土的共同作用。

6.7.4 质量检验

在施工过程中，抽样做混合料试块，一般一个台班做一组(3块)，试块尺寸为 150 mm×

150 mm，并测定 28 d 抗压强度。施工结束 28 d 后进行单桩复合地基载荷试验。抽检率为总桩数的 1%，且每个单体工程不应少于 3 点。并采用低应变动力试验，检测桩身完整性，低应变检测数量占桩数 10%。

CFG 桩施工的允许偏差、检验数量及检验方法见表 6.10。

表 6.10　CFG 桩施工的许偏差、检验数量及检验方法

序号	检验项目	容许偏差	施工单位检查数量	检验方法
1	桩位(纵、横向)	50 mm	按成桩总数的 10% 抽取检验，且每检测批不少于 5 根	经纬仪或钢尺丈量
2	桩体垂直度	1%		经纬仪或吊线测钻杆倾斜度
3	桩体有效直径	不小于设计值		开挖 0.5～1 m 深后，用钢尺丈量

6.8　压实与夯实

压实法是利用机械自重或辅以振动产生的能量对地基土进行压实。压实法包括碾压和振动碾压。夯实法是利用机械落锤产生的能量对地基进行夯击使其密实，提高土的强度和减小压缩量。夯实法包括重锤夯实和强夯。

6.8.1　压实法

压实法是指采用人工夯、低能夯实机械、碾压或振动碾压机械对比较疏松的表层土进行压实，也可对分层填筑土进行压实。当表层土含水量较高时或填筑土层含水量较高时，可分层铺垫石灰、水泥进行压实，使土体得到加固。

压实法适用于浅层疏松的黏性土、松散砂性土、湿陷性黄土及杂填土等。这种处理方法对分层填筑土较为有效，要求土的含水量接近最优含水量；对表层疏松的黏性土地基也要求其接近最优含水量，但低能夯实或碾压时地基的有效加固深度很难超过 1 m。因此，若希望获得较大的有效加固深度则需较大功能的夯实。

6.8.2　强夯法

强夯是指将很重的锤从高处自由下落，对地基施加很高冲击能，反复多次夯击地面，地基土中的颗粒结构发生调整，土体变密实，从而能较大限度提高地基强度和降低压缩性。一般是通过 10～100 t 的重锤(最重达 200 t)和 10～20 m 的落距(最高达 40 m)，对地基土施加强大的冲击能，在地基土中形成冲击波和动应力，夯锤对上部土体进行冲切，土体结构破坏，形成夯坑，并对周围的土体进行动力挤压，使得地基土压密和振密，以达到提高地基土的强度、降低土的压缩性、改善砂土的抗液化条件、消除湿陷性黄土的湿陷性等作用。同时，夯击能还可以提高土层的均匀程度，减少将来可能出现的地基差异沉降。

一般认为，强夯法适用于无黏性土、松散砂土、杂填土、非饱和黏性土及湿陷性黄土

等。对高饱和度的粉土与黏性土地基，应采用强夯置换法，即利用强大的夯击能将碎石、块石或其他粗颗粒材料，强行夯入并排开软土，在地基中形成碎石墩，并与墩间软土形成碎石墩复合地基，以提高地基的承载力，减小地基的沉降。

(1) 强夯法的加固机理。强夯法虽然在实践中已被证实是一种较好的地基处理方法，国内外学者也从不同的角度进行了大量的研究，但到目前为止，还没有形成一套成熟和完善的理论及设计计算方法。对强夯法加固机理的认识，应该区分为宏观机理和微观机理。宏观机理从加固区土体所受到的冲击力、应力波的传播、土体强度对土的密实影响方面加以解释；微观机理则是对在冲击力作用下，土的微观结构变化，如土颗粒的重新排列、连接作出解释。另外，还要区别饱和土和非饱和土，饱和土的固结是土中孔隙水的排出过程，而非饱和土则复杂得多。近代土力学对非饱和土进行了一系列的研究，也取得了不少研究成果。由于黏性土和非黏性土有力学性质的差异，因此，也应该区别对待。对一些特殊土，例如湿陷性黄土、淤泥等，其加固机理也有不同之处。目前，强夯法加固地基有三种不同的加固机理，即动力密实、动力固结和动力置换，各种加固机理的特性取决于地基土的类别和强夯施工工艺。

① 动力密实。强夯法加固多孔隙、粗颗粒、非饱和土是基于动力密实的机理，即用冲击型动力荷载，使土体中的孔隙体积减小，土体变得密实，从而提高地基土强度。非饱和土的夯实过程，就是土中的气相被挤出的过程，其夯实变形主要是由于土颗粒的相对位移引起的。实际工程表明，在冲击能作用下，地面会立即产生沉陷，一般夯击一遍后，其夯坑深度可达 0.6~1.0 m，夯坑底部形成一起压密硬壳层，承载力比夯前提高 2~3 倍。

② 动力固结。强夯法处理细颗粒饱和土时，则是动力固结机理，即巨大的冲击能量在土中产生很大的应力波，破坏了土体原有的结构，使土体的局部发生液化，并产生了许多裂隙，增加了排水通道，使孔隙水顺利排出，待超孔隙水压力消散后，土体固结。再加上软土具有触变性，土的强度得以提高。Menard 教授根据强夯法的实践，首次对传统的固结理论提出了不同的看法，阐述了"饱和土是可以压缩的"新的机理，即饱和土的加固机理。

a. 饱和土的压缩性。在大量的工程实践中，不论土的性质如何，在强夯加固的夯击时，可以立即使地基土产生很大沉降。对渗透性很小的饱和细粒土而言，土中孔隙水的排出被认为是产生沉降的必要和充分条件，这是传统的固结理论的基本假定。可是，饱和细粒土的渗透性很小，在瞬时冲击荷载的作用下，孔隙水不可能迅速排出，因此，就难以解释饱和细粒土在夯击时产生很大沉降的机理。

Menard 教授认为，由于土中存在有机物，有机物的分解会产生微气泡。第四纪土中大多数都含有以微气泡形式存在的气体，含气量为 1%~4%。在进行强夯加固饱和细粒土时，土中的气体体积压缩，孔隙水压力增大，随后气体有所膨胀，孔隙水排出的同时，孔隙水压力在逐渐减小。这样如此反复，每夯击一遍，液相体积和气相体积都有所减少。根据试验结果可知，每夯击一遍，气体的体积可减少 40%。

b. 产生液化。在重复夯击作用下，施加在土体上的夯击能使气体逐渐受到压缩。因此，土体的夯沉量与夯击能量成正比。当土中的气体按体积百分比接近于 0 时，土体即变成不可压缩的了。相应于孔隙水压力上升到覆盖压力相等的能量级时，土体即产生液化。

液化度为孔隙水压力与液化压力之比，而液化压力即为覆盖压力。当液化度为 100% 时，即为土体产生液化的临界状态，对应的能量称为"饱和能"。此时，土中的部分弱结合水变成了自由水，土的强度下降到最小值。强夯的夯击能一旦达到"饱和能"，如果继续施加夯击能量，除对土体起重塑的破坏作用外，没有其他作用，纯属浪费能量。应当指出，强夯夯击能引起的天然土层的液化常常是逐渐发生的。地球上的绝大多数沉积物是层状的和结构性的。在动荷载作用下，一般是粉质土层和砂质土层比黏性土层先产生液化现象。另外，强夯时土层所产生的液化不同于地震时的液化，只能引起土体的局部液化。

c. 渗透性变化。强夯施工中，在很大的夯击能量作用下，地基土体中出现了冲击波和动应力。当土体中出现的超孔隙水压力大于土颗粒间的侧向压力时，致使土颗粒之间出现裂隙，形成排水通道。此时，土的渗透系数骤增，使土中孔隙水顺利排出。在有规则的、网格状布置夯点的施工现场，由于夯击能量的积聚，在夯坑四周会形成有规则的垂直裂缝，并出现涌水现象。所以，应规划好强夯的施工顺序，如果不规则的乱夯，只会破坏这些天然排水通道的连续性。因此，在现场勘察得到的夯击前土工试验所量测的渗透系数，并不能说明夯击后孔隙水压力迅速消散这一特性，土层的渗透系数会有所改变。当土中的孔隙水压力消散到小于土颗粒之间的侧向压力时，原来产生的裂隙即自行闭合，土中水的运动重新恢复常态。

d. 触变恢复。在重复夯击作用下，土体的强度逐渐减低。当土体出现液化或接近液化时，土的强度达到最小值。此时土体产生裂隙，而土体中的吸附水部分变成了自由水。随着土体中孔隙水压力的消散，土体的抗剪强度和变形模量都有了大幅度的增长。土颗粒间紧密接触和新吸附水层逐渐固定是土体强度增大的原因，而吸附水逐渐固定的过程可能会延续几个月。在触变恢复期间，土体的变形是很小的，有资料介绍在0.1%以下。如果用传统的固结理论就无法解释这一现象，这时自由水重新被土颗粒所吸附而变成了吸附水，这也是具有触变性土的特性。

③动力置换。动力置换可分为整式置换和桩式置换。整式置换是采用强夯的能量将碎石、矿渣等物理力学性能较好的粗颗粒材料强制整体挤入淤泥中，主要通过置换作用来达到加固地基的作用，其作用机理类似于换土垫层。桩式置换是通过强夯将碎石填筑于土体中，部分碎石对土体挤压形成桩体，使土体密实的方法。

(2) 强夯法的设计计算。

①有效加固深度。有效加固深度既是选择地基处理方法的重要依据，又是反映地基处理效果的重要参数。有效加固深度一般可以理解为：经强夯加固后，该土层强度提高，压缩模量增大，加固效果显著，土层强度和变形等指标能满足设计要求的土层范围。可用下列公式估算有效加固深度：

$$H = \alpha \sqrt{\frac{Wh}{10}} \quad (6-53)$$

式中　H——有效加固深度(m)；

　　　W——夯锤重(kN)；

　　　h——落距(m)；

　　　α——小于1.0的经验系数，视不同的土质条件来取值，对于黏性土可取0.5，对于砂性土可取0.7，对于黄土可取0.35~0.5。

由式(6-53)估算的有效加固深度比实测的有效加固深度偏大。因此，强夯法的有效加固深度应根据现场试夯或当地经验确定。在缺少试验资料或经验时，《建筑地基处理技术规范》(JGJ 79—2012)规定了取值范围,见表 6.11。

表 6.11 强夯法的有效加固深度   m

单击夯击能/(kN·m)	碎石土、砂土等粗颗粒土	粉土、黏性土、黄土等细颗粒土
1 000	4.0～5.0	3.0～4.0
2 000	5.0～6.0	4.0～5.0
3 000	6.0～7.0	5.0～6.0
4 000	7.0～8.0	6.0～7.0
5 000	8.0～8.5	7.0～7.5
6 000	8.5～9.0	7.5～8.0
8 000	9.0～9.5	8.0～8.5
10 000	9.5～10.0	8.5～9.0
12 000	10.0～11.0	9.0～10.0

注:强夯法的有效加固深度从最初起夯面算起。

【例 6-2】 某湿陷性黄土地基采用强夯法处理,锤重 169 kN,落距 10 m,试计算强夯处理的有效加固深度。

【解】 $H = \sqrt{Mh} = \sqrt{169 \times 10} = 41.11(\text{m})$

② 单击夯击能。在设计中,先根据需要加固的深度初步确定要采用的夯击能,之后再根据施工机具确定起重设备、夯锤大小和自动脱钩装置。夯锤重量 M 与落距 h 的乘积称为单击夯击能。整个加固场地的总夯击能量(即锤重×落距×总夯击数)除以加固面积称为单位夯击能。强夯的单位夯击能应根据地基土类别、结构类型、荷载大小和要求处理的深度等综合考虑,并可以通过试验确定。一般情况下,粗粒土可取 1 000～3 000 kN·m/m²,细粒土可取 1 500～4 000 kN·m/m²。夯击时最好加大锤重和落距,则单击夯击能量大,夯击击数少,夯击遍数也相应减少。

a. 起重设备。起重设备可以用履带式起重机、轮胎式起重机,也有轮胎式强夯机。当夯锤重量大于起重机的能力时,需要利用滑轮组,并借助自动脱钩装置来起落夯锤。

b. 夯锤。国内的夯锤重量一般为 10～260 t,最大夯锤重量已达到 200 t。锤底面为圆形和方形,以圆形为好,并对称设置若干个贯通顶底面的排气孔,孔径可取 250～300 mm,这样可以降低起锤时的能量损失,减小起吊吸力等。锤底面积宜按土的性质确定。国内外资料报道,对砂性土一般锤底面积为 3～4 m²,对黏性土不宜小于 6 m²。同时,应该控制夯锤的高宽比,以防止夯锤产生倾斜。对细粒土在强夯时可能会产生较深的夯坑,应事先加大锤底面积。锤底静压力可取 25～80 kPa,对细粒土宜取较小值。

国内外夯锤多采用钢板外壳,内灌注混凝土,也可以根据实际情况选用铸钢夯锤,确定夯锤规格后,根据要求的单击夯击能量,就可以确定夯锤的落距。国内通常采用 8～25 m 的落距。对相同的夯击能量,应选用大落距的施工方案,这是因为增大落距可以获得较大的触地速度,能将大部分的能量有效地传递到地下深处,增加了深层夯实效果,减少了消耗在地表土层塑性变形上的能量。

③夯击点布置和间距。

a. 夯击点布置。夯击点布置是否合理与夯击效果有直接的关系。夯击点位置可以根据建筑物结构类型布置。对基础面积较大的建(构)筑物，可以按等边三角形、等腰三角形或正方形布置，以便施工；对办公楼和住宅，可根据承重墙的位置布置，一般按等腰三角形布点。

强夯的处理范围应大于建筑物的基础范围，具体的超出范围，可以根据建筑物类型和重要性等因素考虑决定。对一般建筑物而言，每边超出基础外缘的宽度宜为设计处理深度的 1/2～1/3，并且不宜小于 3 m。对可液化地基，基础边缘的处理宽度不宜小于 5 m。

b. 夯点间距。夯点间距一般根据地基土性质和要求处理的深度而确定。第一遍夯点间距要大，一般为夯锤直径的 2.5～3.5 倍，以使夯击能量传递到深处和保护夯坑周围所产生的放射向裂隙为基本原则。下一遍夯点常布置在上一遍夯点的中间。最后一遍以较低的夯击能进行夯击，彼此重叠搭接，以确保接近地表土层的均匀性和较高的密实度，俗称"普夯"(满夯)。如果夯距太大，相邻夯点的加固效应将在浅处叠加面形成硬壳层，这样会影响夯击能量向深部的传递。而夯距太小，又可能使夯点周围的辐射向裂隙(黏性土常见)重新闭合。

④夯击次数和遍数。

a. 夯击次数。每个夯点的夯击次数应按照现场试夯得到的夯击次数和夯沉量关系的曲线确定，而且应同时满足三个条件：第一，最后两击的平均夯沉量不大于下列数值：当单击夯击能小于 4 000 kN·m 时为 50 mm，当单击夯击能为 4 000～6 000 kN·m 时为 100 mm，当单击夯击能大于 6 000～8 000 kN·m 时为 150 mm，当单击夯击能大于 8 000～12 000 kN·m 时为 200 mm；第二，夯坑周围的地面不应发生过大的隆起；第三，不因夯坑过深而产生起锤困难。

总之，各夯击点的夯击数，应使土体的竖向压缩最大，侧向位移最小，一般为 4～10 击。

b. 夯击遍数。夯击遍数应该根据地基土的性质和平均夯击能确定。在整个强夯场地中，将同一编号的夯击点夯完后算作一遍。夯击遍数应根据地基土的性质确定。由粗粒土组成的地基，夯击遍数可少些；由细粒土组成的地基，夯击遍数可适当增加。一般情况下可采用 1～8 遍，最后再以低能量满夯一遍，以便将松动的表层土夯实。满夯的夯实效果好，可减小建筑物的沉降。

⑤铺设垫层。强夯前，往往在拟加固的场地内满铺一定厚度的砂石垫层，因为场地必须具有稍硬的表层，才能支撑起重设备，并使施工时产生的"夯击能"得到扩散；同时，也可以加大地下水位与地表面的距离。地下水位较高的饱和黏性土和易于液化流动的饱和砂土，均需铺设砂(砾)或碎石垫层才能进行强夯，否则土体会发生流动；对场地地下水位在 1～2 m 深度以下的砂砾石土层，可以直接强夯而不需要铺设垫层。铺设的垫层厚度随场地的土质条件、夯锤重量及其形状等条件而定。当场地土质条件好，夯锤质量小或夯锤的形状构造合理，起吊时吸力小时，也可以减少垫层的厚度。一般的垫层厚度为 0.5～2.0 m。铺设的垫层不能含有黏土。

⑥间歇时间。需要分两遍或多遍夯击的强夯工程，两遍夯击之间应该有一定的时间间隔。各遍间的间隔时间取决于加固土层中孔隙水压力消散所需要的时间。对砂性土来说，孔隙水压力的峰值出现在夯完后的瞬间，消散时间只有 2～4 min。所以，对渗透系数较大

的砂性土,两遍夯击的间歇时间很短,可以连续夯击。对黏性土,由于孔隙水压力消散较慢,故当夯击能逐渐增加时,孔隙水压力亦相应叠加,其间歇时间取决于孔隙水压力的消散情况,一般为2~3周。但如果人为地在黏性上设置排水通道,如在黏性土地基中埋设了袋装砂井或塑料排水袋,则可以缩短间歇时间。

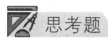

一、简答题

1. 夯实法可适用于以下哪几种地基土?
2. 排水堆载固结预压法适合于哪种地基?
3. 对于饱和软黏土适用的处理方法有哪些?
4. 对于松砂地基适用的处理方法有哪些?
5. 对于液化地基适用的处理方法有哪些?
6. 对于湿陷性黄土地基适用的处理方法有哪些?

二、计算题

1. 某复合地基,桩截面面积为 A_p,以边长为 L 的等边三角形布置,则置换率为多少?

2. 某工程采用换填垫层法处理地基,基底宽度为 10 m,基底下铺厚度 2.0 m 的灰土垫层,为了满足基础底面应力扩散要求,试求垫层底面宽度?

3. 某饱和黏土,厚 $H=6$ m,压缩模量 $E_s=1.5$ MPa,地下水位和地面相齐,上面铺设 80 cm 砂垫层($\gamma=18$ kN/m³)和设置塑料排水板,然后用 80 kPa 大面积真空预压 3 个月,固结度达 85%,试求残余沉降(沉降修正系数取 1.0,附加应力不随深度变化)?

4. 某工程采用复合地基处理,处理后桩间土的承载力特征值 $f_{sk}=339$ kPa,桩的承载力特征值 $f_{pk}=910$ kPa,桩径为 2 m,桩中心距为 3.6 m,梅花形布置。桩、土共同工作时的强度发挥系数均为 1,求处理后复合地基的承载力特征值 f_{spk}。

7 基坑工程

内容提要

本章在介绍基坑工程特点和内容的基础上，对基坑支护、地下水控制进行了重点论述，并对基坑监测和信息化施工进行了阐述。

学习目标

通过本章的学习，学生应了解基坑支护的类型，掌握各类基坑支护的适用性；掌握土钉墙支护、排桩锚索支护的设计原理与施工工艺；掌握基坑工程常用的降水方式及其设计与施工方法；了解基坑工程监测及信息化施工。

重点难点

本章的重点是土钉墙支护、排桩锚索支护的设计。

本章的难点是土钉墙支护、排桩锚索支护的设计原理。

7.1 基坑工程概述

基坑是建筑工程的一部分，其发展与建筑业的发展密切相关，随着我国城镇建设中高层及超高层建筑的大量涌现，以及大型市政设施的施工和大量地下空间的开发，必然会有大量的深基坑工程产生。同时，密集的建筑物、基坑周围复杂的地下设施使得放坡开挖基坑这一传统技术不再能满足现代城镇建设的需要，因此，深基坑开挖与支护引起了各方面的广泛重视。

7.1.1 基坑工程的特点

(1)安全储备小、风险大。一般情况下,基坑工程作为临时性措施,基坑围护体系在设计计算时有些荷载,如地震荷载不加考虑,相对于永久性结构而言,在强度、变形、防渗、耐久性等方面的要求较低一些,安全储备要求可小一些,加上建设方对基坑工程认识上的偏差,为降低工程费用,对设计提出一些不合理的要求,实际的安全储备可能会更小一些。因此,基坑工程具有较大的风险性,必须要有合理的应对措施。

(2)制约因素多。基坑工程与自然条件的关系较为密切,设计施工中必须全面考虑气象、工程地质和水文地质条件及其在施工中的变化,充分了解工程所处的工程地质和水文地质、周围环境与基坑开挖的关系及相互影响。基坑工程作为一种岩土工程,受到工程地质和水文地质条件的影响很大,区域性强。我国幅员辽阔,地质条件变化很大,有软土、砂性土、砾石土、黄土、膨胀土、红土、风化土、岩石等,不同地层中的基坑工程所采用的围护结构体系差异很大,即使是在同一个城市,不同的区域也有差异,因此,围护结构体系的设计、基坑的施工均应根据具体的地质条件因地制宜,不同地区的经验可以参考借鉴,但不可照搬照抄。另外,基坑工程围护结构体系除受地质条件制约以外,还要受到相邻的建筑物、地下构筑物和地下管线等的影响,周边环境的容许变形量、重要性等也会成为基坑工程设计和施工的制约因素,甚至成为基坑工程成败的关键,因此,基坑工程的设计和施工应根据基本的原理和规律灵活应用,不能简单引用。基坑支护开挖所提供的空间是为主体结构的地下室施工所用,因此,任何基坑设计,在满足基坑安全及周围环境保护的前提下,应合理地满足施工的易操作性和工期要求。

(3)计算理论不完善。基坑工程作为地下工程,所处的地质条件复杂,影响因素众多,人们对岩土力学性质的了解还不深入,很多设计计算理论,如岩土压力、岩土的本构关系等,还不完善,还是一门发展中的学科。作用在基坑围护结构上的土压力不仅与位移等大小、方向有关,还与时间有关。目前,土压力理论还不完善,实际设计计算中往往采用经验取值,或者按照朗肯土压力理论或库仑土压力理论计算,然后根据经验进行修正。在考虑地下水对土压力的影响时,是采用水土压力合算还是分算更符合实际情况,在学术界和工程界认识还不一致,各地制定的技术规程或规范中的规定也不尽相同。至于时间对土压力的影响,即考虑土体的蠕变性,目前,在实际应用中较少顾及。实践发现,基坑工程具有明显的时空效应,基坑的深度和平面形状对基坑围护体系的稳定性和变形有较大的影响,土体所具有的流变性对作用于围护结构上的土压力、土坡的稳定性和围护结构变形等有很大的影响。这种规律尽管已被初步的认识和利用,形成了一种新的设计和施工方法,但离完善还是有较大的差距。岩土的本构模型目前已多得数以百计,但真正能获得实际应用的模型寥寥无几,即使是获得了实际应用,但和实际情况还是有较大的差距。基坑工程的设计计算理论的不完善,直接导致了工程中的许多不确定性,因此,要和监测、监控相配合,更要有相应的应急措施。

(4)综合性知识经验要求高。基坑工程的设计和施工不仅需要岩土工程方面的知识,也需要结构工程方面的知识。同时,基坑工程中设计和施工是密不可分的,设计计算的工况必须和施工实际的工况一致才能确保设计的可靠性。所有设计人员必须了解施工,施工人员必须了解设计。设计计算理论的不完善和施工中的不确定因素会增加基坑工程失效的风险,所以,需要设计施工人员具有丰富的现场实践经验。

(5) 环境效应要考虑。基坑开挖必将引起基坑周围地基中地下水位的变化和应力场的改变,导致周围地基中土体的变形,对临近基坑的建筑物、地下构筑物和地下管线等产生影响,影响严重的将危及相邻建筑物、地下构筑物和地下管线的安全和正常使用,必须引起足够的重视。另外,基坑工程施工产生的噪声、粉尘、废弃的泥浆、渣土等也会对周围环境产生影响,大量的土方运输也会对交通产生影响,因此,必须考虑基坑工程的环境效应。

7.1.2 基坑工程的内容

典型基坑工程是由地面向下开挖的一个地下空间。基坑四周一般为垂直的挡土结构,挡土结构一般是在开挖面基底下有一定插入深度的板墙结构。常用材料为混凝土、钢、木等,挡土结构有土钉墙、复合锚索、排桩锚索、钢筋混凝土板桩、柱列式灌注桩、水泥土搅拌桩、地下连续墙等。

基坑工程设计广义上讲包括勘察、支护结构设计、施工、监测和周围环境的保护等几个方面的内容,比其他基础工程更突出的特殊性是其设计和施工完全是相互依赖,密不可分的。施工的每一个阶段,结构体系和外面荷载都在变化,而且施工工艺的变化,挖土次序和位置的变化,支撑和留土时间的变化等不确定因素非常复杂,且都对最后的结果产生直接影响。因此,绝非最后设计计算简图所能单独决定的。目前的设计理论尚不完善,对设计参数的选取还需改进,还不能事先完全考虑诸多复杂因素,在基坑工程施工中处理不当时可能会出现一些意外的情况,但只要设计、施工人员重视,并密切配合加强监测分析,及时发现和解决问题,及时总结经验,基坑工程的难题会得到有效处理。因此,基坑工程的设计中须考虑施工中每一个工况的数据,而基坑工程的施工中须完全遵照设计文件的要求去做,只有这样,工程才会圆满完成,也只有这样,设计理论和施工技术才会获得快速发展。

城市基坑工程通常处于房屋和生命线工程的密集地区,为了保护这些已建建筑物和构筑物的正常使用和安全运营,常需对基坑工程引起的周围地层移动限制在一定变形值之内,也即分别要求挡土结构的水平位移和其邻近地层的垂直沉降限制在某标准值之内,甚至也限制墙体垂直沉降和地层的水平移动值满足周围环境要求,以变形控制值来分成几类标准,用以完善设计基坑工程的方法,取代单纯验算强度和稳定性的传统做法,在软土地区,变形在控制设计限值方面起着主导作用。

基坑工程的支护结构为支挡和支撑构件,为了满足变形要求可以加大和加密支护结构,但有时更经济有效的办法是在基坑底部进行地基处理,用搅拌桩、注浆等措施改善土体刚度和强度等性质。完整地讲基坑工程的结构构件包括支撑、挡墙和地基加固体三者的整体。

7.2 基坑支护结构

7.2.1 基坑支护结构的类型和使用条件

以下分别介绍当前基坑工程中常见的支护结构类型及不同地基土条件下的基坑工程支护结构选型原则。

(1)放坡开挖及简易支护。放坡开挖是指选择合理的坡比进行开挖,适用于地基土质较好、开挖深度不大以及施工现场有足够放坡场所的工程。放坡开挖施工简便、费用低,但挖土及回填土方量大。有时为了增加边坡稳定性和减少土方量,常采用简易支护(图7.1)。

(2)悬臂式支护结构。广义上来说,一切没有支撑和锚杆的支护结构均可归属悬臂式支护结构,但这里仅指设有内撑和锚拉的板桩墙、排桩墙和地下连续墙支护结构(图7.2)。悬臂式支护结构依靠其入土深度和抗弯能力来维持坑壁稳定和结构的安全。由于悬臂式支护结构的水平位移对开挖深度很敏感,容易产生较大的变形,只适用于土质较好、开挖深度较浅的基坑工程。

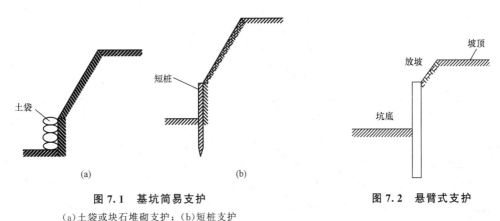

图7.1 基坑简易支护
(a)土袋或块石堆砌支护;(b)短桩支护

图7.2 悬臂式支护

(3)水泥土桩墙支护结构。利用水泥作为固化剂,通过特制的深层搅拌机械在地基深部将水泥和土体强制拌和,便可形成具有一定强度、遇水稳定的水泥土桩。水泥土桩与桩或排与排之间可相互咬合紧密排列,也可按网格式排列(图7.3)。水泥土桩墙适合软土地区的基坑支护。

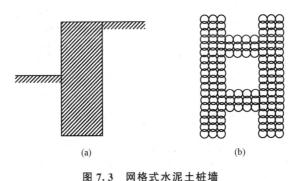

图7.3 网格式水泥土桩墙
(a)水泥土桩剖面图;(b)土桩墙平面

(4)内撑式支护结构。内撑式支护结构由支护桩或墙和内支撑组成。支护桩常采用钢筋混凝土桩或钢板桩,支护墙通常采用地下连续墙。内支撑常采用木方、钢筋混凝土或钢管(或型钢)做成。内支撑支护结构适合各种地基土层,但设置的内支撑会占用一定的施工空间。

(5)拉锚式支护结构。拉锚式支护结构由支护桩或墙和锚杆组成。支护桩和墙同样采用钢筋混凝土桩和地下连续墙。锚杆通常有地面拉锚[图7.4(a)]和土层锚杆[图7.4(b)]两种。地面拉锚需要有足够的场地设置锚桩或其他锚固装置。土层锚杆因需要土层提供较大的锚固力，不宜用于软黏土地层中。

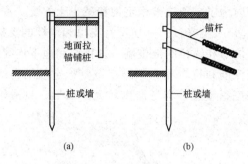

图 7.4　拉锚式支护结构
(a)地面拉锚式；(b)土层拉锚式

(6)土钉墙支护结构。土钉墙支护结构是由被加固的原位土体、布置较密的土钉和喷射于坡面上的混凝土面板组成(图 7.5)。土钉一般是通过钻孔、插筋、注浆来设置的，但也可通过直接打入较粗的钢筋或型钢形成。土钉墙支护结构适合地下水位以上的黏性土、砂土和碎石土等地层，不适合淤泥或淤泥质土层，支护深度一般不超过 12 m。

(7)其他支护结构。其他支护结构形式有双排桩支护结构、连拱式支护结构、加筋水泥土拱墙支护结构以及各种组合支护结构。双排桩支护结构通常由钢筋混凝土前排桩和后排桩以及盖系梁或板组成(图 7.6)。其支护深度比单排悬臂式结构要大，且变形相对较小。

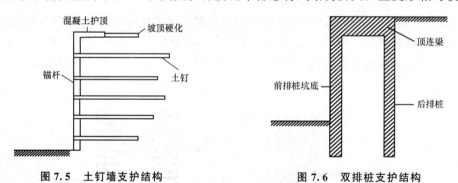

图 7.5　土钉墙支护结构　　　　图 7.6　双排桩支护结构

连拱式支护结构通常采用钢筋混凝土桩与深层搅拌水泥土拱以及支锚结构组合而成，如图 7.7 所示。水泥土抗拉强度很小，抗压强度较大，形成水泥土拱可有效利用材料强度。拱脚采用钢筋混凝土桩，承受由水泥土拱传递来的土压力。如果采用支锚结构承担一定的荷载，则可取得更好的效果。

逆作拱支护结构采用逆作法建造而成。拱墙截面常采用 Z 字形[图 7.8(a)]，当基坑较深且一道 Z 字形拱墙的支护强度不够时，可由数道拱墙叠合组成[图 7.8(b)、(c)]，但沿拱墙高度应设置数道肋梁，其竖向间距不宜大于 2.5 m。当基坑边坡场地较窄时，可不加肋梁但应加厚拱壁，如图 7.8(d)所示。拱墙平面形状常采用圆形或椭圆形封闭拱圈，但也有采用局部曲线形拱墙的。为保证拱墙在平面上主要承受压力的条件，逆作拱墙轴线的长跨比不宜小于 1/8。

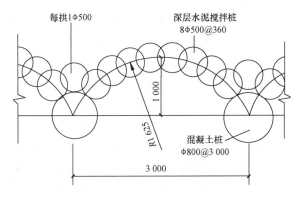

图 7.7 连拱式支护结构

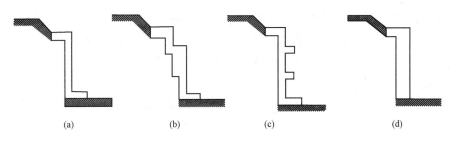

图 7.8 逆作拱支护结构

7.2.2 土钉支护

土体的抗剪强度较低。抗拉强度几乎为零,但原位土体一般具有一定的结构整体性。如在土体中放置土钉,使之与土共同作用,形成复合土体。则可有效地提高土体的整体强度,弥补土体抗拉、抗剪强度的不足。这是因为置于土体中的土钉具有箍束骨架、分担荷载、传递和扩散应力、坡面变形约束等作用。试验研究表明:第一,土钉在使用阶段主要承受拉力,土钉的弯剪作用对支护结构承载能力的提高作用甚小;第二,土钉的拉力沿其长度呈中间大两头小的形式分布,并且土钉靠近面层的端部拉力与钉中最大拉力的比值随着往下开挖而降低;第三,极限平衡分析法能较好地估计土钉支护破坏时的承载能力。

土钉支护设计应满足规定的强度、稳定性、变形和耐久性等要求。设计必须自始至终与施工及现场检测相结合。施工中出现的情况以及检测数据,应及时反馈修改设计,并指导下一步施工。土钉支护设计内容包括:土钉支护结构参数确定、土钉拉力设计以及土钉墙内、外部稳定性分析等。

(1)土钉支护结构参数的确定。土钉墙支护结构参数包括土钉的长度、直径、间距、倾角以及支护面层厚度等。

①土钉的长度。沿支护高度土钉内力相差较大,一般为中部大,上部和底部小。因此,中部土钉起的作用大。但顶部土钉对限制支护结构水平位移非常重要,而底部土钉对抵抗基底滑动、倾覆或失稳有重要作用,另外,当支护结构临近极限状态时,底部土钉的作用会明显加强。如此将上下土钉取成等长,或顶部土钉稍长,底部土钉稍短是合适的。

一般对非饱和土，土钉长度 L 与开挖深度 H 之比取 $L/H=0.7\sim1.2$；密实砂土及干硬性黏土取小值。为减小变形，顶部土钉长度宜适当增加。非饱和土底部土钉长度可适当减少，但不宜小于 $0.5H$。对于饱和软土，由于土体抗剪能力很低，设计时取 L/H 值大于 1 为宜。

②土钉的间距。土钉间距的大小影响土体的整体作用效果，目前尚不能给出有足够理论依据的定量指标。土钉的水平间距和垂直间距一般宜为 $1.2\sim2.0$ m。垂直间距依土层及计算确定，且与开挖深度相对应。上下插筋交错排列，遇局部软弱土层间距可小于 1.0 m。

③土钉筋材尺寸。土钉中采用的筋材有钢筋、角钢、钢管等，其常用尺寸如下：

a. 当采用钢筋时，一般为不大于 $18\sim32$，HRB400 或 HRB335 级钢筋。

b. 当采用角钢时，一般为∟$5\times50\times50$ 角钢。

c. 当采用钢管时，一般为 $DN50$ 钢管。

④土钉的倾角。土钉与水平线的倾角称为土钉倾角，一般为 $0°\sim20°$，其值取决于注浆钻孔工艺与土体分层特点等多种因素。研究表明，倾角越小，支护的变形越小，但注浆质量较难控制；倾角越大，支护的变形越大，但有利于土钉插入下层较好土层，注浆质量也易于保证。

⑤注浆材料。注浆材料用水泥砂浆或素水泥浆，水泥采用不低于 42.5 级的普通硅酸盐水泥，水灰比为 $1:(0.40\sim0.50)$。

⑥支护面层。临时性土钉支护的面层通常用 $50\sim150$ mm 厚的钢筋网喷射混凝土，混凝土强度等级不低于 C20。钢筋网常用 $\phi7\sim\phi8$，HPB300 级钢筋焊成 $150\sim300$ mm 方格网片。永久性土钉墙支护面层厚度为 $150\sim250$ mm，可设两层钢筋网，分两层喷成。

(2)土钉抗力设计。假定土钉为受拉工作，不考虑其抗弯刚度。单根土钉的抗拔承载力应符合下式规定：

$$\frac{R_{k,j}}{N_{k,j}} \geqslant K_t \tag{7-1}$$

式中 K_t——土钉抗拔安全系数；安全等级为二级、三级的土钉墙，K_t 分别不应小于 1.6、1.4；

$N_{k,j}$——第 j 层土钉的轴向拉力标准值(kN)，应按《建筑基坑支护技术规程》(JGJ 120—2012)规定确定；

$R_{k,j}$——第 j 层土钉的极限抗拔承载力标准值(kN)，应按《建筑基坑支护技术规程》(JGJ 120—2012)的规定确定。

①单根土钉的轴向拉力标准值可按下式计算：

$$N_{k,j} = \frac{1}{\cos\alpha_j}\zeta\eta_j p_{ak,j} s_{x,j} s_{z,j} \tag{7-2}$$

式中 $N_{k,j}$——第 j 层土钉的轴向拉力标准值(kN)；

α_j——第 j 层土钉的倾角(°)；

ζ——墙面倾斜时的主动土压力折减系数，可按《建筑基坑支护技术规程》(JGJ 120—2012)确定；

η_j——第 j 层土钉轴向拉力调整系数，可按《建筑基坑支护技术规程》(JGJ 120—2012)计算；

$p_{ak,j}$——第 j 层土钉处的主动土压力强度标准值(kPa)，应按《建筑基坑支护技术规程》(JGJ 120—2012)确定；

$s_{x,j}$——土钉的水平间距(m)；

$s_{z,j}$——土钉的垂直间距(m)。

坡面倾斜时的主动土压力折减系数(ζ)可按下式计算：

$$\zeta = \tan\frac{\beta-\varphi_m}{2}\left(\frac{1}{\tan\frac{\beta+\varphi_m}{2}}-\frac{1}{\tan\beta}\right)\bigg/\tan^2\left(45°-\frac{\varphi_m}{2}\right) \tag{7-3}$$

式中 ζ——主动土压力折减系数；

β——土钉墙坡面与水平面的夹角(°)；

φ_m——基坑底面以上各土层按土层厚度加权的内摩擦角平均值(°)。

土钉轴向拉力调整系数(η_j)可按下列公式计算：

$$\eta_j = \eta_a - (\eta_a - \eta_b)\frac{z_j}{h} \tag{7-4}$$

$$\eta_a = \frac{\sum_{i=1}^{n}(h-\eta_b z_j)\Delta E_{aj}}{\sum_{i=1}^{n}(h-z_j)\Delta E_{aj}} \tag{7-5}$$

式中 η_j——土钉轴向拉力调整系数；

z_j——第 j 层土钉至基坑顶面的垂直距离(m)；

h——基坑深度(m)；

ΔE_{aj}——作用在以 s_{xj}、s_{zj} 为边长的面积内的主动土压力标准值(kN)；

η_a——计算系数；

η_b——经验系数，可取 0.6～1.0；

n——土钉层数。

②单根土钉的极限抗拔承载力应按下列规定确定：

a. 单根土钉的极限抗拔承载力应通过抗拔试验确定，其试验方法应符合《建筑基坑支护技术规程》(JGJ 120—2012)附录 D 的规定。

b. 单根土钉的极限抗拔承载力标准值可按下式估算，但应通过《建筑基坑支护技术规程》(JGJ 120—2012)附录 D 规定的土钉抗拔试验进行验证：

$$R_{k,j} = \pi d_j \sum q_{sk,i} l_i \tag{7-6}$$

式中 $R_{k,j}$——第 j 层土钉的极限抗拔承载力标准值(kN)；

d_j——第 j 层土钉的锚固体直径(m)；对成孔注浆土钉，按成孔直径计算，对打入钢管土钉，按钢管直径计算；

$q_{sk,i}$——第 j 层土钉在第 i 层土的极限粘结强度标准值(kPa)；应由土钉抗拔试验确定，无试验数据时，可根据工程经验并结合表 7.1 取值；

l_i——第 j 层土钉滑动面以外部分第 i 土层中的长度(m)；计算单根土钉极限抗拔承载力时，取图 7.9 所示的直线滑动面，直线滑动面与水平面的夹角取 $\frac{\beta+\varphi_m}{2}$。

表 7.1 土钉的极限粘结强度标准值

土的名称	土的状态	q_{sk}/kPa	
		成孔注浆土钉	打入钢管土钉
素填土		15～30	20～35
淤泥质土		10～20	15～25
黏性土	$0.75<I_L \leqslant 1$	20～30	20～40
	$0.25<I_L \leqslant 0.75$	30～45	40～55
	$0<I_L \leqslant 0.25$	45～60	55～70
	$I_L \leqslant 0$	60～70	70～80
粉土		40～80	50～90
砂土	松散	35～50	50～65
	稍密	50～65	65～80
	中密	65～80	80～100
	密实	80～100	100～120

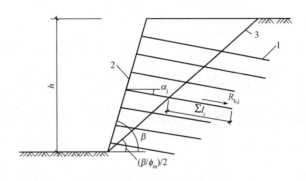

图 7.9 土钉抗拔承载力计算
1—土钉；2—喷射混凝土面层；3—滑动面

c. 对安全等级为三级的土钉墙，可仅按式(7-6)确定单根土钉的极限抗拔承载力。

d. 当按本条第 a～c 款确定的土钉极限抗拔承载力标准值($R_{k,j}$)大于 $f_{yk}A_s$ 时，应取 $R_{k,j} = f_{yk}A_s$。

③土钉杆体的受拉承载力应符合下列规定：

$$N_j \leqslant f_y A_s \tag{7-7}$$

式中 N_j——第 j 层土钉的轴向拉力设计值(kN)，按《建筑基坑支护技术规程》(JGJ 120—2012)规定计算；

f_y——土钉杆体的抗拉强度设计值(kPa)；

A_s——土钉杆体的截面面积(m^2)。

(3)土钉墙基坑开挖的各工况整体滑动稳定性验算。

①整体滑动稳定性可采用圆弧滑动条分法进行验算。

②采用圆弧滑动条分法时，其整体稳定性应符合下列规定(图 7.10)：

$$\min\{K_{s,1},\ K_{s,2}\cdots,\ K_{s,i},\ \cdots\} \geqslant K_s \tag{7-8}$$

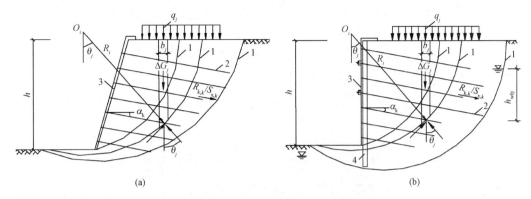

图 7.10 土钉墙整体滑动稳定性验算

(a)土钉墙在地下水位以上；(b)水泥土桩或微型桩复合土钉墙

1—滑动面；2—土钉或锚杆；3—喷射混凝土面层；4—水泥土桩或微型桩

$$K_{s,i} = \frac{\sum[c_j l_j + (q_j b_j + \Delta G_j)\cos\theta_j \tan\varphi_j] + \sum R'_{k,k}[\cos(\theta_k + \alpha_k) + \psi_v]/s_{x,k}}{\sum(q_j b_j + \Delta G_j)\sin\theta_j} \quad (7-9)$$

式中 K_s——圆弧滑动整体稳定安全系数；安全等级为二级、三级的土钉墙，K_s 分别不应小于 1.3、1.25；

$K_{s,i}$——第 i 个滑动圆弧的抗滑力矩与滑动力矩的比值；抗滑力矩与滑动力矩之比的最小值宜通过搜索不同圆心及半径的所有潜在滑动圆弧确定；

c_j, φ_j——分别为第 j 土条滑弧面处土的黏聚力(kPa)、内摩擦角(°)，按《建筑基坑支护技术规程》(JGT 120—2012)中的规定取值；

b_j——第 j 土条的宽度(m)；

q_j——作用在第 j 土条上的附加分布荷载标准值(kPa)；

ΔG_j——第 j 土条的自重(kN)，按天然重度计算；

θ_j——第 j 土条滑弧面中点处的法线与垂直面的夹角(°)；

$R'_{k,k}$——第 k 层土钉或锚杆在滑动面以外的锚固段极限抗拔承载力标准值与杆体受拉承载力标准值($f_{yk} A_s$ 或 $f_{ptk} A_p$)的较小值(kN)；锚固段的极限抗拔承载力应按《建筑基坑支护技术规程》(JGJ 120—2012)中的规定计算，但锚固段应取圆弧滑动面以外的长度；

α_k——第 k 层土钉或锚杆的倾角(°)；

θ_k——滑弧面在第 k 层土钉或锚杆处的法线与垂直面的夹角(°)；

$s_{x,k}$——第 k 层土钉或锚杆的水平间距(m)；

ψ_v——计算系数；可取 $\psi_v = 0.5\sin(\theta_k + \alpha_k)\tan\varphi$；

ψ——第 k 层土钉或锚杆与滑弧交点处土的内摩擦角(°)。

当基坑面以下存在软弱下卧土层时，整体稳定性验算滑动面中应包括由圆弧与软弱土层层面组成的复合滑动面。

（4）土钉墙基坑开挖的坑底隆起稳定性验算。基坑底面下有软土层的土钉墙结构应进行坑底隆起稳定性验算，验算可采用下列公式(图 7.11)：

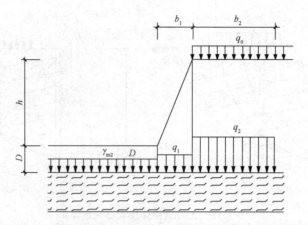

图 7.11 基坑底面下有软土层的土钉墙抗隆起稳定性验算

$$\frac{\gamma_{m2}DN_q+cN_c}{(q_1b_1+q_2b_2)/(b_1+b_2)} \geqslant K_b \qquad (7\text{-}10)$$

$$N_q=\tan^2\left(45°+\frac{\varphi}{2}\right)e^{\pi\tan\varphi} \qquad (7\text{-}11)$$

$$N_c=(N_q-1)/\tan\varphi \qquad (7\text{-}12)$$

$$q_1=0.5\gamma_{m1}h+\gamma_{m2}D \qquad (7\text{-}13)$$

$$q_2=\gamma_{m1}h+\gamma_{m2}D+q_0 \qquad (7\text{-}14)$$

式中 q_0——地面均布荷载(kPa);

γ_{m1}——基坑底面以上土的天然重度(kN/m³);对多层土取各层土按厚度加权的平均重度;

h——基坑深度(m);

γ_{m2}——基坑底面至抗隆起计算平面之间土层的天然重度(kN/m³);对多层土取各层土按厚度加权的平均重度;

D——基坑底面至抗隆起计算平面之间土层的厚度(m);当抗隆起计算平面为基坑底平面时,取 D 等于 0;

N_c、N_q——承载力系数;

c、φ——抗隆起计算平面以下土的黏聚力(kPa)、内摩擦角(°),按《建筑基坑支护技术规程》(JGJ 120—2012)的规定取值;

b_1——土钉墙坡面的宽度(m);当土钉墙坡面垂直时取 b_1 等于 0;

b_2——地面均布荷载的计算宽度(m),可取 b_2 等于 h;

K_b——抗隆起安全系数;安全等级为二级、三级的土钉墙,K_b 分别不应小于 1.6、1.4。

7.2.3 排桩支护

(1)基坑开挖时,对不能放坡或由于场地限制而不能采用搅拌桩支护,开挖深度在 6~10 m 左右时,即可采用排桩支护。排桩支护可采用钻孔灌注桩、人工挖孔桩、预制钢筋混凝土板桩或钢板桩,如图 7.12 所示。

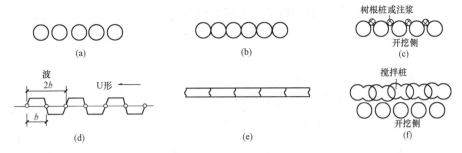

图 7.12 排桩支护的类型

排桩支护结构可分为以下几项：

①柱列式排桩支护。当边坡土质尚好、地下水位较低时，可利用土拱作用，以稀疏钻孔灌注桩或挖孔桩支挡土坡，如图 7.12(a)所示。

②连续排桩支护。如图 7.12(b)中，在软土中一般不能形成土拱，支挡结构应该连续排。密排的钻孔桩可互相搭接，或在桩身混凝土强度尚未形成时，在相邻桩之间做一根素混凝土树根桩把钻孔桩排连起来，如图 7.12(c)所示。也可以采用钢板桩、钢筋混凝土板桩，如图 7.12(d)、(e)所示。

③组合式排桩支护。在地下水位较高的软土地区，可以采用钻孔灌注排桩与水泥土桩防渗墙组合的方式，如图 7.12(f)所示。

按基坑开挖深度及支挡结构受力情况，排桩支护可分为以下几种情况：

①无支撑(悬臂)支护结构：当基坑开挖深度不大，即可利用悬臂作用挡住墙后土体。

②单支撑结构：当基坑开挖深度较大时，不能采用无支撑支护结构，可以在支护结构顶部附近设置一单支撑(或拉锚)。

③多支撑结构：当基坑开挖深度较深时，可设置多道支撑，以减少挡墙挡压力。根据上海地区的施工实践，对于开挖深度小于 6 m 的基坑，在场地条件允许的情况下，可采用重力式深层搅拌桩挡墙较为理想。当场地受限制时，也可采用 $\phi 600$ 密排悬臂钻孔桩，桩与桩之间可用树根桩密封，也可采用灌注桩后注浆或打水泥搅拌桩作防水帷幕；对于开挖深度在 4～6 m 的基坑，根据场地条件和周围环境可选用重力式深层搅拌桩挡墙，或打入预制混凝土板桩或钢板桩，其后注浆或加搅拌桩防渗，设一道檩和支撑也可采用 $\phi 600$ 钻孔桩，后面用搅拌桩防渗，顶部设一道圈梁和支撑；对于开挖深度为 6～10 m 的基坑，以往采用 $\phi 800 \sim \phi 1\ 000$ 的钻孔桩，后面加深层搅拌桩或注浆放水，并设 2～3 道支撑，支撑道数视土质情况、周围环境及围护结构变形要求而定；对于开挖深度大于 10 m 的基坑，以往常采用地下连续墙，设多层支撑，虽然安全可靠，但价格昂贵。

(2)悬臂式排桩支护设计和计算。悬臂式排桩支护的计算方法采用传统的板桩计算方法。如图 7.13 所示，悬臂板桩在基坑底面以上外侧主动土压力作用下，板桩将向基坑内侧倾移，而下部则反方向变位。即板桩将绕基坑底以下某点(如图中 b 点)旋转。点 b 处墙体无变位，故受到大小相等、方向相反的二力(静止土压力)作用，其净压力为零。点 b 以上墙体向左移动，其左侧作用被动土压力，右侧作用主动土压力；点 b 以下则相反，其右侧作用被动土压力，左侧作用主动土压力。因此，作用在墙体上各点的净土压力为各点两侧的被动土压力和主动土压力之差，其沿墙身的分布情况如图 7.13(b)所示，简化成线性分布后的悬臂板桩计算图式如图 7.13(c)所示,即可根据静力平衡条件计算板桩的入土深度和内力。H. Blum 又建议可以图 7.13(d)代替,计算入土深度及内力。下面分别介绍下面两种方法。

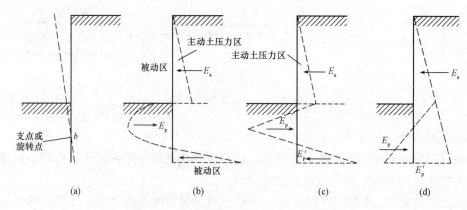

图 7.13 悬臂板桩的变位及土压力分布图
(a)变位示意图;(b)土压力分布图;(c)悬臂板桩计算图;(d)Blum 计算图式

1)静力平衡法。图 7.13 表示主动土压力及被动土压力随深度呈线性变化,随着板桩入土深度的不同,作用在不同深度上各点的净土压力的分布也不同。当单位宽度板桩墙两侧所受的净土压力相平衡时,板桩墙则处于稳定,相应的板桩入土深度即为板桩保证其稳定性所需的最小入土深度,可根据静力平衡条件即水平力平衡方程($\sum H = 0$)和对桩底截面的力矩平衡方程($\sum M = 0$)。

① 板桩墙前后的土压力分布,第 n 层土底面对板桩墙主动土压力为:

$$e_{an} = (q_n + \sum_{i=1}^{n} \gamma_i h_i) \tan^2(45° - \varphi_n/2) - 2C_n \tan(45° - \varphi_n/2) \tag{7-15}$$

第 n 层土底面对板桩墙底被动土压力为:

$$e_{pn} = (q_n + \sum_{i=1}^{n} \gamma_i h_i) \tan^2(45° + \varphi_n/2) + 2C_n \tan(45° + \varphi_n/2) \tag{7-16}$$

式中　q_n——地面传到 n 层土底面垂直荷载($kN \cdot m^2$);
　　　γ_i——i 层土底天然重度(kN/m);
　　　h_i——i 层土的厚度(m);
　　　φ_n——n 层土的内摩擦角;
　　　C_n——n 层土的内聚力。

对 n 层土底面的垂直荷载 q_n,可根据地面附加荷载、邻近建筑物基础底面附加荷载 q_0 分别计算。地面几种荷载可折算成均布荷载:

a. 繁重的起重机械:距板桩 1.5 m 内按 60 kN/m^2 取值;距板桩 1.5~3.5 m,按 40 kN/m^2 取值。

b. 轻型公路:按 5 kN/m^2。

c. 重型公路:按 10 kN/m^2。

d. 铁道:按 20 kN/m^2。

对土的内摩擦角 φ_n 及内聚力 c_n 按固结快剪方法确定。当采用井点降低地下水位，地面有排水和防渗措施时，土的内摩擦角 φ_n 值可酌情调整：

a. 板桩墙外侧，在井点降水范围内，φ_n 值可乘以 1.1～1.3。

b. 无桩基的板桩内侧，φ_n 值可乘以 1.1～1.3。

c. 有桩基的板桩墙内侧，在送桩范围内乘以 1.0；在密集群桩深度范围内，乘以 1.2～4。

d. 在井点降水土体固结的条件下，可将土的内聚力 c_n 值乘以 1.1～1.3。

②建立并求解静力平衡方程，求得板桩入土深度（从上向下计算迭代）。

a. 墙侧的土压力分布如图 7.14 所示。计算桩底墙后主动土压力 e_{a3} 及墙前被动土压力 e_{p3}，然后进行叠加，求出第一个土压力为零的点，该点离坑底距离为 u。

b. 计算 d 点以上土压力合力，求出至 d 点的距离 y。

c. 计算 d 点处墙前主动土压力 e_{a1} 及墙后被动土压力 e_{p1}。

d. 计算桩底墙前主动土压力 e_{a2} 和墙后被动土压力 e_{p2}。

e. 根据作用在挡墙结构上的全部水平作用力平衡条件，和绕挡墙底部自由端力矩总和为零的条件：

$$\sum H = 0 \quad E_a + [(e_{p3}-e_{a3})+(e_{p2}-e_{a2})] \cdot \frac{z}{2} - (e_{p3}-e_{a3}) \cdot \frac{t_0}{2} = 0 \quad (7-17)$$

$$\sum M = 0 \quad E_a \cdot (t_0+y) + \frac{z}{2} \cdot [(e_{p3}-e_{a3})+(e_{p2}-e_{a2})] \cdot \frac{z}{3}$$

$$- (e_{p3}-e_{a3}) \cdot \frac{t_0}{2} \cdot \frac{t_0}{3} = 0 \quad (7-18)$$

整理后可得 t_0 的四次方程式：

$$t_0^4 + \frac{e_{p1}-e_{p2}}{\beta} \cdot t_0^3 - \left[\frac{6E_a}{\beta^2} \cdot 2y\beta + (e_{p1}-e_{a1})\right]t_0 - \frac{6E_a y(e_{p1}-e_{a1})+4E_a^2}{\beta^2} = 0 \quad (7-19)$$

式中，$\beta = \gamma_n[\tan^2(45°+\varphi_n/2) - \tan^2(45°-\varphi_n/2)]$

求解上述四次方程，即可得板桩嵌入 d 点以下的深度 t_0 值。

为了安全，实际嵌入坑底面以下的入土深度为：

$$t = u + 1.2 t_0 \quad (7-20)$$

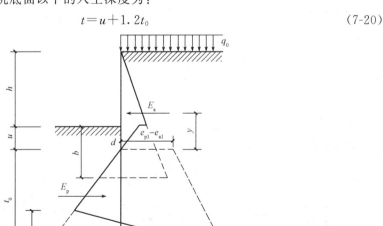

图 7.14 静力平衡法计算悬臂板桩

③计算板桩最大弯矩。板桩墙最大弯矩的作用点，亦即结构端面剪力为零的点。例如，对于均质的非黏性土，如图 7.14 所示，当剪力为零的点在基坑底面以下深度为 b 时，即有

$$\frac{b^2}{2}\gamma K_p - \frac{(h+b)^2}{2}\gamma K_a = 0 \tag{7-21}$$

式中，$K_a = \tan^2(45° - \varphi/2)$；$K_p = \tan^2(45° + \varphi/2)$。

由上述解得 b 后，可求得最大弯矩：

$$M_{max} = \frac{h+b}{3}(h+b)^2\gamma K_a - \frac{b}{3}\frac{b^2}{2}\gamma K_p = \frac{\gamma}{6}[(h+b)^3 K_a - b^3 K_p] \tag{7-22}$$

2)布鲁姆(Blum)法。布鲁姆(H. Blum)建议以图 7.13(d)代替图 7.14，即原来桩脚出现的被动土压力以一个集中力 E_p' 代替，计算结果图如图 7.15 所示。

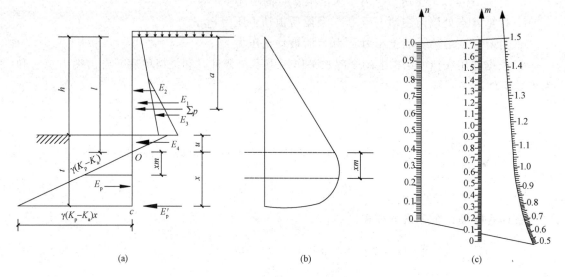

图 7.15　布鲁姆计算简图
(a)作用荷载图；(b)弯矩图；(c)布鲁姆理论计算曲线

如图 7.15(a)所示，为求桩插入深度，对桩底 C 点取矩，根据 $\sum M_c = 0$ 有：

$$\sum p(l+x-a) - E_p \frac{x}{3} = 0 \tag{7-23}$$

式中，$E_p = \gamma(K_p - K_a)x \cdot \frac{x}{2} = \frac{\gamma}{2}(K_p - K_a) \cdot x^2$ 代入式(7-23)得：

$$\sum p(l+x-a) - \frac{\gamma}{6}(K_p - K_a) \cdot x^3 = 0$$

化简后得：

$$x^3 - \frac{6\sum p}{\gamma(K_p - K_a)}x - \frac{6\sum p(l-a)}{\gamma(K_p - K_a)} = 0 \tag{7-24}$$

式中　$\sum p$——主动土压力、水压力的合力；

　　　a——$\sum p$ 合力与地面距离；$l = h + u$；

　　　u——土压力为零距坑底的距离，可根据净土压力零点处墙前被动土压力强度和墙后主动土压力相等的关系求得，按式(7-25)计算。

$$u = \frac{K_a h}{(K_p - K_a)} \tag{7-25}$$

从式(7-24)的三次式计算求出 x 值，板桩的插入深度：
$$t = u + 1.2x \tag{7-26}$$

布鲁姆(H. Blum)曾作出一个曲线图，如图 7.15(c)所示可求得 x。

令 $\xi = \dfrac{x}{l}$，代入式(7-24)得：
$$\xi^3 = \frac{6\sum p}{\gamma l^2 (K_p - K_a)}(\xi + 1) - \frac{6a \cdot \sum p}{\lambda l^3 (K_p - K_a)}$$

再令：$m = \dfrac{6\sum p}{\gamma l^2 (K_p - K_a)}, m = \dfrac{6a \cdot \sum p}{\lambda l^3 (K_p - K_a)}$

上式即变成：
$$\xi^3 = m(\xi + 1) - n \tag{7-27}$$

式中，m 及 n 值很容易确定，因其只与荷载及板桩长度有关。在这式中 m 及 n 确定后，可以从图 7.15(c)曲线图求得的 n 及 m 连一直线并延长即可求得 ξ 值。同时由于 $x = \xi l$，得出 x 值，则可按式(7-28)得到桩的插入深度：
$$t = u + 1.2x = u + 1.2\xi l \tag{7-28}$$

最大弯矩在剪力 $Q=0$ 处，设从 O 点往下 x_m 处 $Q=0$，则有：
$$\sum p - \frac{\gamma}{2}(K_p - K_a)x_m^2 = 0$$

$$x_m = \sqrt{\frac{2\sum p}{\gamma(K_p - K_a)}} \tag{7-29}$$

最大弯矩：
$$M_{max} = \sum p \cdot (l + x_m - a) - \frac{\gamma(K_p - K_a)x_m^3}{6} \tag{7-30}$$

求出最大弯矩后，对钢板桩可以核算截面尺寸，对灌注桩可以核定直径及配筋计算。

(3)单支点排桩支护设计和计算。顶端支撑(或锚系)的排桩支护结构与顶端自由(悬臂)的排桩二者是有区别的。顶端支撑的支护结构，由于顶端有支撑而不致移动而形成一铰接的简支点。至于桩埋入土内部分，入土浅时为简支，深时则为嵌固。桩因入土深度不同而产生以下几种情况：

①支护桩入土深度较浅，支护桩前的被动土压力全部发挥，对支撑点的主动土压力的力矩和被动土压力的力矩相等[图 7.16(a)]。此时墙体处于极限平衡状态，由此得出的跨间正弯矩 M_{max} 其值最大，但入土深度最浅为 t_{min}。这时其墙前以被动土压力全部被利用，墙的底端可能有少许向左位移的现象发生。

②支护桩入土深度增加，大于 t_{min} 时[图 7.16(b)]，则桩前的被动土压力得不到充分发挥与利用，这时桩底端仅在原位置转动一角度而不致有位移现象发生，这时桩底的土压力便等于零。未发挥的被动土压力可作为安全度。

③支护桩入土深度继续增加，墙前墙后都出现被动土压力，支护桩在土中处于嵌固状态，相当于上端简支下端嵌固的超静定梁。它的弯矩已大大减小而出现正负两个方向的弯矩。其底端的嵌固弯矩 M_2 的绝对值略小于跨间弯矩 M_1 的数值，压力零点与弯矩零点约相吻合[图 7.16(c)]。

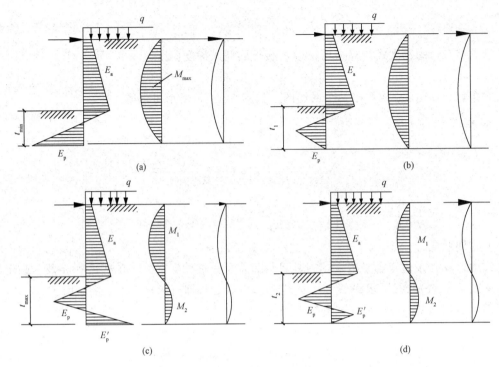

图 7.16 不同入土深度的板桩墙的土压力分布、弯矩及变形图

④支护桩的入土深度进一步增加[图 7.16(d)],这时桩的入土深度已过深,墙前墙后的被动土压力都不能充分发挥和利用,它对跨间弯矩的减小不起太大的作用,因此,支护桩入土深度过深是不经济的。

以上四种状态中,第四种的支护桩入土深度已过深而不经济,所以设计时不采用;第三种是目前常采用的工作状态,一般使正弯矩为负弯矩的 110%~115% 作为设计依据,但也有采用正负弯矩相等为依据的。由该状态得出的桩虽然较长,但由于弯矩较小,可以选择较小的断面,同时由于入土较深,比较安全可靠;若按第一、第二种情况设计,可得较小的入土深度和较大的弯矩,对于第一种情况,桩底可能有少许位移。自由支承比嵌固支承受力情况明确,造价经济合理。

图 7.17 是单支点自由端支护结构的断面,桩的右面为主动土压力,左侧为被动土压力。可采用下列方法确定桩的最小入土深度 t_{min} 和水平向每延米所需支点力(或锚固力)R。取支护单位长度,对 A 点取矩,令 $M_A = 0, \sum E = 0$,则有

$$M_{Ea1} + M_{Ea2} - M_{Ep} = 0 \tag{7-31}$$

$$R = E_{a1} + E_{a2} - E_p \tag{7-32}$$

式中 M_{Ea1}、M_{Ea2}——基坑底以上及以下主动土压力合力对 A 点的力矩;

M_{Ep}——被动土压力合力对 A 点的力矩;

E_{a1}、E_{a2}——基坑底以上及以下主动土压力合力;

E_p——被动土压力合力。

等值梁法是前面介绍的平衡分析法的简化。桩入坑底土内有弹性嵌固(铰接)与固定两种,现按前述第三种情况,即可当作一端弹性嵌固另一端简支的梁来研究。挡墙两侧作用

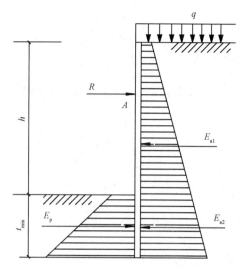

图 7.17 单支点排桩支护的静力平衡计算简图

着分布荷载,即主动土压力与被动土压力,如图 7.18(a)所示。在计算过程中所要求出的仍是桩的入土深度、支撑反力及跨中最大弯矩。

单支撑挡墙下端为弹性嵌固时,其弯矩图如图 7.18(c)所示,若在得出此弯矩图前已知弯矩零点位置,并于弯矩零点处将梁(即桩)断开以简支计算,则不难看出所得该段的弯矩图将同整梁计算时一样,此断梁段即称为整梁该段的等值梁。对于下端为弹性支撑的单支撑挡墙其净土压力零点位置与弯矩零点位置很接近,因此,可在压力零点处将板桩划开作为两个相连的简支梁来计算。这种简化计算法就称为等值梁法,其计算步骤如下:

a. 根据基抗深度、勘察资料等,计算主动土压力与被动土压力,求出土压力零点 B 的位置,按式(7-25)计算 B 点至坑底的距离 u 值。

b. 由等值梁 AB 根据平衡方程计算支撑反力 R_a 及 B 点剪力 Q_B:

$$R_a = \frac{E_a(h+u-a)}{h+u-h_0} \tag{7-33}$$

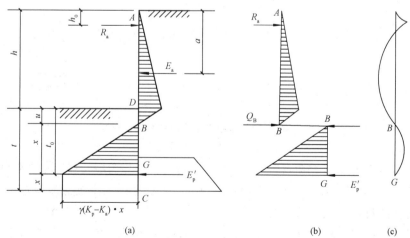

图 7.18 等值梁法计算简图

$$Q_B = \frac{E_a(a-h_0)}{h+u-h_0} \tag{7-34}$$

c. 由等值梁 BG 求算板桩的入土深度，取 $\sum M_G = 0$，则：

$$Q_B x = \frac{1}{6}[K_p \gamma(u+x) - K_a \gamma(h+u+x)]x^2$$

由上式求得：

$$x = \sqrt{\frac{6Q_B}{\gamma(K_p - K_a)}} \tag{7-35}$$

由上式求得 x 后，桩的最小入土深度可由下式求得：

$$t_0 = u + x \tag{7-36}$$

如桩端为一般的土质条件，应乘系数 $1.1 \sim 1.2$，即：

$$t = (1.1 - 1.2)t_0 \tag{7-37}$$

d. 由等值梁求算最大弯矩 M_{max} 值。

(4) 多支点排桩支护的计算。当基坑比较深、土质较差时，单支点支护结构不能满足基坑支挡的强度和稳定性要求时，可以采用多层支撑的多支点支护结构。支撑层数及位置应根据土质、基坑深度、支护结构、支撑结构和施工要求等因素确定。

目前，对多支撑支护结构的计算方法很多，一般有等值梁法、支撑荷载的 1/2 分担法、静力平衡法、侧向弹性地基抗力法、有限元法等。下面主要介绍第一种计算方法，即等值梁法。

多支撑的等值梁法的计算原理与单支点的等值梁法的计算原理相同，一般可当作刚性支承的连续梁计算(即支座无位移)，并应根据分层挖土深度与每层支点设置的实际施工阶段建立静力计算体系，而且假定下层挖土不影响上层支点的计算水平力。如图 7.19 所示的基坑支护系统，应按以下各施工阶段的情况分别进行计算。

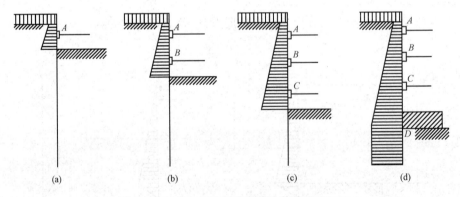

图 7.19 各施工阶段的计算简图

a. 置支撑 A 以前的开挖阶段[图 7.19(a)]，可将挡墙作为一端嵌固在土中的悬臂桩。

b. 在设置支撑 B 以前的开挖阶段[图 7.19(b)]，挡墙是两个支点的静定梁，两个支点分别是 A 及土中静压力为零的一点。

c. 在设置支撑 C 以前的开挖阶段[图 7.19(c)]，挡墙是具有三个支点的连续梁，三个支点分别为 A、B 及土中的土压力为零的点。

d. 在浇筑底板以前的开挖阶段[图7.19(d)]，挡墙是具有四个支点的三跨连续梁。

以上各施工阶段，挡墙在土内的下端支点，已知上述取土压力零点，即地面以下的主动土压力与被动土压力平衡之点。但是对第2阶段以后的情况，也有其他一些假定，常见的有：

a. 最下一层支撑以下主动土压力弯矩和被动压力弯矩平衡之点，亦即零弯矩点。

b. 开挖工作面以下，其深度相当于开挖高度20%左右的一点。

c. 上端固定的半无限长度弹性支撑梁的第一个不动点。

d. 对于最终开挖阶段，其连续梁在土内的理论支点取在基坑底面以下 $0.6t$ 处（t 为基坑底面以下墙的入土深度）。

7.3 地下水控制

地下水控制的设计和施工应满足支护结构的设计要求，应根据场地及周边工程地质条件、水文地质条件和环境条件，并结合基坑支护和基础施工方案综合分析确定。

地下水控制的内容包括基坑开挖影响深度内的上层滞水、潜水与承压水的控制，采用的方法包括截水、集水明排、降水及地下水回灌等形式，可单独或组合使用，见表7.2。

表7.2 常见的地下水控制方法及其适用条件

降水方法		土类	渗透系数/m·d	降水深度/m	水文地质特征
集水明排			7~20.0	<5	
降水	真空井点	粉土、黏性土、砂土	0.005~20.0	单级井点小于6 多级井点小于20	上层滞水或水量不大的滞水
	喷射井点		0.005~20.0	<20	
	管井	粉土、砂土、碎石土	1.0~200.0	不限	含水丰富的潜水、承压水、裂隙水
截水		黏性土、粉土、砂土、碎石土、岩溶岩	不限	不限	
回灌		填土、粉土、砂土、碎石土	0.1~200.0	不限	

7.3.1 截水

一般在基坑外围地面采用封堵、导流等措施防止地表水流入或渗入基坑中，另外，还可采用垂直防渗措施和坑底水平防渗措施，以防止地下水涌入基坑或引起地基土的渗透变形。

用于基坑工程的垂直防渗措施主要包括各类防渗墙和灌浆帷幕。防渗墙可以采用深层搅拌法、高压喷射注浆法及开槽灌注法在基坑周边构筑。防渗墙和灌浆帷幕一般应插入至下卧的相对不透水岩土层一定深度处，以做到完全截断地下水，但当透水层厚度较大时，也可以采用悬挂式（防渗墙下端没有插入相对不透水岩土层）垂直防渗与坑内水平防渗相结合的方法。这时应注意验算坑底地基土的抗渗稳定性。

灌浆帷幕的厚度应满足基坑防渗要求，其渗透系数宜小于 1.0×10^{-6} cm/s。灌浆帷幕的底部宜插入到不透水层(图 7.20)，其插入深度按式(7-38)计算：

$$t = 0.2h - 0.5b \tag{7-38}$$

式中　t——灌浆帷幕插入不透水层的深度；

　　　h——作用水头；

　　　b——灌浆帷幕的宽度。

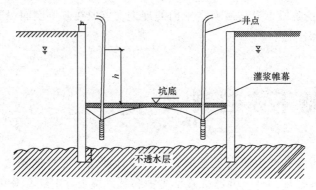

图 7.20　落底式竖向灌浆帷幕

7.3.2　集水明排

在地下水位较高的地区开挖基坑时会遇到地下水的问题。如涌入基坑内的地下水不能及时排除。不但会使土方开挖困难，边坡易于塌方，而且会使地基被水浸泡，从而扰动地基土，造成竣工后的建筑物产生不均匀沉降。因此，在基坑开挖时应及时排除涌入的地下水。当基坑开挖深度不是很大、基坑涌水量不大时，可采用集水明排法。集水明排法属于重力式排水，它是在开挖基坑时，沿坑底周围开挖排水沟。并每隔一定距离设置集水井，使在基坑内挖土时渗出的水经排水沟流向集水井，然后用水泵将水抽出坑外。集水明排法示意图如图 7.21 所示。集水明排法是应用最广泛、最简单、经济的方法。

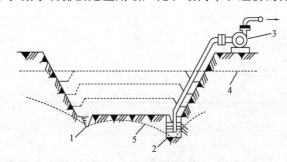

图 7.21　集水明排法示意图

1—排水沟；2—集水井；3—水泵；4—原有地下水位；5—水位降低线

(1)排水沟和集水井可按下列规定布置：

①多在基坑的两侧或四周设置排水沟。在基坑四角或每隔 30~50 m 设置集水井。使基坑中渗出的地下水通过排水沟汇集于集水井内，然后用水泵将其排出。

②排水沟底面应比挖土面低 0.3~0.4 m，集水井底面应比排水沟底面低 0.5 m。

③排水沟与集水井的截面尺寸应由排水量确定。

(2)集水明排法的技术要求如下：

①基坑采用多级放坡时，应在放坡平台上设置排水沟和集水井。

②开挖至坑底后，宜在坑内设置排水沟和集水井。排水沟和集水井与坑边的距离不宜小于1.0 m。

③基坑外的排水系统应能满足雨水、地下水的排放要求。基坑内的排水系统应能满足基坑明排水的排放要求，抽水设备应能满足排水流量的要求。

7.3.3 降水

降水法是将带有滤管的降水工具沉设到基坑四周的土体中，利用各种抽水工具，在不扰动土体结构的情况下将地下水抽出，使地下水位降低到坑底以下，以保证基坑开挖能在较干燥的施工环境中进行。

降水法的优点是其不仅可以避免大量涌水、冒泥、翻浆，而且在粉细砂、粉土层中开挖基坑时可以有效防止流沙现象的发生；同时，由于土中水分排出后动水压力减小或消除，故可大大提高边坡稳定性。边坡可放陡，从而减小土方开挖量；另外，由于渗流向下，动水压力方向与重力方向相同，故可增加土颗粒间的压力使坑底土层更为密实。改善土的性质；其次，降水法可大大改善施工条件，提高效率，缩短工期。但降水设备一次性投资较高，运转费用较大，施工中应合理布置和适当安排工期，以减少作业时间，降低排水费用。降水法的负面影响为坑外地下水位下降，基坑周围土体固结下沉。

降水法主要可分为轻型井点法、喷射井点法、管井法。

(1)轻型井点法。轻型井点法是沿基坑周围以一定的间距埋入井管（下端为滤管）。在地面上用水平铺设的集水总管将各井管连接起来。再于一定位置处设置真空泵和离心泵，开动真空泵和离心泵后，地下水在真空吸力的作用下经滤管进入井管，然后经集水总管排出。这样就降低了地下水位（图7.22）。

轻型井点降水系统的技术要求如下：

①轻型井点降水系统主要由井管、集水总管、抽水泵、真空泵组成。

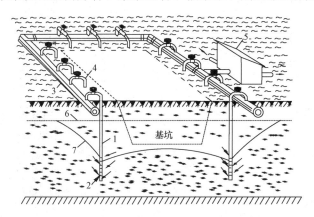

图7.22 应用轻型井点法降低地下水位全貌图

1—井管；2—滤管；3—集水总管；4—弯连管；5—水泵房；
6—原有地下水位线；7—降低后的地下水位线

②井管安装完成后,在地面上铺设集水总管与井管进行连接,在集水总管的适当位置处安装抽水设备。

③井管直径宜为38~55 mm,水平间距宜为0.8~2.0 m,排距不宜大于20 m。间距为30~40 mm,滤管外缠丝后,再缠一层滤网。

④井管下端接滤管,滤管直径同井管直径,孔壁上设孔眼。孔眼直径为5~10 mm。

⑤井管成孔孔径不小于300 mm,成孔深度大于滤管底端埋深0.5 m。

(2)喷射井点法。喷射井点法主要是用高压水泵将高压工作水经进水管压入内外管间的环形空间,再自上而下经喷嘴进入内管,由于喷嘴断面尺寸突然变小,水流速度加快,可达30 m/s,从而产生负压,卷吸地下水一起沿内管上升,排至坑外。此法适用于排降上层滞水和排水量不是很大的潜水,但降水深度较大。

当基坑开挖要求降水深度大于6 m时,若用轻型井点法就必须用多级井点。这会增加井点设备的数量和基坑挖土量,延长工期等,往往是不经济的。因此,当降水深度超过6 m,土层的渗透系数为0.1~20 m/d的弱透水层时,以采用喷射井点法为宜,其降水深度可达20 m。喷射井点法降水示意图如图7.23所示。喷射井点法一般有喷水和喷气两种。喷

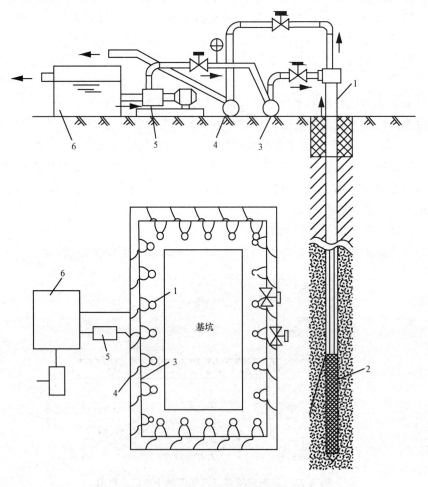

图7.23 喷射井点法降水示意图
1—井点管;2—过滤管;3—集水总管;4—排水总管;5—高压泵;6—集水池

射井点系统由喷射器、高压水泵和管路组成。喷射井点降水系统的技术要求如下：

①喷射井点降水系统由高压水泵、供水总管、井点管、排水总管和集水池组成。

②井点管排距不宜大于40 m，井点深度比开挖深度深3～5 m。

③井点管直径为75～100 mm，水平间距一般为2.0～3.0 m，成孔直径不应小于400 mm，成孔深度大于过滤管埋深1.0 m。

④利用喷射井点法降低地下水位时，扬水装置的质量和精度非常重要。如喷嘴直径加工不精确，尺寸加大，则工作水流量需要增加，否则真空度将降低，影响抽水效果。

(3)管井法。管井法是围绕开挖的基坑每隔一定距离(20～50 m)设置一个管片。每个管井单独用一台水泵(离心泵、潜水泵)进行抽水，以降低地下水位。管井由滤水井管、吸水管和抽水机械等组成(图7.24)。管井设备较为简单，排水量大，降水较深。水泵设在地面，易于维护。降水深度为3～5 m，可代替多组轻型井点使用。其适用于渗透系数较大、地下水丰富的土层、砂层。但管井属于重力排水范畴，吸程高度会受到一定限制，要求渗透系数较大(1～200 m/d)。

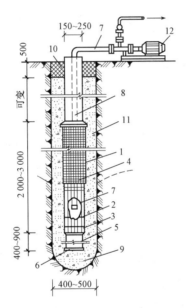

图 7.24 管井井点构造图

1—过滤管；2—$\phi14$ mm 钢筋焊接骨架；3—6 mm×30 mm 铁环@250 mm；
4—10号铁丝垫筋@250 mm 焊于管骨架上，外包孔眼1～2 mm 铁丝网；5—沉砂管；6—木塞；
7—吸水管；8—$\phi100$～$\phi200$mm 钢管；9—钻孔；10—夯填黏土；11—填充砂砾；12—抽水设备

管井可用钢管管井和混凝土管管井等。钢管管井的管身采用直径为150～250 mm的钢管，其过滤部分采用钢筋焊接骨架，外包孔眼为1～10 mm的滤网，长度为2～3 m。混凝土管管井的内径为400 mm，分实管与过滤管两种。过滤管的空隙率为20%～25%，吸水管可采用直径为50～100 mm的钢管或胶皮管，其下端应沉入管井抽吸时的最低水位以下。管井的沉设可采用泥浆护壁钻孔法，其不设方法如下：

①坑外布置。采用基坑外降水时，根据基坑的平面形状或沟槽的宽度，沿外围四周呈环形或单排、双排布置，管井中心与坑边的距离应根据管井成孔时所用钻机的钻孔方法而

定；当用冲击式钻机并用泥浆护壁法时，管井中心与坑边的距离为 0.5～1.5 m；用套管法时应不小于 3 m。管井的埋设深度和间距应根据需要降水的范围、深度以及土层的渗透系数而定，埋设深度一般为 5～10 m，间距一般为 10～50 m。

②坑内布置。当坑内面积较大或防止降水对周围环境造成不利影响而采用坑内降水时，可根据坑内降水深度、单井涌水量以及抽水影响半径 R 等确定管井井点间距，再以此间距在坑内呈棋盘点状布置管井，如图 7.25 所示。井点间距 D 一般为 10～15 m，同时应不小于 $\sqrt{2}R$，以确保在基坑全范围内降低地下水位。管井法的技术要求如下：

a. 管井系统一般由管井、抽水设备、泵管、排水总管、排水设施等组成。

b. 管井由井孔、井管、滤管、沉淀管、填砾层、止水封闭层组成。

c. 井管内径不应小于 200 mm，且应比抽水泵体最大外径大 50 mm 以上，成孔孔径应比井管外径大 300 mm 以上。

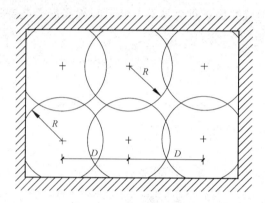

图 7.25　管井井点示意图

R—抽水影响半径；D—管井井点间距

7.3.4　回灌法

为减轻降水沉降漏斗范围内的土体变形对周边环境的不良影响，除采用防渗墙等隔水措施外，还可以采用回灌法控制周边环境中的地下水位。为了减小土层的沉降量，目前，国内外均采用降水与回灌相结合的办法。

降水对周围环境的影响是由于土壤内地下水流失造成的。回灌技术即在降水井点和要保护的建筑物之间打设一排井点(图 7.26)，在降水井点抽水的同时，通过回灌井点向土层内灌入一定数量的水(即从降水井点中抽出的水)。形成一道隔水帷幕，从而阻止或减少回灌井点外侧被保护的建筑物处的地下水流失，使地下水位基本保持不变，这样，就不会因降水使地基自重应力增加而引起地面沉降。

地下水回灌的技术要求如下：

(1)回灌措施包括回灌井、回灌砂井和回灌砂沟。回灌井用于埋深较大的潜水和承压水的回灌。

(2)回灌水宜用清水，水量可通过观测孔进行控制和调节，一般回灌水不宜高于原有地下水位标高。施工过程中应注意施工设计与施工程序，以保证周围地面的稳定，并保证邻近建筑物的变形不超过限定的数值。

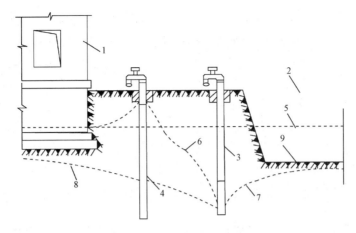

图 7.26 回灌井点布置示意图

1—原有建筑物；2—开挖基坑；3—降水井点；4—回灌井点；5—原有地下水位线；
6—降、管井点间水位线；7—降水后的水位线；8—不同灌时的水位线；9—基坑底

(3)对于坑内减压降水，坑外回灌井点的深度不宜超过承压含水层中基坑灌浆帷幕的深度；对于坑外减压降水，回灌井点与降水井点的间距不宜小于 6 m。

(4)回灌井点可分为自然回灌井点和加压回灌井点。加压回灌井点的回灌压力宜为 0.2～0.5 MPa。

7.4 基坑监测及信息化施工

随着我国城市建设高峰的到来，房地产市场不断升温，城市用地价格一路高涨。为提高土地的空间利用率，各地纷纷争相开发地下空间，逐渐成为城市发展的一个方向，地下基础越做越深，基坑开挖深度不断增加。在深基坑开挖的施工过程中，即使采取了支护措施，由于应力状态的改变，一定数量的变形总是难以避免的，当位移量值超过了某种允许的范围，都将对基坑支护结构造成危害。尤其是在城市的繁华地区，或是施工场地四周有建筑物和地下管线时，基坑开挖所引起的土体变形将直接影响这些建筑物和管线的正常状态。

多年的实践表明，对基坑支护结构、基坑周围的土体和相邻的建(构)筑物进行全面、系统的监测，才能对基坑工程的安全性和对周围环境的影响程度有全面的了解，在出现异常情况时及时反馈，并采取必要的工程应急措施，甚至调整施工工艺或修改设计参数，以确保工程的顺利进行。因此，在深基坑开挖施工过程中，只有对基坑支护结构、基坑周围的土体和相邻的建筑物进行综合、系统的监测，才能对工程情况有全面的了解，保证工程的安全进行。

7.4.1 基坑工程监测

基坑工程监测是基坑工程施工中的一个重要环节，是指在基坑开挖及地下工程施工

过程中，对基坑岩土性状、支护结构变位和周围环境条件的变化，进行各种观察及分析工作，并将监测结果及时反馈，预测进一步挖土施工后将导致的变形及稳定状态的发展，根据预测判定施工对周围环境造成影响的程度，来指导设计与施工，实现所谓信息化施工。

(1) 基坑现场监测应满足下列技术要求：

① 监测工作必须是有计划的，应严格按照有关的技术文件（如监测任务书）执行。这类技术文件的内容，至少应包括监测方法和使用的仪器、监测精度、测点的布置、监测周期等。计划性是监测数据完整性的保证。

② 监测数据必须是可靠的。数据的可靠性由监测仪器的精度、可靠性以及监测人员的素质来保证。

③ 监测必须是及时的。因为基坑开挖是一个动态的施工过程，只有保证及时监测才能有利于发现隐患，及时采取措施。

④ 对于监测的项目，应按照工程具体情况预先设定报警值，报警值应包括变形值、内力值及其变化速率。当监测发现超过报警值的异常情况，应立即考虑采取应急补救措施。

⑤ 每个工程的基坑支护监测，应该有完整的监测记录，形象的图表、曲线和监测报告。由于基坑工程监测是一个集信息采集及预测于一体的完整的系统，因此，在基坑工程施工前应该制定出严密的监测方案。应包括以下几个方面：

a. 确定监测目的。根据现场场地的工程地质和水文地质情况、基坑工程围护体系设计、周围环境情况确定监测目的。其主要有以下三种类型：

a) 通过监测成果分析预测基坑工程围护体系本身的安全度，保证施工过程中围护体系的安全。

b) 通过监测成果分析预测基坑工程开挖对相邻建筑物的影响，确保相邻建筑物和各种市政设施的安全和正常工作。

c) 通过监测成果分析检验围护体系设计计算理论和方法的可靠性，为进一步改进设计计算方法提供依据。

不同基坑工程的监测目的应有所侧重。当用于预估相邻建筑物和各种市政设施的影响，要逐个分析周围建筑物和各种市政设施的具体情况，如建筑物和市政设施的重要性、可能受影响程度、抗位移能力等，确定监测重点。

b. 确定监测内容。监测项目选择应根据基坑支护形式、地质条件、工程规模、施工工况与季节及环境保护的要求等因素综合而定。一般而言，深基坑施工监测内容主要包括周边环境变形监测和基坑围护体系监测两大类。其中周边环境变形监测包括周边建筑物沉降、地下管线沉降、地表沉降等；基坑围护体系监测包括围护墙顶沉降、围护墙顶位移、围护墙深部水平位移、立柱隆沉、支撑轴力监测、坑外地下水位监测、土压力监测、孔隙水压力监测、土体分层沉降等。

监测值的变化和周边建筑物、管网允许的最大沉降变形是确定监控报警标准的主要因素，其中周边建筑物原有的沉降与基坑开挖造成的附加沉降叠加后，不能超过允许的最大沉降变形值。在基坑工程中需要进行的现场测试主要项目及测试方法见表7.3，在制定监测方案时可根据监测目的选定。

表 7.3 检测项目和测试方法

检测项目	测试方法
地表、围护结构及深层土体分层沉降	水准仪及分层沉降标
地表、围护结构及设能土体水平位移	经纬仪及测斜仪
建(构)筑物的沉降及水平位移	水准仪及经纬仪
建(构)筑物的裂缝开展情况	观察及量测
建(构)筑物的倾斜测量	经纬仪
孔隙水压力	孔压传感器
地下水位	地下水位检测孔
支撑轴力及锚固力	钢筋应力或应变仪
围护结构上土压力	土压力计

(2)各监测项目的具体实施方法如下：

①调查当地的气象情况，记录雨水、气温、台风、洪水等情况，并检查自然环境条件对基坑工程的影响程度。了解基坑工程的设计与施工情况、基坑周围的建筑物、重要地下设置的布置情况和现状，检查基坑周围水管渗漏情况、煤气管道变化情况、基坑周围道路及地表开裂情况和建筑物的开裂变位情况，并做好资料的记录与整理工作。

②检查支护结构的开裂变位情况，特别应重点检查支护桩侧、支护墙面、主要支撑、连接点等关键部位的开裂情况及支护结构的漏水情况。

③边坡土体顶部和支护结构顶部的水平位移和垂直位移监测点应沿基坑周边布置，一般在每边的中部和端部均应布置监测点，且监测点间距不宜大于 20 m。

④对于与基坑周边距离不超过 3H(H 为基坑开挖深度)的建筑物，应监测其变位。

⑤围护结构、支撑及锚杆的应力-应变监测点和轴力监测点应布置在受力较大且有代表性的部位，监测点数量视具体情况而定。

⑥基坑周围地表沉降、地下水位、墙背土体深层位移、墙背土体的土压力和孔隙水压力的监测点宜设在基坑纵横轴线或其他有代表性的部位，监测点数量视具体情况而定。地下管线的沉降监测点宜设置于地下管线顶部，必要时可设置在管线底部地层内。

⑦基坑周围地表裂缝、建筑物裂缝和支护结构裂缝的监测应是全方位的，并选择其中裂缝宽度较大、有代表性的部位重点监测，记录其裂缝宽度、长度和走向。

⑧沉降监测基准点，应设在基坑工程影响范围以外，一般距基坑周边应不少于 5H，也不宜少于 30~50 m，且数量不应少于两点。

(3)确定监测项目报警值。基坑监测中，每一个监测项目均应根据实际情况和设计要求，事先确定监测项目报警值，以判断位移和受力状态是否会超过允许范围，判断施工是否安全可靠，是否需要调整施工工艺或优化原设计方案。一般情况下，每个报警值由两部分控制，分别是总允许变化量和单位时间内允许变化量。

目前，报警值的确定还缺乏全国统一的定量化指标和判别标准。按《建筑基坑支护技术规程》(JGJ 120—2012)的规定，基坑监测项目的监控报警值应根据监测对象的有关规范及支护结构设计要求确定。在实际监测工作中，可按以下原则确定：

①满足设计计算要求，报警值应低于设计计算值。

②满足现行有关规范、规程和标准的要求。

③针对不同的环境和施工因素，满足测试对象的安全要求，达到保护目的。

④满足测试对象主管部门提出的要求。

⑤在保证安全的前提下，综合考虑经济因素，避免提出过低的报警值。

根据以上原则，结合实践经验，对一些项目提出以下报警值，以供参考：

①支护结构水平位移：累计水平位移、深层位移量不得超过 5‰的开挖深度，连续 3 d 水平位移速率不得超过 2 mm/d。

②周围建筑物的变形：累计沉降不得超过建筑物宽度的 1‰，连续 3 d 沉降速率不得超过 1 mm/d，建筑物差异沉降不得超过 1/1 000。

③周围地面与道路的变形：累计沉降不得超过开挖深度的 5‰，且不大于 15 mm，连续 3 d 沉降速率不得超过 2 mm/d。

④周围地下管线的变形：对于煤气管道，其沉降和水平位移累计不得超过 10 mm，发展速率不得超过 2 mm/d，对于自来水管道沉降和水平位移，其累计不得超过 20 mm，发展速率不得超过 3 mm/d。

⑤地下水位：基坑内降水或基坑开挖引起的基坑外水位下降，其建筑物红线处累计不得超过 2 000 mm，发展速率不得超过 500 mm/d。

⑥桩墙内力、锚杆拉力、支撑轴力、桩身应力：不得超过设计值的 80%。

⑦立柱变形：立柱隆起或沉降累计不得超过 10 mm，发展速率不得超过 2 mm/d。

⑧对于测斜、围护结构纵深弯矩等光滑的变化曲线，若曲线上出现明显的折点时，应作出报警处理。

(4)确定测点布置和监测频率。根据监测目的确定各项监测项目的测点数量和布置。按照对基坑工程控制变形的要求，一般情况下，设置在围护结构里的测斜管，在基坑每边设 1~3 点，测斜管深度与结构入土深度一样。围护桩（墙）顶的水平位移、垂直位移测点应沿基坑周边每隔 10~20 m 设一点，并在远离基坑（大于 5 倍的基坑开挖深度）的地方设基准点，位移监测基准点数量不应少于两点，且应设在影响范围之外。对基准点应按其稳定时测量其位移和沉降。

基坑监测点的布置除应满足支护结构本身的监控要求外，还应考虑监测基坑边缘以外 1~2 倍开挖深度范围内的需要保护的物体。

地下管线位移测量有间接法和直接法两种，所以测点也有两种布置方法。直接法就是将测点布置在管线本身上；而间接法则是将测点设在靠近管线底面的土体中。为分析管道纵向弯曲受力状况或在跟踪监测、跟踪注浆调整管道差异沉降时，间接法必不可少。房屋沉降量测点则应布置在墙角、柱身（特别是代表单独基础及条形基础差异沉降的柱身）、门边等外形突出部位，测点间距应能充分反映建筑物各部分的不均匀沉降。

立柱桩沉降测点直接布置在立柱桩上方的支撑面上。每根立柱桩的沉降量、位移量均需测量，特别对基坑中多个支撑交汇处的立柱，因受力复杂，应作为重点测点。重点测点的变形与应力量测应配套进行。

围护桩（墙）弯矩测点应选择基坑每侧中心处布置，深度方向测点间距一般以 1.5~2.0 m 为宜，支撑结构轴力测点需设置在主撑跨中部位，每层支撑都应选择几个具有代表性的截面进行测量。对于需要测轴力的重要支撑，宜配套测其在支点处的弯矩以及两端和中部的沉降及位移。底板反力测点布置在底板结构形状在最大正弯矩和负弯矩处，宜布置在塔楼范围内。

在实际工程中，应根据工程施工引起的应力场、位移场分布情况分清重点与一般，抓住关键部位，做到重点量测项目配套，强调量测数据与具体施工参数配套，以形成有效检测系统，使工程设计和施工设计紧密结合，以达到保证工程和周围环境安全及及时调整优化设计与施工的目的。

根据基坑开挖进度确定监测频率。原则上在开挖初期可以几天测一次，随着开挖深度发展提高监测频率，必要时可一天测数次。

(5) 建立监测成果反馈制度。应及时将监测成果报告给现场监理、设计和施工单位，凡超过监测项目报警值应及时研究及时处理，以确保基坑工程安全顺利施工。

(6) 制定监测点的保护措施。由于基坑开挖施工现场条件复杂，测试点极易受到破坏，因此，所有测点务必做得牢固，配上醒目标志，并与施工方案密切配合，以确保其安全。

(7) 监测方案设计应密切配合施工组织计划。监测方案是施工组织设计的一个重要内容。它只有符合施工组织的总体计划安排，才有可能得以顺利实施。

7.4.2 基坑信息化施工

信息化施工出现之前对工程的监测、管理可称为监测施工。监测施工是在施工过程中凭借工程技术人员的经验判断施工过程的安全性，或安放测试元件进行测试，根据施工过程中的测试结果进行事后分析。对施工过程中可能出现的重大质量、安全问题，主要靠工程技术人员的经验判断，必要时采取应急措施。而监测的目的主要是验证原有设计，为今后的工程设计积累经验和资料。靠事后分析的监测施工不能直接指导当前工程项目的施工，其原因主要是测量、分析手段落后所致。因此，在大型复杂工程施工中，必须采用信息化施工技术来指导工程项目的设计和施工。

所谓信息化施工，就是在施工过程中，通过设置各种测量元件和仪器，实时收集现场实际数据并加以分析，根据分析结果对原设计和施工方案进行必要的调整，并反馈到下一步施工过程，对下一阶段的施工进行分析和预测，从而保证工程施工安全、经济地进行。信息化施工技术是在现场测量技术、计算机技术，以及管理技术的基础上发展起来的。要进行信息化施工，应具备的条件：有满足检测要求的测量元件和仪器，可实时检测，有相应的预测模型和分析方法，应用计算机进行分析。

(1) 信息化施工的基本方法主要有以下两种：

① 理论解析方法。理论解析方法利用现有的设计理论和设计方法。进行工程结构设计时应采用许多设计参数，若进行深基坑开挖护坡结构设计时，需要采用土的侧压力系数等。按照设计进行施工并进行监测，如果实测结果与设计结果有较大偏差，说明原设计所采用的参数不一定正确，或其他影响因素在设计方法中未加考虑。通过一定方法反算设计参数，如果采用的一组设计参数计算分析得到的结构变形、内力与实测结果一致或相接近，说明采用这组设计参数进行设计，其结果更符合实际。利用新的设计参数计算分析，判断工程结构施工现状，并预测下一施工过程，以保证工程施工安全、经济地进行。

② "黑箱"方法。"黑箱"方法不按照现有设计理论进行分析和计算，而是采用数理统计的方法，即避开研究对象自身机理和影响因素的复杂性，将这些复杂的、难以分析计算的因素投入"黑箱"，不管其物理意义如何，只是根据现场的反馈信息来推算研究对象的变形

特性和安全性。

(2)信息化施工通常主要包含以下几个阶段：

①基于监测值的日常管理。利用计算机实时采集工程结构的变形、内力等数据，每天比较监测值和管理值，监测工程的安全性以及是否与管理值相差过大。

②现状分析和对下阶段的预测。利用监测结果推算设计参数，根据新的设计参数计算分析，判断现施工阶段工程结构安全性，并预测以后施工阶段结构的变形及内力。

③调整设计方案。根据预测结果调整设计方案，必要时改变施工方案，重新进行设计。

基坑工程是一个涉及地质、水文、气象等条件及土力学、结构、施工组织和管理等学科各个方面的系统工程。深基坑的护壁，不仅要求保证基坑内正常作业安全，而且应防止基坑及坑外土体移动，保证基坑附近建筑物、道路、管线的正常运行。各地通过工程实践与科学研究，在基坑支护理论与技术上都有了进一步的发展，取得了可喜的成绩。由于地质条件的复杂性、设计和施工方法的局限性以及各种不确定因素的影响，在基坑开挖过程中，土体性状和支护结构的受力状态都在不断变化，恰当地模拟这种变化是工程实践所需要的。但用传统的固定不变的计算模型和参数来描述不断变化的土体性状是不合适的。因此，在深基坑施工中，必须采取必要的测试手段定人、定期对地层、支护结构以及周围重要建筑物进行变形、受力情况的监测，必须根据现场监测信息，不断修改、优化设计，以便达到安全施工的目的，确保工程质量。

从许多基坑工程的事故中不难发现，任何一起工程事故，无一例外地与监测不力或险情预报不准确有关。换而言之，如果基坑工程的环境监测与险情预报准确而及时，就可以防止重大事故的发生。或者说，可以将事故造成的损失降低到最低程度。

信息化施工是应用系统工程于施工的一种现代施工管理办法，包括信息采集(监测)、反分析(即分析模型和计算参数反演)、正分析(预测)以及根据预测结果进行决策与控制等方面的内容，其原理如图7.27所示。

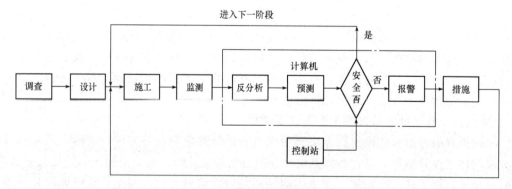

图 7.27 信息化施工原理框图

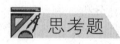

一、简答题

1. 为什么说基坑工程是一项复杂的综合性系统工程？

2. 土钉墙的构造及其各组成部分的作用是什么?
3. 土钉墙的设计内容包括哪些?
4. 简述土钉墙的施工工艺流程。
5. 锚杆技术有哪些优点?
6. 简述锚杆的构造与类型。
7. 锚杆的设计内容包括哪些?
8. 锚杆与土钉有哪些异同点?
9. 锚杆的支护机理是什么?
10. 排桩墙支护体系由哪些部分组成?支护墙体的主要形式有哪些?

二、计算题

某基坑采用土钉墙进行支护,已知土钉水平和竖向间距分别为 $s_x=1.2$ m,$s_z=1.5$ m,土钉与水平面夹角 $\alpha=30°$,土钉与土体的摩阻力标准值 $q_s=60$ kPa,土钉直径 $d=0.1$ m,土钉在破裂面外的长度为 $l=3.0$ m,该土钉位置基坑水平荷载(即土压力)$p_{ak}=20$ kPa,荷载折减系数 $\zeta=0.6$,$\eta=1.0$ 试计算:

(1) 该土钉的抗拔承载力设计值 R_k。
(2) 该土钉的受拉荷载标准值 N_k。
(3) 判断该土钉是否会被拉出。

8 地基基础抗震设计

内容提要 本章主要介绍了与地震相关的基本概念和震害，阐述了场地类别划分，并对地基承载力抗震验算和地基液化判别进行了详细论述。

学习目标 通过本章的学习，学生应了解地震相关基本概念及地震灾害，熟悉场地类别划分，掌握地基承载力抗震验算、地震液化判别方法及处理措施。

重点难点 本章的重点是场地类别划分、地基承载力抗震验算及地震液化判别。

本章的难点是地基承载力抗震验算及地震液化判别。

8.1 地基基础抗震设计概述

8.1.1 地震相关概念

（1）地震的定义。地震又称地动、地振动，是地壳快速释放能量过程中产生的振动，期间会产生地震波的一种自然现象。按地震形成的原因可分为火山地震、陷落地震和构造地震。其中，构造地震是由于地下深处岩层破裂、错动所形成的地震。这类地震发生的次数最多，约占全球地震总数的90%以上，破坏力也最大。

构造地震的本质原因是地球在长期运动过程中，地壳的岩层中产生和积累着巨大的地应力。当某处积累的地应力逐渐增加到超过该处岩层的强度时，就会使岩层产生破裂或错断。此时，积累的能量随岩层的断裂急剧地释放出来，并以地震波的形式向四周传播。地震波到达地面时将引起地面的振动，即表现为地震。

地震的发源处称为震源。震源在地表面的垂直投影点称为震中。震中附近的地区称为震中区域。震中与某观测点间的水平距离称为震中距。震中到震源的距离称为震源深度。当震源深度小于 70 km 时，称为浅源地震；当震源深度为 70～300 km 时，称为中源地震；当震源深度大于 300 km 时，称为深源地震。

地震带是地震集中分布的地带，在地震带内地震密集，在地震带处地震分布零散。世界上主要有三大地震带，即环太平洋地震带、欧亚地震带、海岭地震带（大洋中脊地震活动带）。我国正处在前两个大地震带的中间，属于多地震活动的国家，其中，以台湾省发生的大地震最多，新疆、四川、西藏地区次之。

(2) 震级与烈度。

① 震级。震级是以地震仪测定的每次地震活动释放的能量多少来确定的。震源释放的能量越大，震级也就越高。震级每增加一级，能量增大约 30 倍。国际上使用的地震震级——里克特级数，它的范围为 1～10 级。一般来说，小于 2.5 级的地震，人们感觉不到；5 级以上的地震开始引起不同程度的破坏，称为破坏性地震或强震；7 级以上的地震称为大震。

② 烈度。烈度是指发生地震时地面及建筑物受影响的程度。在一次地震中，地震的震级是确定的，但地面各处的烈度各异，距震中越近烈度越高，距震中越远烈度越低。震中附近的烈度称为震中烈度。根据地面建筑物受破坏和影响的程度。地震烈度划分为 12 度。烈度越高，表明受影响的程度越强烈。地震烈度不仅与震级有关，同时，还与震源深度、震中距以及地震波通过的介质条件等多种因素有关。

③ 其他。震级和烈度虽然都是衡量地震强烈程度的指标，但烈度直接反映了地面建筑物受破坏的程度，因而与工程设计有着更密切的关系。工程中涉及的烈度概念除震中烈度外有以下几种：

a. 基本烈度。基本烈度是指在今后一定时期内，某一地区在一般场地条件下可能遭受的最大地震烈度。基本烈度所指的地区是一个较大的区域范围。因此，又称为区域烈度。1990 年，中国地震烈度区划图规定在一般场地条件下 50 年内可能遭遇超越概率为 10% 的地震烈度称为地震基本烈度。

通常，在烈度高的区域内可能包含烈度较低的场地，而在烈度低的区域内也可能包含烈度较高的场地。这主要是因为局部场地的地质构造、地基条件、地形变化等因素与整个区域有所不同，这些局部性控制因素称为小区域因素或场地条件。一般在场地选址时，应进行专门的工程地质和水文地质调查工作，查明场地条件，确定场地烈度，据此避重就轻，选择对抗震有利的地段布置工程。所谓场地烈度是指区域内一个具体场地的烈度。而场地是指建筑物所在的局部区域，大体相当于厂区、居民点和自然村的范围。

b. 多遇与罕遇地震烈度。多遇地震烈度是指设计基准期 50 年内超越概率为 63.2% 的地震烈度，也称众值烈度。罕遇地震烈度是指设计基准期 50 年内超越概率为 2%～3% 的地震烈度。

c. 设防烈度。设防烈度是指按国家规定的权限批准的作为一个地区抗震设防依据的地震烈度。地震设防烈度是针对一个地区而不是针对某一建筑物确定，也不随建筑物的重要程度提高或降低。

8.1.2 震害

构造地震活动频繁，影响范围大，破坏性强，对人类生存造成巨大的危害。全球每年约发生 500 万次地震，其中绝大多数属于微震，有感地震约 5 万次，造成严重破坏的地震约十几次。我国自古以来有记载的地震达 8 000 多次，7 级以上地震有 100 多次。

地震作用是通过地基和基础传递给上部结构的，因此，地震时，首先是地基和基础受到影响，然后建筑物和构筑物产生振动并由此引发地震灾害。

(1)地基的震害。由于地区特点和地形地质条件的复杂性，强烈地震造成的地面和建筑物的破坏类型多种多样。典型的地基震害有震陷、地基土液化、地震滑坡和地裂等。

①震陷。震陷是指地基土由于地震作用而产生的明显的竖向永久变形。在发生强烈地震时，如果地基由软弱黏性土和松散砂土构成，其结构受到扰动和破坏，强度严重降低，在重力和基础荷载的作用下会产生附加的沉陷。

在我国沿海地区及较大河流的下游软土地区，震陷往往也是主要的地基震害。当地基土的级配较差、含水量较高、孔隙比较大时震陷也大。砂土的液化也往往引起地表较大范围的震陷。另外，在溶洞发育和地下存在大面积采空区的地区，在强烈地震的作用下也容易诱发震陷。

②地基土液化。在地震的作用下，饱和砂土的颗粒之间发生相互错动而重新排列，其结构趋于密实，如果砂土为颗粒细小的粉细砂，则因透水性较弱而导致孔隙水压力加大，同时颗粒间的有效应力减小，当地震作用大到使有效应力减小到零时，将使砂土颗粒处于悬浮状态，即出现砂土的液化现象。

砂土液化时其性质类似于液体，抗剪强度完全丧失，位于液化土体上的建筑物将产生大量的沉降、倾斜和水平位移，建筑物自身将会开裂、破坏甚至倒塌。影响砂土液化的主要因素为地震烈度、震动的持续时间、土的粒径组成、密实程度、饱和度、土中黏粒含量以及土层埋深等。

③地震滑坡。在山区和陡峭的河谷区域，强烈地震可能引起山体滑坡、泥石流等大规模的岩土体运动，从而直接导致建筑物的破坏和人员伤亡。

④地裂。地震导致岩面和地面的突然破裂和位移会引起位于附近或跨断层的建筑物的变形和破坏。

(2)建筑物基础的震害。建筑物基础的常见震害有以下几种：

①沉降、不均匀沉降和倾斜。地震作用下，软土或液化土层中的基础易产生沉降、不均匀沉降和倾斜，黏性土土层上的基础受到影响较小。软土地基可产生 10~20 cm 的沉降，也有达到 30 cm 以上者；如地基的主要受力层为液化土或含有厚度较大的液化土层，强震时则可能产生数十厘米甚至 1 m 以上的沉降。

②水平位移。常见于边坡或河岸边的建筑物，在地震作用下会出现土坡失稳和岸边地下液化土层的侧向扩展等现象。

③受拉破坏。地震时，受力矩作用较大的桩基础的外排桩受到过大的拉力时，桩与承台的连接处会产生破坏，杆、塔等高耸结构物的拉锚装置也可能因地震产生的拉力过大而破坏。

8.2 地基基础抗震设计的内容

任何建筑物都建造在地基上。地震时，土层中传播的地震波引起地基土体振动，导致土体产生附加变形，强度也相应发生变化。若地基土强度不能承受地基振动所产生的内力，建筑物就会失去支承能力，导致地基失效，严重时可产生像震陷、滑坡、液化、地裂等震害。

地基基础抗震设计的任务就是研究地震中地基和基础的稳定性和变形。其包括地基的地震承载力验算、地基液化可能性判别和液化等级的划分、震陷分析、合理的基础结构形式，以及为保证地基基础能有效工作所必须采取的抗震措施等内容。

《建筑工程抗震设防分类标准》(GB 50223—2008)将建筑物按使用功能的重要性和破坏后果的严重性分为四个抗震设防类别：特殊设防类(甲类)、重点设防类(乙类)、标准设防类(丙类)、适度设防类(丁类)。各抗震设防类别建筑的抗震设防标准应符合下列要求：

(1)特殊设防类，应按高于本地区抗震设防烈度一度的要求加强其抗震措施。但抗震设防烈度为9度时应按比9度更高的要求采取抗震措施。同时，应按批准的抗震安全性评价的结果确定且高于本地区抗震设防烈度的要求确定其地震作用。

(2)重点设防类，应按高于本地区抗震设防烈度一度的要求加强其抗震措施。但抗震设防烈度为9度时，应按比9度更高的要求采取抗震措施；地基基础的抗震措施应符合有关规定，同时，应按本地区抗震设防烈度确定其地震作用。

(3)标准设防类，应按本地区抗震设防烈度确定其抗震措施和地震作用，达到在遭遇高于当地抗震设防烈度的预估罕遇地震影响时，不致倒塌或发生危及生命安全的严重破坏的抗震设防目标。

(4)适度设防类，允许比本地区抗震设防烈度的要求适当降低其抗震措施，但抗震设防烈度为6度时不应降低。一般情况下，仍应按本地区抗震设防烈度确定其地震作用。

对于划为重点设防类而规模很小的工业建筑，当改用抗震性能较好的材料且符合《建筑抗震设计规范》(GB 50011—2010)对结构体系的要求时，允许按标准设防类设防。

8.2.1 抗震设计的目标和方法

(1)抗震设计的目标。《建筑抗震设计规范》(GB 50011—2010)将建筑物的抗震设防目标确定为"三个水准"。其具体表述为：

一般情况下，遭遇第一水准烈度(多遇地震烈度)的地震时，建筑物处于正常使用状态，从结构抗震分析的角度看，可将结构视为弹性体系。采用弹性反应进行弹性分析，规范所采取第一水准烈度比基本烈度约低一度半。

遭遇第二水准烈度（基本烈度）地震时，结构进入非弹性工作阶段，但非弹性变形结构体系的损坏程度控制在可修复的范围。

遭遇第三水准烈度（罕见地震烈度）地震时，结构有较大的非弹性变形，但应控制在规定的范围内，以免倒塌。

相应于第二水准烈度在基本烈度为6度时为7度强，7度时为8度强，8度时为9度弱，9度时为9度强。工程中，通常将上述抗震设计的三个水准简要地概括为"小震不坏、中震可修，大震不倒"的抗震设防目标。为保证实现上述抗震设防目标，《建筑抗震设计规范》(GB 50011—2010)规定在具体的设计工作中采用两阶段设计步骤。

第一阶段的设计是承载力验算，取第一水准的地震动参数计算结构的弹性地震作用标准值和相应的地震作用效应，进行结构构件的承载力验算，即可实现第一、第二水准的设计目标。大多数结构可仅进行第一阶段设计，而通过概念设计和抗震构造措施来满足第三水准的设计要求。

第二阶段设计是弹塑性变形验算，对特殊要求的建筑，地震时，易倒塌的结构以及有明显薄弱层的不规则结构，除进行第一阶段设计外，还要进行结构薄弱部位的弹塑性层间变形验算并采取相应的抗震构造措施，以实现第三水准的设防要求。

上述设防原则和设计方法可简短地表述为"三水准设防，两阶段设计"。

(2)地基基础的抗震设计要求。地基基础一般只进行第一阶段设计。对于地基承载力和基础结构，只要满足第一水准对于强度的要求，同时，也就满足第二水准的设防目标。对于地基液化验算则直接采用第二水准烈度，对判明存在液化土层的地基，采取相应的抗液化措施。地基基础相应于第三水准的设防要通过概念设计和构造措施来满足。

结构的抗震设计包括计算设计和概念设计两个方面。计算设计是指确定合理的计算简图和分析方法，对地震作用效应作定量的计算及对结构抗震能力进行验算；概念设计是指从宏观上对建筑结构作合理的选型、规划和布置，选用合格的材料采取有效的构造措施等。20世纪70年代以来，人们在总结大地震灾害的经验中发现，对结构抗震设计来说，"概念设计"比"计算设计"更为重要。由于地震作用的不确定性和结构在地震作用下破坏机理的复杂性，"计算设计"很难全面有效地保证结构的抗震性能，因此必须强调良好的"概念设计"。

目前地震作用对地基基础影响的研究还不足，因此，地基基础的抗震设计更应重视概念设计。

如前所述，场地条件对结构物的震害和结构的地震反映都有很大影响，因此，应考虑场地的选择、处理、地基与上部结构动力的相互作用，以及地基基础类型的选择等都是概念设计的重要方面。

8.2.2 建筑场地类别及场地选择

选择适宜的建筑场地对于建筑物的抗震设计至关重要。

(1)场地类别划分。《建筑抗震设计规范》(GB 50011—2010)中采用以等效剪切波速和覆盖层厚度双指标分类方法来确定场地类别，具体划分见表8.1。

表 8.1 各类建筑场地的覆盖层厚度　　　　　　　　　　　　　　　　m

岩石的剪切波速或土的等效剪切波速/(m·s^{-1})	场地类别				
	I$_0$	I$_1$	II	III	IV
$v_s>800$	0				
$800 \geqslant v_s>500$		0			
$500 \geqslant v_{se}>250$		<5	$\geqslant 5$		
$250 \geqslant v_{se}>150$		<3	3～50	>50	
$v_{se} \leqslant 150$		<3	3～15	15～80	>80

注：表中 v_s 是岩石的剪切波速。

场地覆盖层厚度的确定方法为：

①一般情况下，按地面至剪切波速大于 500 m/s 且其下卧各层岩土的剪切波速均不小于 500 m/s 的土层顶面的距离确定。

②当地面 5 m 以下存在剪切波速大于相邻上层土剪切波速 2.5 倍的土层，且该层及其下卧岩土层的剪切波速均不小于 400 m/s 时，可按地面至该土层顶面的距离确定。

③剪切波速大于 500 m/s 的孤石、透镜体视同周围土层。

④土层中的火山岩硬夹层当作刚体看待，其厚度应从覆盖土层中扣除。

对土层剪切波速的测量，在大面积的初勘阶段，测量的钻孔应为控制性钻孔的 1/3～1/5，且不少于 3 个。在详勘阶段，单幢建筑不宜少于 2 个，密集的高层建筑群每幢建筑不少于 1 个。对于丁类建筑及层数不超过 10 层且高度不超过 24 m 的丙类建筑，当无实测剪切波速时，可根据岩土名称和性状，按表 8.2 划分土的类型，再利用当地经验在表 8.2 的剪切波速范围内估计各土层剪切波速。

表 8.2 土的类型划分和剪切波速范围

土的类型	岩土名称和性状	土层剪切波速范围 /m·s
岩石	坚硬、较硬且完整的岩石	$v_s>800$
坚硬土或软质岩石	破碎和较破碎的岩石或软和较软的岩石，密实的碎石土	$800 \geqslant v_s>500$
中硬土	中密、稍密的碎石土，密实、中密的砾、粗、中砂，$f_{ak}>150$ 的黏性土和粉土，坚硬黄土	$500 \geqslant v_s>250$
中软土	稍密的砾、粗、中砂，除松散外的细、粉砂，$f_{ak} \leqslant 150$ 的黏性土和粉土，$f_{ak}>130$ 的填土，可塑新黄土	$250 \geqslant v_s>150$
软弱土	淤泥和淤泥质土，松散的砂，新近沉积的黏性土和粉土，$f_{ak} \leqslant 130$ 的填土，流塑黄土	$v_s \leqslant 150$

注：f_{ak} 为由载荷试验等方法得到的地基承载力特征值(kPa)；v_s 为岩土剪切波速。

场地土层的等效剪切波速，应按下列公式计算：

$$v_{se}=d_0/t \tag{8-1}$$

$$t=\sum_{i=1}^{n}(d_i/v_{si}) \tag{8-2}$$

式中 v_{se}——土层等效剪切波速(m/s);

d_0——计算深度(m),取覆盖层厚度和 20 m 两者的较小值;

t——剪切波在地面至计算深度之间的传播时间(s);

d_i——计算深度范围内第 i 土层的厚度(m);

v_{si}——计算深度范围内第 i 土层的剪切波速(m/s);

n——计算深度范围内土层的分层数。

【例 8-1】 已知某建筑场地的地质钻探资料见表 8.3,试确定该建筑场地的类别。

表 8.3 场地的地质钻探资料

土层名称	层底深度/m	土层厚度/m	土层剪切波速/(m·s^{-1})
砂	9.5	9.5	170
淤泥质黏土	37.8	28.3	135
砂	48.6	10.8	240
淤泥质粉质黏土	60.1	11.5	200
细砂	68.0	7.9	330
砾石夹砂	86.5	18.5	550

解:①确定地面下 20 m 范围内土的类型。剪切波从地表到 20 m 深度范围内的传播时间:

$$t=\sum_{i=1}^{n}(d_i/v_{si})=9.5/170+10.5/135=0.134(s)$$

等效剪切波速

$$v_{se}=d_0/t=20/0.134=149.3(m/s)$$

查表 8.2 等效剪切波速:v_{se}<150 m/s,故表层土属于软弱土。

②确定覆盖层厚度。由表 8.3 可知 68 m 以下的土层为砾石夹砂,土层剪切波速大于 500 m/s,覆盖层厚度应定为 68 m。

③确定建筑场地的类别。根据表层土的等效剪切波速 v_{se}<150 m/s 和覆盖土层厚度大于 50 m 两个条件,查表 8.1 则该建筑场地的类别属Ⅲ类。

(2)场地选择。通常,场地的工程地质条件不同,建筑物在地震中的破坏程度也明显不同。因此,在工程建设中适当选取建筑场地,将大大减轻地震灾害。另外,由于建设用地受到地震以外众多因素的限制,除了极不利和有严重危险性的场地以外,往往是不能排除其作为建筑场地的。故很有必要按照场地、地基对建筑物所受地震破坏作用的强弱和特征采取抗震措施,这也是地震区场地分类与选择的目的。

研究表明,影响建筑震害和地震动参数的场地因素很多。其中,包括局部地形、地质构造、地基土质等,影响的方式也各不相同。一般认为,对抗震有利的地段是指地震时地面无残余变形的坚硬土或开阔平坦密实均匀的中硬土范围或地区；而不利地段为可能产生明显的地基变形或失效的某一范围或地区；危险地段指可能发生严重的地面残余变形的某一范围或地区。因此，《建筑抗震设计规范》(GB 50011—2010)中将场地划分为有利、不利和危险地段的具体标准，见表8.4。

表8.4 有场地的划分

地段类别	地质、地形、地貌
有利地段	稳定基岩，坚硬土，开阔、平坦、密实、均匀的中硬土等
一般地段	不属于有利、不利和危险的地段
不利地段	软弱土，液化土，条状突出的山嘴，高耸孤立的山丘，陡坡，陡坎，河岸和边坡的边缘，平面分布上成因、岩性、状态明显不均匀的土层(含故河道、疏松的断层破碎带、暗埋的塘浜沟谷和半填半挖地基)，高含水量的可塑黄土，地表存在结构性裂缝等
危险地段	地震时可能发生滑坡、崩塌、地陷、地裂、泥石流等及发震断裂带上可能发生地表位错的部位

在选择建筑场地时，应根据工程需要，掌握地震活动情况和有关工程地质资料，作出综合评价，避开不利的地段，当无法避开时，应采取有效的抗震措施；对于危险地段，严禁建造甲、乙类建筑，不应建造丙类建筑。对于山区建筑的地基基础，应注意设置符合抗震要求的边坡工程，并避开土质边坡和强风化岩石边坡的边缘。

建筑场地为Ⅰ类时，对甲、乙类建筑允许按本地区抗震设防烈度的要求采取抗震构造措施；丙类建筑允许按本地区抗震设防烈度降低一度的要求采取抗震构造措施，但抗震设防烈度为6度时应按本地区抗震设防烈度的要求采取抗震构造措施。建筑场地为Ⅲ、Ⅳ类时，对设计基本地震加速度为0.15g和0.30g的地区，除另有规定外，宜分别按抗震设防烈度8度(0.20g)和9度(0.40g)时各类建筑的要求采取抗震构造措施。另外，抗震设防烈度为10度地区或行业有特殊要求的建筑抗震设计，应按有关专门规定执行。

关于局部地形条件的影响，岩质地形与非岩质地形有所不同。大量宏观调查表明，非岩质地形对烈度的影响比岩质地形的影响更为明显。因此，对于岩石地基的陡坡、陡坎等，相关规范未将其列为不利地段。但对于岩石地基中高度达数10 m的条状突出的山脊和高耸孤立的山丘，由于鞭梢效应明显，振动有所加大，烈度仍有增高的趋势。所谓局部突出地形主要是指山包、山梁和悬崖、陡坎等，情况比较复杂。从宏观震害经验和地震反应分析结果所反映的总趋势，大致可以归纳为以下几点：

①高突地形距基准面的高度越大，高处的反应越强烈。
②与陡坎和边坡顶部边缘的距离加大，反应逐步减小。
③从岩土构成方面看，在同样的地形条件下，土质结构的反应比岩质结构大。
④高突地形顶面越开阔，远离边缘的中心部位的反应明显减小。
⑤边坡越陡，其顶部的放大效应越明显。

当场地中存在发震断裂时，尚应对断裂的工程影响作出评价。《建筑抗震设计规范》(GB 50011—2010)在对发震断裂的评价和处理上提出以下要求：

①对符合下列规定之一者，可忽略发震断裂错动对地面建筑的影响：抗震设防烈度小

于 8 度；非全新活动断裂；抗震设防烈度为 8 度和 9 度时，隐伏断裂的土层覆盖厚度分别大于 60 m 和 90 m。

②对不符合上述规定者，应避开主断裂带，其避让距离应满足表 8.5 的规定。

进行场地选择时还应考虑建筑物自振周期与场地卓越周期的相互关系，原则上应尽量避免两种周期过于接近，以防共振，尤其要避免将自振周期较长的柔性建筑置于松软深厚的地基土层上。若无法避免，例如，我国上海、天津等沿海城市地基软弱土层深厚，又需兴建大量高层和超高层建筑，此时宜提高上部结构整体刚度和选用抗震性能较好的基础类型，如箱形基础或桩箱基础等。

表 8.5 发震断裂的最小避让距离   m

烈度	建筑抗震设防类别			
	甲	乙	丙	丁
8	专门研究	200 m	100 m	—
9	专门研究	400 m	200 m	—

(3)地基基础方案选择。地基在地震作用下的稳定性对基础和上部结构内力分布的影响十分明显。因此，确保地震时地基基础不发生过大变形和不均匀沉降是地基基础抗震设计的基本要求。地基基础的抗震设计应通过选择合理的基础体系和抗震验算来保证其抗震能力。对地基基础抗震设计的基本要求如下：

①同一结构单元不宜设置在性质截然不同的地基土层上，尤其不要放在半挖半填的地基上。

②同一结构单元不宜部分采用天然地基而另外部分采用桩基。

③地基有软弱黏性土、液化土、新近填土或严重不均匀土时，应估计地震时地基的不均匀沉降或其他不利影响，并采取相应措施。

一般在进行地基基础的抗震设计时，应根据具体情况，选择对抗震有利的基础类型，并在抗震验算时尽量考虑结构、基础和地基的相互作用影响，使之能反映地基基础在不同阶段的工作状态。在决定基础的类型和埋深时，还应考虑下列工程经验：

①同一结构单元的基础不宜采用不同的基础埋深。

②深基础通常比浅基础有利，因其可减少来自基底的振动能量输入。土中水平地震加速度一般在地表下 5 m 以内减少很多，四周土对基础振动能起阻抗作用，有利于将更多的振动能量耗散到周同土层中。

③纵横内墙较密的地下室、箱形基础和筏形基础的抗震性能较好。对软弱地基，宜优先考虑设置全地下室，采用箱形基础或筏形基础。

④地基较好、建筑物层数不多时，可采用单独基础，但最好用地基梁连成整体，或采用交叉条形基础。

⑤实践证明，桩基础和沉井基础的抗震性能较好，并可穿透液化土层或软弱土层，将建筑物荷载直接传到下部稳定土层中，是防止地基液化或严重震陷而造成震害的有效方法。但要求桩尖和沉井底面埋入稳定土层不应小于 1～2 m，并进行必要的抗震验算。

⑥桩基宜采用低承台，可发挥承台周围土体的阻抗作用。

8.2.3 地基承载力验算

(1)天然地基承载力验算。地基和基础的抗震验算,一般采用"拟静力法"。其假定地震作用如同静力,然后在该条件下验算地基和基础的承载力和稳定性。承载力的验算方法与静力状态下的验算方法相似,即计算的基底压力应不超过调整后的地基抗震承载力。因此,当需要验算天然地基承载力时,应采用地震作用效应标准组合并符合《建筑抗震设计规范》(GB 50011—2010)的规定。基础底面平均压力和边缘最大压力应符合下列各式要求:

$$p \leqslant f_{aE} \tag{8-3}$$

$$p_{max} \leqslant 1.2 f_{aE} \tag{8-4}$$

式中 p——地震作用效应标准组合的基础底面平均压力(kPa);
p_{max}——地震作用效应标准组合的基础底面边缘最大压力(kPa);
f_{aE}——调整后的地基抗震承载力,按式(8-5)计算(kPa)。

高宽比大于 4 的高层建筑,在地震作用下基础底面不宜出现拉应力;其他建筑的基础底面与地基之间的零应力区面积不应超过基础底面面积的 15%。

目前,大多数国家的抗震规范在验算地基土的抗震强度时,抗震承载力都采用在静承载力的基础上乘以一个系数的方法加以调整。考虑调整的出发点:

①地震是偶发事件,是特殊荷载,因而,地基的可靠度容许有一定程度的降低。
②地震是有限次数不等幅的随机荷载,其等效循环荷载不超过十几到几十次,而多数土在有限次数的动载下强度较静载下稍高。

基于上述两个方面原因,《建筑抗震设计规范》(GB 50011—2010)采用抗震极限承载力与静力极限承载力的比值作为地基土的承载力调整系数,其值也可近似通过动静强度之比求得。因此,在进行天然地基的抗震验算时,地基的抗震承载力应按下式计算:

$$f_{aE} = \zeta_a f_a \tag{8-5}$$

式中 ζ_a——地基抗震承载力调整系数,按表 8.6 采用;
f_a——深宽修正后的地基承载力特征值(kPa),应按现行国家标准《建筑地基基础设计规范》(GB 50007—2011)采用。

表 8.6 地基抗震承载力调整系数

岩土名称和性状	ζ_a
岩石,密实的碎石土,密实的砾、粗、中砂,$f_{ak} \geqslant 300$ 的黏性土和粉土	1.5
中密、稍密的碎石土,中密和稍密的砾、粗、中砂,密实和中密的细、粉砂,150 kPa$\leqslant f_{ak} <$ 300 kPa 的黏性土和粉土,坚硬黄土	1.3
稍密的细、粉砂,100 kPa$\leqslant f_{ak} <$150 kPa 的黏性土和粉土,可塑黄土	1.1
淤泥,淤泥质土,松散的砂,杂填土,新近堆积黄土及流塑黄土	1.0
注:表中 f_{ak} 指未经深度修正的地基承载力特征值。	

对我国多次强地震中遭受破坏建筑的调查表明,只有少数房屋是由于地基的原因而导

致上部结构破坏的。而这类地基大多数是液化地基、易产生震陷的软土地基和严重不均匀的地基。一般地基均具有较好的抗震性能,极少发现因地基承载力不够而产生震害。因此,通常对于量大面广的一般地基和基础可不做抗震验算,而对于容易产生地基基础震害的液化地基、软土地基和严重不均匀地基,则应采用相应的抗震措施,以避免或减轻震害。

《建筑抗震设计规范》(GB 50011—2010)规定,地基主要受力范围内不存在软弱黏性土层的下列建筑可不进行天然地基及基础的抗震承载力验算:规范规定可不进行上部结构抗震验算的建筑;一般的单层厂房和单层空旷房屋;砌体房屋;不超过 8 层且高度在 25 m 以下的一般民用框架房屋;基础荷载与前相当的多层框架厂房和多层混凝土抗震墙房屋。软弱黏性土层指 7 度、8 度和 9 度时,地基承载力特征值分别小于 80 kPa、100 kPa、和 120 kPa 的土层。

【例 8-2】 某建筑物的室内基础,如图 8.1 所示,考虑地震作用组合,其内力标准组合值在室内地坪(±0.000)处为:$F=820$ kN,$M=600$ kN·m,$V=90$ kN,基底尺寸 $b \times l = 3.0 \text{m} \times 3.2$ m,基础埋深 $d=2.2$ m,G 为基础自重和基础上的土重标准值,G 的平均重度 $\gamma=20$ kN/m³;建筑场地均是红黏土,其重度 $\gamma_0 = 18$ kN/m³。含水比 $a_w > 0.8$,承载力特征值 $f_{ak}=160$ kPa。要求根据《建筑抗震设计规范》(GB 50011—2010)和《建筑地基基础设计规范》(GB 50007—2011)要求复核地基抗震承载力。

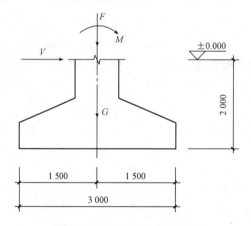

图 8.1 某建筑物的室内基础

【解】

① 基础底面的压力值。基础自重和基础上土重标准值 G

$$G=3.2 \times 3.0 \times 2.2 \times 20=422.4 \text{(kN)}$$
$$N=F+N=820+422.4=1\,242.4 \text{(kN)}$$

作用于基础底面的弯矩值 M

$$M=600+90 \times 2.2=798 \text{(kN·m)}$$

偏心距

$$e=\frac{M}{N}=\frac{798}{1\,242.4}=0.642 \text{(m)} > \frac{b}{6}=\frac{3.0}{6}=0.5 \text{(m)}$$
$$a=0.5b-e=0.5 \times 0.3-0.642=-0.492 \text{(m)}$$

$$p_k = \frac{F+G}{A} = \frac{1\ 242.4}{3.0\ \text{m} \times 3.2} = 129.4 (\text{kN/m}^2)$$

$$p_{\max} = \frac{2(F+G)}{3la} = \frac{2 \times 1\ 242.4}{3 \times 3.2 \times 0.857} = 302 (\text{kN/m}^2)$$

②地基承载力设计值。根据含水比 $a_w > 0.8$,红黏土的地基承载力修正系数 $\eta_b = 1.0$,$\eta_d = 1.2$,则修正后的地基承载力特征值为:

$$f_a = f_{ak} + \eta_d \gamma_m (d-0.5) = 160 + 1.2 \times 18 \times (2.2-0.5) = 196.7 (\text{kN/m}^2)$$

根据表 8.6,150 kPa $\leqslant f_{ak} <$ 300 kPa 的黏性土的地基土抗震承载力调整系数 $\zeta_a = 1.3$。

由式(8-5)得地基抗震承载力特征值

$$f_{aE} = \zeta_a f_a = 1.3 \times 196.7 = 255.7 (\text{kN/m}^2)$$

③地基土抗震承载力验算。由式 8-3 和 8-4 知验算要求

则
$$p = 129.4\ \text{kN/m}^2 \leqslant f_{aE} = 255.7\ \text{kN/m}^2$$

$$p_{\max} = 302\ \text{kN/m}^2 \leqslant 1.2 f_{aE} = 1.2 \times 255.7 = 306.8 (\text{kN/m}^2)$$

满足要求。

基础底面与地基土之间零应力区的长度为

$$b - 3a = 3.0 - 3 \times 0.857 = 0.429 (\text{m}) < 15\% \times b = 0.15 \times 3 = 0.45 (\text{m})$$

满足《建筑抗震设计规范》(GB 50011—2010)的规定。

(2)桩基础验算。桩基础的抗震性能普遍优于其他类型基础,但桩端直接支承于液化土层和桩侧有较大地面堆载者除外。另外,当桩承受有较大水平荷载时仍会遭受较大的地震破坏作用。《建筑抗震设计规范》(GB 50011—2010)中关于桩基础的抗震验算和构造的有关规定如下:

①桩基可不进行承载力验算的范围。对于承受竖向荷载为主的低承台桩基,当地面下无液化土层,且桩承台周围无淤泥、淤泥质土和地基土承载力特征值不大于 100 kPa 的填土时,下列建筑可不进行桩基的抗震承载力验算:

在抗震设防烈度为 7 度和 8 度时,一般的单层厂房和单层空旷房屋、不超过 8 层且高度在 25 m 以下的一般民用框架房屋、基础荷载与前相当的多层框架厂房和多层混凝土抗震墙房屋以及规范规定可不进行上部结构抗震验算的建筑。

②非液化土中低承台桩基的抗震验算。对单桩的竖向和水平向抗震承载力特征值,均可比非抗震设计时提高 25%。考虑到一定条件下承台周围回填土有明显分担地震荷载的作用,故规定当承台周围回填土夯实至密度不小于《建筑地基基础设计规范》(GB 50007—2011)对填土的要求时,可由承台正面填土与桩共同承担水平地震作用;但不应计入承台底面与地基土间的摩擦力。

③存在液化土层时的低承台桩基抗震验算。存在液化土层时的低承台桩基,其抗震验算应符合下列规定:

对埋置较浅的桩基础,不宜计入承台周围土的抗力或刚性地坪对水平地震作用的分担作用;当承台底面上、下分别有厚度不小于 1.5 m、1.0 m 的非液化土层或非软弱土层时,可按下列两种情况进行桩的抗震验算,并按不利情况设计。

桩承受全部地震作用,桩的承载力比非抗震设计时提高 25%,液化土的桩周摩阻力及桩的水平抗力均乘以表 8.7 所列的折减系数。

表 8.7　土层液化影响折减系数

实际标贯锤击数/临界标贯锤击数	深度 d_s/m	折减系数
≤0.6	$d_s≤10$	0
	$10<d_s≤20$	1/3
>0.6～0.8	$d_s≤10$	1/3
	$10<d_s≤20$	2/3
>0.8～1.0	$d_s≤10$	2/3
	$10<d_s≤20$	1

地震作用按水平地震影响系数最大值的 10% 采用，桩承载力仍按非液化土中的桩基确定，但应扣除液化土层的全部摩阻力及桩承台下 2m 深度范围内非液化土的桩周摩阻力。

对于打入式预制桩和其他挤土桩，当平均桩距为 2.5～4 倍桩径且桩数不少于 5×5 时，可计入打桩对土的加密作用及桩身对液化土变形限制的有利影响。当打桩后桩间土的标准贯入锤击数值达到不液化的要求时，单桩承载力可不折减，但对桩尖持力层作强度校核时，桩群外侧的应力扩散角应取为零。打桩后桩间土的标准贯入击数宜由试验确定，也可按下式计算：

$$N_1 = N_P + 100\rho(1-e^{-0.3N_P}) \tag{8-6}$$

式中　N_1——打桩后的标准贯入锤击数；

　　　ρ——打入式预制桩的面积置换率；

　　　N_p——打桩前的标准贯入锤击数。

上述液化土中桩的抗震验算原则和方法主要考虑了以下几种情况：

①不计承台旁土抗力或地坪的分担作用偏于安全，也就是将其作为安全储备，因目前对液化土中桩的地震作用与土中液化进程的关系尚未弄清。

②根据地震反应分析与振动台试验，地面加速度最大的时刻出现在液化土的孔压比小于 1（常为 0.5～0.6）时，此时土尚未充分液化，只是刚度比未液化时下降很多，故可仅对液化土的刚度作折减。

③液化土中孔隙水压力的消散往往需要较长的时间。地震后土中孔压不会很快消散完毕，往往于震后才出现喷砂冒水，这一过程通常持续几小时甚至一两天，其间常有沿桩与基础四周排水的现象，这说明此时桩身摩阻力已大减，从而出现竖向承载力不足和缓慢地沉降，因此，应按静力荷载组合校核桩身的强度与承载力。

④构造要求。桩基理论分析表明，地震作用下桩基在软、硬土层交界面处最易受到剪、弯损害。在采用的桩身内力计算方法中却无法反映，目前，除考虑桩土相互作用的地震反应分析可以较好地反映桩身受力情况外，还没有简便实用的计算方法保证桩在地震作用下的安全，因此，必须采取有效的构造措施。

故液化土和震陷软土中的桩，应自桩顶至液化深度以下符合全部消除液化沉陷所要求的深度范围内配置钢筋，且纵向钢筋应与桩顶部位相同，箍筋应加粗和加密。

处于液化土中的桩基承台周围，宜用非液化土填筑夯实。若用砂土或粉土则应使土层的标准贯入锤击数不小于规定的液化判别标准贯入锤击数的临界值。

【例 8-3】 某预制方桩，桩截面尺寸为 350 mm×350 mm，桩长 16.5 m，桩顶离地面，桩承台底面离地面 −1.5 m，桩顶 0.5 m 嵌入桩承台，地下水位于地表下 −3.0 m，8 度地震区。土层分布从上向下为：0～−0.5 m 为黏土，$q_{isk}=-30$ kPa；−5～−15 m 为粉土，$q_{isk}=20$ kPa，黏粒含量 2.5%；−15～−30 m 为密砂，$q_{isk}=50$ kPa，$q_{ps}=-3\,500$ kPa。当地表下 −10.0 m 处实际标准贯入锤击数为 7 击，临界标准贯入锤击数为 10 击时，按桩承受全部地震作用，求单桩竖向抗震承载力特征值。

【解】 根据表 8.7，实际标准贯入锤击数/临界标准贯入锤击数 $\lambda_N=7/10=0.7$

地表下 5～10 m 为粉土，折减系数曲 $\varphi=1/3$

地表下 10～15 m 为粉土，折减系数曲 $\varphi=2/3$

单桩竖向极限承载力特征值为：

$$R_a=4\times0.35(3\times30+1/3\times5\times20+2/3\times5\times20+3\times50)+0.35^2\times3\,500$$
$$=1.4\times(90+33.33+66.67+150)+428.75$$
$$=904.75(\text{kN})$$

桩的竖向抗震承载力特征值，可比非抗震设计时提高 25%

$$R_{aE}=1.25\times904.75=1\,131(\text{kN})$$

8.2.4 液化判别及抗震措施

历次地震灾害调查表明，在地基失效破坏中由砂土液化造成的结构破坏在数量上占有很大的比例，因此，有关砂土液化的规定在各国抗震规范中均有所体现。处理与液化有关的地基失效问题一般是从判别液化可能性和危害程度以及采取抗震对策两个方面来加以解决。

液化判别和处理的一般原则是：对饱和砂土和饱和粉土（不含黄土）地基的液化判别和地基处理，6 度时，一般情况下可不进行判别和处理，7～9 度时，乙类建筑可按本地区抗震设防烈度的要求进行判别和处理；地面下存在饱和砂土和粉土时，除 6 度外，应进行液化判别，存在液化土层的地基，应根据建筑的抗震设防类别、地基的液化等级，结合具体情况采取相应的措施。

(1)液化判别和危险性估计方法。对于一般工程项目，砂土或粉土液化判别及危害程度估计可按以下步骤进行，如图 8.2 所示。

①初判。以地质年代、黏粒含量、地下水位及上覆非液化土层厚度等作为判断条件，具体规定如下：地质年代为第四纪晚更新世（Q_3）及以前的土层，7 度、8 度时可判为不液化；粉土的黏粒（粒径小于 0.005 mm 的颗粒）含量百分率，在 7 度、8 度和 9 度时分别大于 10、13 和 16 的土层可判为不液化；采用浅埋天然地基的建筑，当上覆非液化土层厚度和地下水位深度符合下列条件之一时，可不考虑液化影响：

$$d_u>d_0+d_b-2 \tag{8-7}$$

$$d_w>d_0+d_b-3 \tag{8-8}$$

$$d_u+d_w>1.5d_0+2d_b-4.5 \tag{8-9}$$

式中 d_w——地下水位深度（m），宜按设计基准期内年平均最高水位采用，也可按近期内年最高水位采用；

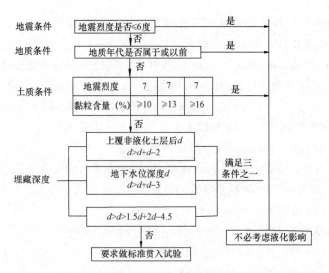

图 8.2 液化判别步骤

d_u——上覆盖非液化土层厚度(m)，计算时宜将淤泥和淤泥质土层扣除；
d_b——基础埋置深度(m)，不超过 2 m 时应采用 2 m；
d_0——液化土特征深度(m)，可按表 8.8 采用。

表 8.8 液化土特征深度 m

饱和土类别	7 度	8 度	9 度
粉土	6	7	8
砂土	7	8	9

注：当区域的地下水位处于变动状态时，应按不利的情况考虑。

②细判。当饱和砂土、粉土的初步判别认为需进一步进行液化判别时，应采用标准贯入试验判别法判别地面下 20 m 范围内土的液化；但对《建筑抗震设计规范》(GB 50011—2010)的规定可不进行天然地基及基础的抗震承载力验算的各类建筑，可只判别地面下 15 m 范围内土的液化。当饱和土标准贯入锤击数(未经杆长修正)小于或等于液化判别标准贯入锤击数临界值时，应判为液化土。当有成熟经验时，尚可采用其他判别方法。

在地面以下 20 m 深度范围内，液化判别标准贯击数临界值可按下式计算：

$$N_{cr} = N_0 \beta [\ln(0.6 d_s + 1.5) - 0.1 d_w] \sqrt{3/\rho_c} \quad (8\text{-}10)$$

式中 N_{cr}——液化判别标准贯入锤击数临界值；
N_0——液化判别标准贯入锤击数基准值，可按表 8.9 采用；
d_s——饱和土标准贯入点深度(m)；
d_w——地下水位(m)；
ρ_c——黏粒含量百分率，当小于 3 或为砂土时，应采用 3；
β——调整系数，设计地震第一组取 0.80，第二组取 0.95，第三组取 1.05。

表 8.9 液化判别标准贯入锤击数基准值 N_0

设计基本地震加速度	0.10 g	0.15 g	0.20 g	0.30 g	0.40 g
液化判别标准贯入锤击数基准值	7	10	12	16	19

对存在液化砂土层、粉土层的地基，应探明各液化土层的深度和厚度，按下式计算每个钻孔的液化指数，并按表 8.10 综合划分地基的液化等级：

$$I_{lE} = \sum_{i=1}^{n}[1 - N_i/N_{cri}]d_i W_i \tag{8-11}$$

式中 I_{lE}——液化指数；

n——在判别深度范围内每一个钻孔标准贯入试验点的总数；

N_i、N_{cri}——分别为 i 点标准贯入锤击数的实测值和临界值，当实测值大于临界值时应取临界值；当只需要判别 15 m 范围以内的液化时，15 m 以下的实测值可按临界值采用；

d_i——i 点所代表的土层厚度(m)，可采用与该标准贯入试验点相邻的上、下两标准贯入试验点深度差的一半，但上界不高于地下水位深度，下界不深于液化深度；

W_i——i 土层单位土层厚度的层位影响权函数值(单位为 m^{-1})。当该层中点深度不大于 5 m 时应采用 10，等于 20 m 时应采用零值，5～20 m 时应按线性内插法取值。

表 8.10 液化等级与液化指数的对应关系

液化等级	轻微	中等	严重
液化指数 I_{lE}	$0 < I_{lE} \leqslant 6$	$6 < I_{lE} \leqslant 18$	$I_{lE} > 18$

【例 8-4】 某场地的土层分布及各土层中点处标准贯入击数，如图 8.3 所示。该地区抗震设防烈度为 8 度，由《建筑抗震设计规范》(GB 50011—2010)查得的设计地震分组组别为第一组。基础埋深按 2.0 m 考虑。请按《建筑抗震设计规范》(GB 50011—2010)判别该场地土层的液化可能性以及场地的液化等级。

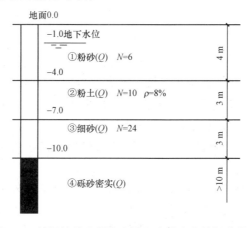

图 8.3 某场地的土层分布及各土层中点处标准贯入

【解】 ①初判。根据地质年代，土层④可判为不液化土层，其他土层根据式(8-7)～式(8-9)进行判别如下：

由图可知 $d_w=1.0$ m，$d_s=2.0$ m。

对土层①，$d_u=0$，由表8-8查得 $d_0=8.0$ m，计算结果表明不能满足上述三个公式的要求，故不能排除液化可能性。

对土层②，$d_u=0$，由表8-8查得 $d_0=7.0$ m，计算结果不能排除液化可能性。

对土层③，$d_u=0$，由表8-8查得 $d_0=8.0$ m，与土层①相同，不能排除液化可能性。

②细判。对土层①，$d_w=1.0$ m，$d_s=2.0$ m，因土层为砂土，取 $\rho_c=3$，另由表8.9查得 $N_0=10$，故由公式(8-10)算得标贯击数临界值 N_{cr} 为：

$$N_{cr}=N_0\beta[\ln(0.6d_s+1.5)-0.1d_w]\sqrt{3/\rho_c}$$
$$=10\times 0.8\times[\ln(0.6\times 2+1.5)-0.1\times 1]\times\sqrt{3/3}$$
$$=7.12(m)$$

因 $N=6<N_{cr}$，故土层①判为液化土。

对土层②，$d_w=1.0$ m，$d_s=2.0$ m，$\rho_c=3$，$\rho_c=3$，由公式(8-10)算得 N_{cr} 为

$$N_{cr}=N_0\beta[\ln(0.6d_s+1.5)-0.1d_w]\sqrt{3/\rho_c}$$
$$=10\times 0.8\times[\ln(0.6\times 5.5+1.5)-0.1\times 1]\times\sqrt{3/8}$$
$$=7.69(m)$$

因 $N=10>N_{cr}$，故土层②判为不液化土。

对土层③，$d_w=1.0$ m，$d_s=8.5$ m，$N_0=10$，因土层为砂土，取 $\rho_c=3$，由公式(8-10)算得 N_{cr} 为：

$$N_{cr}=N_0\beta[\ln(0.6d_s+1.5)-0.1d_w]\sqrt{3/\rho_c}$$
$$=10\times 0.8\times[\ln(0.6\times 8.5+1.5)-0.1\times 1]\times\sqrt{3/3}$$
$$=14.32(m)$$

因 $N=24>N_{cr}$，故土层③判为不液化土。

③场地的液化等级。由上面已经得出只有土层①为液化土，该土层中标贯点的代表厚度应取为该土层的水下部分厚度，即 $d=3.0$ m，按式(8-11)的说明，取 $W=10$。代入式(8-11)，有：

$$I_{lE}=\sum_{i=1}^{n}[1-N_i/N_{cri}]d_iW_i$$
$$=(1-6/7.15)\times 3\times 10=4.83$$

查表8.10得，该场地的地基液化等级为轻微。

(2)地基的抗液化措施及选择。液化是地震造成地基失效的主要原因，应减轻这种危害，并应根据地基液化等级和结构特点选择相应措施。目前，常用的抗液化工程措施都是在总结大量震害经验的基础上提出的。即综合考虑建筑物的重要性和地基液化等级，再根据具体情况确定。

理论分析与振动台试验均已证明液化的主要危害来自基础外侧，液化土层范围内位于基础正下方的部位其实最难液化。由于最先液化区域对基础正下方未液化部分产生影响，使之失去侧边土压力支持并逐步被液化，此种现象称为液化侧向扩展。已有的工程实践表

明,将轻微和中等液化等级的土层作为持力层在一定条件下是可行的。但工程中应经过严密的论证,必要时应采取有效的工程措施予以控制。另外,在采用振冲桩或挤密碎石桩加固后桩间土的实测标贯值仍低于相应临界值时,不宜简单地判为液化。许多文献或工程实践均已指出振冲桩和挤密碎石桩有挤密、排水和增大地基刚度等多重作用,而实测的桩间土标贯值不能反映排水作用和地基土的整体刚度。因此,规范要求加固后的桩间土的标贯值不宜小于临界标贯值。《建筑抗震设计规范》(GB 50011—2010)对于地基抗液化措施及其选择具体规定如下:

①当液化土层较平坦且均匀时,宜按表8.11选用地基抗液化措施;尚可计入上部结构重力荷载对液化危害的影响,根据对液化震陷量的估计适当调整抗液化措施。不宜将未处理的液化土层作为天然地基持力层。

表8.11　抗液化措施

建筑抗震设防类别	地基的液化等级		
	轻微	中等	严重
乙类	部分消除液化沉陷,或对基础和上部结构处理	全部消除液化沉陷,或部分消除液化沉陷且对基础和上部结构处理	全部消除液化沉陷
丙类	基础和上部结构处理,亦可不采取措施	基础和上部结构处理,或更高要求的措施	全部消除液化沉陷,或部分消除液化沉陷且对基础和上部结构处理
丁类	可不采取措施	可不采取措施	基础和上部结构处理,或其他经济的措施

注:甲类建筑的地基抗液化措施应进行专门研究,但不宜低于乙类的相应要求。

②全部消除地基液化沉陷的措施应符合下列要求:

采用桩基时,桩端伸入液化深度以下稳定土层中的长度(不包括桩尖部分)应按计算确定,且对碎石土、砾、粗、中砂、坚硬黏土和密实粉土尚不应小于0.8 m,对其他非岩石土尚不宜小于1.5 m;采用深基础时,基础底面应埋入液化深度以下的稳定土层中,其深度不应小于0.5 m;采用加密法(如振冲、振动加密、挤密碎石桩、强夯等)加同时,应处理至液化深度下界,振冲或挤密碎石桩加固后,桩间土标贯击数不宜小于前述的液化判别标贯击数的临界值;用非液化土替换全部液化土层,或增加上覆非液化土层的厚度;采用加密法或换土法处理时,在基础边缘以外的处理宽度应超过基础底面以下处理深度的1/2且不小于基础宽度的1/5。

③部分消除地基液化沉陷的措施应符合下列要求:

处理深度应使处理后的地基液化指数减小,其值不宜大于5;大面积筏基、箱基的中心区域,处理后的液化指数可降低1;对独立基础和条形基础尚不应小于基础底面下液化土的特征深度和基础宽度的较大值;采用振冲或挤密碎石桩加固后,桩间土的标准贯入锤击数不宜小于前述液化判别标贯击数的临界值;基础边缘以外的处理宽度应超过基础底面以下处理深度的 1/2，且不小于基础宽度的 1/5。采取减小液化震陷的其他方法，如增厚上覆非液化土层的厚度和改善周边的排水条件等。

④减轻液化影响的基础和上部结构处理，可综合采用下列各项措施：

选择合适的基础埋置深度；调整基础底面积，减少基础偏心；加强基础的整体性和刚度，如采用箱基、筏基或钢筋混凝土交叉条形基础，加设基础圈梁等；减轻荷载，增强上部结构的整体刚度和均匀对称性，合理设置沉降缝，避免采用对不均匀沉降敏感的结构形式等；管道穿过建筑物处应预留足够尺寸或采用柔性接头等。

(3)对于液化侧向扩展产生危害的考虑。为了有效地避免和减轻液化侧向扩展引起的震害，《建筑抗震设计规范》(GB 50011—2010)根据国内外的地震调查资料，提出对于液化等级为中等液化和严重液化的古河道、现代河滨和海滨地段，当存在液化扩展和流滑可能时，在距常时水线(宜按设计基准期内平均最高水位采用，也可按近期最高水位采用)约 100 m 以内不宜修建永久性建筑，否则应进行抗滑验算(对桩基亦同)、采取防土体滑动措施或结构抗裂措施。

①抗滑验算可按下列原则考虑：非液化土覆土层施加于结构的侧压相当于被动土压力，破坏土楔的运动方向是土楔向上滑而楔后土体向下，与被动土压力发生时的运动方向一致；液化层中的侧压相当于竖向总压的 1/3；桩基承受侧压的面积相当于垂直于流动方向桩排的宽度。

②减小地裂对结构影响的措施包括：将建筑的主轴沿平行于河流的方向设置；使建筑的长高比小于 3；采用筏基或箱基，基础板内应根据需要加配抗拉裂钢筋，筏基内的抗弯钢筋可兼作抗拉裂钢筋，抗拉裂钢筋可由中部向基础边缘逐段减少。

地基主要受力层范围内存在软弱黏性土层与湿陷性黄土时，应结合具体情况综合考虑，采用桩基、地基加固处理等措施，也可根据对软土震陷量的估计采取相应措施。

一、简答题

1. 什么是地震？地震按成因如何分类？地震按震源深度如何分类？
2. 震级和烈度的概念是什么？工程设计常用的烈度有哪些？
3. 地基的震害有哪些常见类型？基础的震害有哪些常见类型？
4. 地基液化的原因是什么？全部消除地基液化沉陷的措施有哪些？
5. 对应抗震设防的三水准目标，地基基础的抗震设计包含哪些内容？
6. 地基基础的抗震概念性设计包含哪些内容？
7. 如何确定建筑场地的类别？不同类别的建筑场地抗震设防要求如何？

二、计算题：

某厂房的柱独立基础埋深 3 m，基础底面为边长 4 m 的正方形。现已测得基底主要受力层的地基承载力特征值为 $f_{ak}=190$ kPa，地基土的其余参数如图 8.4 所示。考虑地震作用效应标准组合时计算得基底形心荷载为：$N=4\,850$ kN，$M=920$ kN·m(单向偏心)。试按《建筑抗震设计规范》(GB 50011—2010)验算地基的抗震承载力。

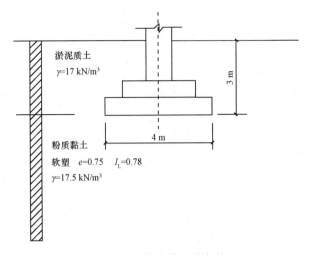

图 8.4 地基土的其余参数

附录1 矩形面积上均布荷载作用下角点附加应力系数 α

a/b z/b	1	1.2	1.4	1.6	1.8	2	3	4	5	6	10	条形
0	0.25	0.25	0.25	0.25	0.25	0.25	0.25	0.25	0.25	0.25	0.25	0.25
0.2	0.249	0.249	0.249	0.249	0.249	0.249	0.249	0.249	0.249	0.249	0.249	0.249
0.4	0.24	0.242	0.243	0.243	0.244	0.244	0.244	0.244	0.244	0.244	0.244	0.244
0.6	0.223	0.228	0.23	0.232	0.232	0.233	0.234	0.234	0.234	0.234	0.234	0.234
0.8	0.2	0.207	0.212	0.215	0.216	0.218	0.22	0.22	0.22	0.22	0.22	0.22
1	0.175	0.185	0.191	0.195	0.198	0.2	0.203	0.204	0.204	0.204	0.205	0.205
1.2	0.152	0.163	0.171	0.176	0.179	0.182	0.187	0.188	0.189	0.189	0.19	1.189
1.4	0.131	0.142	0.151	0.157	0.161	0.164	0.171	0.173	0.174	0.174	0.174	0.174
1.6	0.112	0.124	0.133	0.14	0.145	0.148	0.157	0.159	0.16	0.16	0.16	0.16
1.8	0.097	0.108	0.117	0.124	0.129	0.133	0.143	0.146	0.147	0.148	0.148	0.148
2	0.084	0.095	0.103	0.11	0.116	0.12	0.131	0.135	0.136	0.137	0.137	0.137
2.2	0.073	0.083	0.092	0.098	0.104	0.108	0.121	0.125	0.126	0.127	0.128	0.128
2.4	0.064	0.073	0.081	0.088	0.093	0.098	0.111	0.116	0,118	0.118	0.119	0.119
2.6	0.057	0.065	0.072	0.079	0.084	0.089	0.102	0.107	0.11	0.111	0.112	0.112
2.8	0.050	0.058	0.065	0.071	0.076	0.08	0.094	0.1	0.1	0.104	0.105	0.105
3.0	0.045	0.052	0.058	0.064	0.069	0.073	0.087	0.093	0.096	0.097	0.099	0.099
3.2	0.04	0.047	0.053	0.058	0.064	0.067	0.081	0.087	0.09	0.092	0.093	0.094
3.4	0.036	0.042	0.048	0.053	0.057	0.061	0.075	0.081	0.085	0.086	0.088	0.089
3.6	0.033	0.038	0.043	0.048	0.052	0.056	0.069	0.071	0.08	0.082	0.084	0.084
3.8	0.03	0.032	0.04	0.044	0.048	0.052	0.065	0.072	0.075	0.077	0.08	0.08

续表

z/b \ a/b	1	1.2	1.4	1.6	1.8	2	3	4	5	6	10	条形
4.0	0.027	0.032	0.036	0.04	0.044	0.048	0.060	0.067	0.071	0.073	0.076	0.076
4.2	0.025	0.029	0.033	0.037	0.041	0.044	0.056	0.063	0.067	0.070	0.072	0.073
4.4	0.023	0.027	0.031	0.034	0.038	0.041	0.053	0.06	0.064	0.066	0.069	0.07
4.6	0.021	0.025	0.028	0.032	0.035	0.038	0.049	0.056	0.061	0.063	0.066	0.067
4.8	0.019	0.023	0.026	0.029	0.032	0.035	0.046	0.053	0.058	0.06	0.064	0.064
5.0	0.018	0.021	0.024	0.027	0.030	0.033	0.043	0.05	0.055	0.057	0.061	0.062
6.0	0.013	0.015	0.017	0.020	0.022	0.024	0.033	0.039	0.043	0.046	0.051	0.052
7.0	0.009	0.011	0.013	0.015	0.016	0.018	0.025	0.031	0.035	0.038	0.043	0.045
8.0	0.007	0.009	0.010	0.011	0.013	0.014	0.020	0.025	0.028	0.031	0.037	0.039
9.0	0.006	0.007	0.008	0.009	0.010	0.011	0.016	0.020	0.024	0.026	0.032	0.035
10.0	0.005	0.006	0.007	0.007	0.008	0.009	0.013	0.017	0.02	0.022	0.028	0.032
12.0	0.003	0.004	0.005	0.005	0.006	0.006	0.009	0.012	0.014	0.017	0.022	0.026
14.0	0.002	0.003	0.003	0.004	0.004	0.005	0.007	0.009	0.011	0.013	0.018	0.032
16.0	0.002	0.002	0.003	0.003	0.003	0.004	0.005	0.007	0.009	0.010	0.014	0.02
18.0	0.001	0.002	0.002	0.002	0.003	0.003	0.004	0.006	0.007	0.008	0.012	0.018
20.0	0.001	0.001	0.002	0.002	0.002	0.002	0.004	0.005	0.006	0.007	0.010	0.016
25.0	0.001	0.001	0.001	0.001	0.001	0.002	0.002	0.003	0.004	0.004	0.007	0.013
30.0	0.001	0.001	0.001	0.001	0.001	0.001	0.002	0.002	0.003	0.003	0.005	0.011
35.0	0.000	0.000	0.001	0.001	0.001	0.001	0.001	0.002	0.002	0.002	0.004	0.009
40.0	0.000	0.000	0.000	0.000	0.001	0.001	0.001	0.001	0.001	0.002	0.003	0.008

附录 2　矩形面积上均布荷载作用下角点平均附加应力系数 α

z/b \ a/b	1.0	1.2	1.4	1.6	1.8	2.0	2.4	2.8	3.2	3.6	4.0	5.0	10
0.0	0.250 0	0.250 0	0.250 0	0.250 0	0.250 0	0.250 0	0.250 0	0.250 0	0.250 0	0.250 0	0.250 0	0.250 0	0.250 0
0.2	0.249 6	0.249 7	0.249 7	0.249 8	0.249 8	0.249 8	0.249 8	0.249 8	0.249 8	0.249 8	0.249 8	0.249 8	0.249 8
0.4	0.247 4	0.247 9	0.248 1	0.248 3	0.248 3	0.248 4	0.248 5	0.248 5	0.248 5	0.248 5	0.248 5	0.248 5	0.248 5
0.6	0.242 3	0.243 7	0.244 4	0.244 8	0.245 1	0.245 2	0.245 4	0.245 5	0.245 5	0.245 5	0.245 5	0.245 5	0.245 6
0.8	0.234 6	0.237 2	0.238 7	0.239 5	0.240 0	0.240 3	0.240 7	0.240 8	0.240 9	0.240 9	0.241 0	0.241 0	0.241 0
1.0	0.225 2	0.229 1	0.231 3	0.232 6	0.233 5	0.234 0	0.234 6	0.234 9	0.235 1	0.235 2	0.235 2	0.235 3	0.235 3
1.2	0.214 9	0.219 9	0.222 9	0.224 8	0.226 0	0.226 8	0.227 8	0.228 2	0.228 5	0.228 6	0.228 7	0.228 8	0.228 9
1.4	0.204 3	0.210 2	0.214 0	0.214 6	0.218 0	0.219 1	0.220 4	0.221 1	0.221 5	0.221 7	0.221 8	0.222 0	0.222 1
1.6	0.193 9	0.200 6	0.204 9	0.207 9	0.209 9	0.211 3	0.213 0	0.213 8	0.214 3	0.214 6	0.214 8	0.215 0	0.215 2
1.8	0.184 0	0.191 2	0.196 0	0.199 4	0.201 8	0.203 4	0.205 5	0.206 6	0.207 3	0.207 7	0.207 9	0.208 2	0.208 4
2.0	0.174 6	0.182 2	0.187 5	0.191 2	0.198 0	0.195 8	0.198 2	0.199 6	0.200 4	0.200 9	0.201 2	0.201 5	0.201 8
2.2	0.165 9	0.173 7	0.179 3	0.183 3	0.186 2	0.188 3	0.191 1	0.192 7	0.193 7	0.194 3	0.194 7	0.195 2	0.195 5
2.4	0.157 8	0.165 7	0.171 5	0.175 7	0.178 9	0.181 2	0.184 3	0.186 2	0.187 3	0.188 0	0.188 5	0.189 0	0.189 5
2.6	0.150 3	0.158 3	0.164 2	0.168 6	0.171 9	0.174 5	0.177 9	0.179 9	0.181 2	0.182 0	0.182 5	0.183 2	0.183 8
2.8	0.143 3	0.151 4	0.157 4	0.161 9	0.164 5	0.168 0	0.171 7	0.173 9	0.175 3	0.176 3	0.176 9	0.177 7	0.178 4
3.0	0.136 9	0.144 9	0.151 0	0.155 6	0.159 2	0.161 9	0.165 8	0.168 2	0.169 8	0.170 8	0.171 5	0.172 5	0.173 3
3.2	0.131 0	0.139 0	0.145 0	0.149 7	0.153 3	0.156 2	0.160 2	0.162 8	0.164 5	0.167 5	0.166 4	0.167 5	0.168 5
3.4	0.125 6	0.133 4	0.139 4	0.144 1	0.147 8	0.150 8	0.155 0	0.157 7	0.159 5	0.160 7	0.161 6	0.162 8	0.163 9
3.6	0.120 5	0.128 2	0.134 2	0.138 9	0.142 7	0.145 6	0.150 0	0.152 8	0.154 8	0.156 1	0.157 0	0.158 3	0.159 5
3.8	0.115 8	0.123 4	0.129 3	0.134 0	0.137 8	0.140 8	0.145 2	0.148 2	0.150 2	0.151 6	0.152 6	0.154 1	0.155 4

续表

z/b \ a/b	1.0	1.2	1.4	1.6	1.8	2.0	2.4	2.8	3.2	3.6	4.0	5.0	10
4.0	0.111 4	0.118 9	0.124 8	0.129 4	0.133 2	0.136 2	0.140 8	0.143 8	0.145 9	0.147 4	0.148 5	0.150 0	0.151 6
4.2	0.107 3	0.114 7	0.120 5	0.125 1	0.128 9	0.131 9	0.136 5	0.139 6	0.141 8	0.143 4	0.144 5	0.146 2	0.147 9
4.4	0.103 5	0.110 7	0.116 4	0.121 0	0.124 8	0.127 9	0.132 5	0.135 7	0.137 9	0.139 6	0.140 7	0.142 5	0.144 4
4.6	0.100 0	0.107 0	0.112 7	0.117 2	0.120 9	0.124 0	0.128 7	0.131 9	0.134 2	0.135 9	0.137 1	0.139 0	0.141 0
4.8	0.096 7	0.103 6	0.109 1	0.113 6	0.117 3	0.120 4	0.125 0	0.128 3	0.130 7	0.132 4	0.133 7	0.135 7	0.137 9
5.0	0.093 5	0.100 3	0.105 7	0.110 2	0.113 9	0.116 9	0.121 6	0.124 9	0.127 3	0.129 1	0.130 4	0.132 5	0.134 8
5.2	0.090 6	0.097 2	0.102 6	0.107 0	0.110 6	0.113 6	0.118 3	0.121 7	0.124 1	0.125 9	0.127 3	0.129 5	0.132 0
5.4	0.087 8	0.094 3	0.099 6	0.103 9	0.107 5	0.110 5	0.115 2	0.118 6	0.121 0	0.122 9	0.124 3	0.126 5	0.129 2
5.6	0.085 2	0.091 6	0.096 8	0.101 0	0.104 6	0.107 6	0.112 2	0.115 6	0.118 1	0.120 0	0.121 5	0.123 8	0.126 6
5.8	0.082 8	0.089 0	0.094 1	0.098 3	0.101 8	0.104 7	0.109 4	0.112 8	0.115 3	0.117 2	0.118 7	0.121 1	0.124 0
6.0	0.080 5	0.086 6	0.091 6	0.095 7	0.099 1	0.102 1	0.106 7	0.110 1	0.112 6	0.114 6	0.116 1	0.118 5	0.121 6
6.2	0.078 3	0.084 2	0.089 1	0.093 2	0.096 6	0.099 5	0.104 1	0.107 5	0.110 1	0.112 0	0.113 6	0.116 1	0.119 3
6.4	0.076 2	0.082 0	0.086 9	0.090 9	0.094 2	0.097 1	0.101 6	0.105 0	0.107 6	0.109 6	0.111 1	0.113 7	0.117 1
6.6	0.074 2	0.079 9	0.084 7	0.088 6	0.091 9	0.094 8	0.099 3	0.102 7	0.105 3	0.107 3	0.108 8	0.111 4	0.114 9
6.8	0.072 3	0.077 9	0.082 6	0.086 5	0.089 8	0.092 6	0.097 0	0.100 4	0.103 0	0.105 0	0.106 6	0.109 2	0.112 9
7.0	0.070 5	0.076 1	0.080 6	0.084 4	0.087 7	0.090 4	0.094 9	0.098 2	0.100 8	0.102 8	0.104 4	0.107 1	0.110 9
7.2	0.068 8	0.074 2	0.078 7	0.082 5	0.085 7	0.088 4	0.092 8	0.096 2	0.098 7	0.100 8	0.102 3	0.105 1	0.109 0
7.4	0.067 2	0.072 5	0.076 9	0.080 6	0.083 8	0.086 5	0.090 8	0.094 2	0.096 7	0.098 8	0.100 4	0.103 1	0.107 1
7.6	0.065 6	0.070 9	0.075 2	0.078 9	0.082 0	0.084 6	0.088 9	0.092 2	0.094 8	0.096 8	0.098 4	0.101 2	0.105 4
7.8	0.064 2	0.069 3	0.073 6	0.077 1	0.080 2	0.082 8	0.087 1	0.090 4	0.092 9	0.095 0	0.096 6	0.099 4	0.103 6

续表

z/b \ a/b	1.0	1.2	1.4	1.6	1.8	2.0	2.4	2.8	3.2	3.6	4.0	5.0	10
8.0	0.062 7	0.067 8	0.072 0	0.075 5	0.078 5	0.081 1	0.085 3	0.088 6	0.091 2	0.093 2	0.094 8	0.097 5	0.102 0
8.2	0.061 4	0.066 3	0.070 5	0.073 9	0.076 9	0.079 5	0.083 7	0.086 9	0.089 4	0.091 4	0.093 1	0.095 9	0.100 4
8.4	0.060 1	0.064 9	0.069	0.072 4	0.075 4	0.077 9	0.082	0.085 2	0.087 8	0.089 3	0.091 4	0.094 3	0.093 8
8.6	0.058 8	0.063 6	0.067 6	0.071	0.073 9	0.076 4	0.080 5	0.083 6	0.086 2	0.088 2	0.089 8	0.092 7	0.097 3
8.8	0.057 6	0.062 3	0.066 3	0.069 6	0.072 4	0.074 9	0.079	0.082 1	0.084 6	0.086 6	0.088 2	0.091 2	0.095 9
9.2	0.055 4	0.059 9	0.063 7	0.067	0.069 7	0.072 1	0.076 1	0.079 2	0.081 7	0.083 7	0.085 3	0.088 2	0.093 1
9.6	0.053 3	0.057 7	0.061 4	0.064 5	0.067 2	0.069 6	0.073 4	0.076 5	0.078 9	0.080 9	0.082 5	0.085 5	0.090 5
10	0.051 4	0.055 6	0.059 2	0.062 2	0.064 9	0.067 2	0.071	0.073 9	0.076 3	0.075 9	0.079 9	0.082 9	0.088
10.4	0.049 6	0.053 7	0.057 2	0.060 1	0.062 7	0.064 9	0.068 6	0.071 6	0.073 9	0.075 9	0.077 5	0.080 4	0.085 7
10.8	0.047 9	0.051 9	0.055 3	0.058 1	0.060 6	0.062 8	0.066 4	0.069 3	0.071 7	0.073 6	0.075 1	0.078 1	0.083 4
11.2	0.046 3	0.050 2	0.053 5	0.056 3	0.058 7	0.060 9	0.066 2	0.067 2	0.069 5	0.071 4	0.073	0.075 9	0.081 3
11.6	0.044 8	0.048 6	0.051 8	0.054 5	0.056 9	0.059	0.062 5	0.065 5	0.067 5	0.069 4	0.070 9	0.073 8	0.079 3
12	0.043 5	0.047 1	0.050 2	0.052 9	0.055 2	0.057 3	0.060 6	0.063 4	0.065 6	0.067 4	0.069	0.071 9	0.077 4
12.8	0.040 9	0.044 4	0.047 4	0.049 9	0.052 1	0.054 1	0.057 3	0.059 9	0.062 1	0.063 9	0.065 4	0.068 2	0.073 9
13.6	0.038 7	0.042	0.044 8	0.047 2	0.049 3	0.051 2	0.054 3	0.056 8	0.058 9	0.060 7	0.062 1	0.064 9	0.070 7
14.4	0.036 7	0.039 8	0.042 5	0.044 8	0.046 8	0.048 6	0.051 6	0.064	0.056 1	0.057 7	0.059 2	0.061 9	0.067 7
15.2	0.034 9	0.037 9	0.040 4	0.042 6	0.044 6	0.046 3	0.049 2	0.061 5	0.053 5	0.055 1	0.066 5	0.059 2	0.065
16	0.033 2	0.036 1	0.038 5	0.040 7	0.042 5	0.044 2	0.045 9	0.049 2	0.061 1	0.052 7	0.054	0.056 7	0.062 5
18	0.029 7	0.032 3	0.034 5	0.036 4	0.038 1	0.039 6	0.042 2	0.044 2	0.046	0.047 5	0.048 7	0.051 2	0.057
20	0.026 9	0.029 2	0.031 2	0.033	0.034 5	0.035 9	0.038 3	0.040 2	0.041 8	0.043 2	0.044 4	0.046 8	0.052 1

课 后 答 案

3 浅基础设计

二、计算题

1. 181.3 kPa
2. 242.8 kPa
3. 4.0 m
4. $p_k=180$ kPa、$p_{kmax}=238$ kPa 满足
5.
(1)持力层：$p_k=174.9$ kPa、$p_{kmax}=203.1$ kPa、$f_a=175.3$ kPa 满足
(2)下卧层：$p_{cz}=53.8$ kPa、$p_z=52.2$ kPa、$f_{az}=108.6$ kPa 满足
6. $b=1.5$ m、$b_2=300$ mm、5级台阶
7. $b=1.2$ m

4 桩基础设计

二、计算题

1. 686.35 kN
2. $N_{kmax}=959.4$ kN
3. $\beta_{hs}af_tb_0h_0=2\,170$ kN
4. $M_y=1\,106$ kN·m

6 地基处理

二、计算题

1. $1.15A_p/L^2$
2. 2.31 m
3. 57 mm
4. 4 988.88 kPa

7 基坑工程

二、计算题

(1) $R_k = 43.5$ kN

(2) $N_k = 24.94$ kN

(3) 不会被拉出

8 地基基础抗震设计

二、计算题

$p = 303.1$ kPa $p_{max} = 389.4$ kPa $f_{aE} = 342.3$ kPa   满足要求

参 考 文 献

[1] 赵明华.基础工程[M].北京：高等教育出版社，2003.
[2] 张光永.基础工程[M].武汉：武汉理工大学出版社，2011.
[3] 曹云主.基础工程[M].北京：北京大学出版社，2012.
[4] 叶洪东.基础工程[M].北京：机械工业出版社，2013.
[5] 陈国兴.基础工程学[M].2版.北京：中国水利水电出版社，2013.
[6] 韩建刚.土力学与基础工程[M].重庆：重庆大学出版社，2014.
[7] 李章政，马煜主.土力学与基础工程[M].武汉：武汉大学出版社，2014.
[8] 冯志焱.土力学与基础工程[M].北京：冶金工业出版社，2012.
[9] 程晔，王丽艳.基础工程[M].南宁：东南大学出版社，2014.
[10] 彭曙光，张德圣.基础工程[M].武汉：武汉大学出版社，2013.
[11] 李利，韩玮.基础工程[M].武汉：武汉大学出版社，2014.
[12] 刘熙媛.基础工程[M].北京：中国建材工业出版社，2009.
[13] 单仁亮，万元.基础工程[M].北京：机械工业出版社，2015.
[14] 莫海鸿，杨小平.基础工程[M].北京：中国建筑工业出版社，2008.
[15] 王秀丽.基础工程[M].重庆：重庆大学出版社，2005.
[16] 徐晓红.基础工程[M].北京：中国计量出版社，2008.
[17] 周景星.基础工程[M].北京：清华大学出版社，2015.
[18] 国家标准.GB/T 50123—1999 土工试验方法标准[S].北京：中国计划出版社，1999.
[19] 国家标准.JGJ 94—2008 建筑桩基础技术规范[S].北京：中国建筑工业出版社，2008.
[20] 图家标准.GB 50011—2010 建筑抗震设计规范[S].北京：中国建筑工业出版社，2010.
[21] 国家标准.GB 50007—2011 建筑地基基础设计规范[S].北京：中国计划出版社，2011.
[22] 国家标准 GB 50003—2011 砌体结构设计规范[S].北京：中国建筑工业出版社，2011.
[23] 龚晓南.地基处理手册[M].2版.北京：中国建筑工业出版社，2002.
[24] 龚晓南.复合地基设计与施工指南[M].北京：人民交通出版社，2003.
[25] 国家标准.JGJ 79—2012 建筑地基处理技术规范[S].北京：中国建筑工业出版社，2012.
[26] 雍景荣.土力学与基础工程[M].成都：成都科技大学出版社，1995.
[27] 欧章煜.深开挖工程分析设计理论与实务[M].台北：科技图书，2002.
[28] 刘国彬.基坑工程手册[M].北京：中国建筑工业出版社，2009.
[29] 国家标准.GB 50497—2009 建筑基坑工程监测技术规范[S].北京：中国计划出版社，2009.

[30] 龚晓楠.深基坑工程设计施工手册[M].北京：中国建筑工业出版社，1998.
[31] 林鸣.深基坑工程信息化施工技术[M].北京：中国建筑工业出版社，2006.
[32] 国家标准.JGJ 120—2012 建筑基坑支护技术规程[S].北京：中国建筑工业出版社，2012.
[33] 赵明华.基础工程[M].2版.高等教育出版社，2010.